R을 이용한 실험계획과 분산분석

저자 **박흥선, 배균섭**

Design of Experiment and Analysis of Variance Using R

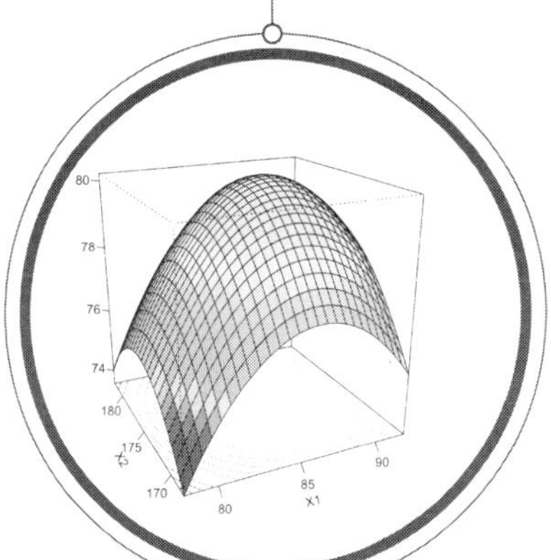

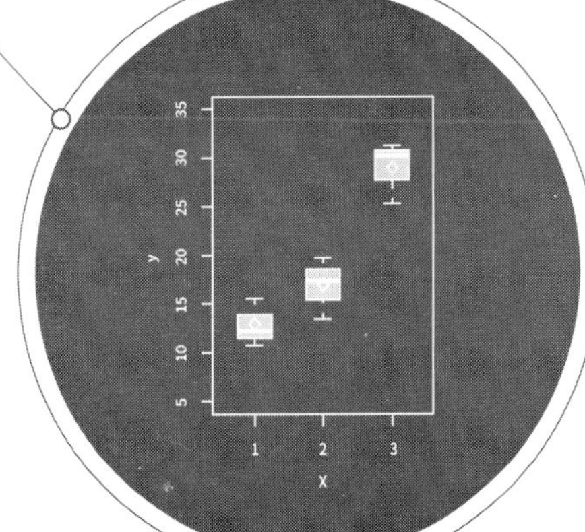

자유아카데미

Contents

1 실험계획과 분산분석 **1**

1.1 실험계획의 필요성 1

1.2 실험계획의 기본원리 4

1.3 두 모집단의 모평균 비교 6

1.4 분산분석(Analysis of Variance) 8

1.5 세 집단 이상의 모평균 비교 14

1.6 척도(Scale)의 종류 16

1.7 실험계획의 역사적 고찰 17

1.8 그리스 문자(Greek Alphabet) 18

1.9 R 프로그램 실습 20

1.10 연습문제 20

1.11 프로젝트(펩시 챌린지) 23

2 회귀분석의 요약 **27**

2.1 회귀분석의 역사 27

2.2 상관계수 28

2.3 단순회귀모형 30

2.4 최소제곱추정법(Least Squares Estimation) 30

2.5 결정계수와 분산분석 33

2.6 회귀계수의 유의성검정 36

2.7 행렬을 이용한 단순회귀분석 37

2.8 R 프로그램 실습 38

2.9 연습문제 39
2.10 프로젝트(아버지의 키와 아들의 키) 42

3 회귀분석과 실험계획의 비교 45
3.1 회귀분석과 실험계획의 검정 45
3.1.1 회귀선의 기울기에 대한 t 검정 46
3.1.2 회귀분석과 실험계획의 동일한 F 검정 48
3.1.3 회귀분석과 실험계획의 서로 다른 F 검정 49
3.2 설명변수 x 의 값 51
3.3 회귀분석과 실험계획의 모형식 비교 53
3.4 R 프로그램 실습 54
3.5 연습문제 56
3.6 프로젝트(남녀 GPA) 58

4 완전임의화설계와 일원배치법 61
4.1 완전임의화설계(CRD) 61
4.2 CRD 의 모형식 63
4.3 CRD 의 임의화 과정 64
4.4 코크란의 정리(Cochran's Theorem) 65
4.4.1 중심 F 분포와 비중심 F 분포 65
4.4.2 자유도 계산 67
4.4.3 기대평균제곱(EMS) 계산 68
4.5 일원배치법(One-Way ANOVA) 71
4.6 R을 이용한 일원배치법 74
4.7 일원배치법의 모수 추정 77
4.7.1 제약조건에 따른 모수 추정량 78
4.7.2 일반화역행렬을 이용한 모수 추정량 79
4.7.3 $\boldsymbol{\beta}$의 추정가능함수(Estimable Function) 80
4.8 추정가능함수의 신뢰구간 82
4.8.1 그룹평균 μ_i 의 신뢰구간 82
4.8.2 그룹 간 차이: $(\tau_i - \tau_j)$의 신뢰구간 83
4.9 R을 이용한 모수 추정 84
4.10 R 프로그램 실습 85
4.11 연습문제 86

4.12 프로젝트(완전임의화 과정) 88

5 다중비교 91

5.1 일원배치법의 다중비교 91
5.1.1 최소유의차검정(LSD) 92
5.1.2 본페로니 수정(Bonferroni Correction) 93
5.1.3 듀넷의 검정(Dunnett's Test) 95
5.1.4 다중비교의 검정력 97
5.2 MEANS vs. LSMEANS 98
5.3 Diffogram 100
5.4 대비(Contrast)를 이용한 분석 102
5.5 직교대비(Orthogonal Contrasts)와 추세 105
5.6 CONTRAST vs. ESTIMATE 108
5.7 주효과 그래프(Main Effect Plot) 109
5.8 R 프로그램 실습 110
5.9 연습문제 112

6 모형의 진단 117

6.1 모형식의 가정 117
6.2 오차와 잔차 118
6.3 잔차의 등분산성 118
6.3.1 두 모집단의 등분산성 검정 119
6.3.2 바틀렛의 검정(Bartlett's Test) 120
6.4 잔차의 정규성 122
6.5 잔차의 독립성 125
6.6 박스-칵스 변환(Box-Cox Transformation) 130
6.7 R 프로그램 실습 133
6.8 연습문제 135

7 상호작용과 이원배치법 139

7.1 처리와 처리조합 139
7.2 이원배치법의 가법모형(Additive Model) 140
7.3 주효과와 상호작용효과 141
7.4 상호작용모형(Ineraction Model) 145

7.5 총제곱합의 분할과 자유도 148
7.6 기대평균제곱(EMS) 계산 150
7.7 $2^k \times 3^l$ 요인배치법 156
7.8 고정효과 vs. 임의효과 156
7.8.1 임의효과의 일원배치법 158
7.8.2 임의효과의 이원배치법 160
7.8.3 혼합효과의 이원배치법 162
7.9 이원배치법의 다중비교 165
7.10 오차의 합동(Pooling) 167
7.11 연습문제 169
7.12 프로젝트(자전거로 오르막길 오르기) 172

8 내포요인이 있는 이원배치법 175

8.1 교차요인과 내포요인(Nested Factor) 175
8.2 내포모형의 분산분석표 178
8.3 내포모형의 분산성분추정 182
8.4 부표본(Subsample)과 내포모형 183
8.5 내포모형의 대비(Contrast in Nested Model) 188
8.6 연습문제 189
8.7 프로젝트(데이터 사용량 비교) 192

9 제곱합과 자유도 195

9.1 균형설계와 힉스의 법칙(Hicks' Rule) 195
9.2 자유도와 제곱합을 구하는 법칙 196
9.3 R을 이용한 기대평균제곱(EMS) 구하기 199
9.4 새터스웨이트(Satterthwaite)의 근사 F 검정 200
9.5 연습문제 202

10 임의화완전블록설계(RCBD) 205

10.1 짝의 차 검정 205
10.2 임의화완전블록설계(RCBD) 207
10.3 RCBD 의 모형식 208
10.4 RCBD 의 분산분석표 209
10.5 RCBD vs. CRD 212

10.6 R을 이용한 RCBD 214
10.7 RCBD 안의 이원배치법 215
10.8 RCBD와 반복측정자료분석 218
10.9 연습문제 220
10.10프로젝트(키보드 종류와 타자속도) 224

11 라틴방격법(Latin Square Design) 227
11.1 서론 227
11.2 라틴방격법 228
11.3 라틴방격법의 모형식 229
11.3.1 라틴방격법과 상호작용 230
11.3.2 불균형설계 231
11.3.3 라틴방격법과 삼원배치법 231
11.4 라틴방격법의 분산분석표 232
11.5 R을 이용한 라틴방격법 235
11.6 라틴방격법의 단점과 보완책 236
11.6.1 동일한 라틴방격을 반복시행하는 경우 237
11.6.2 열만 바꿔서 라틴방격을 반복시행하는 경우 238
11.6.3 행과 열을 모두 바꿔서 라틴방격을 반복시행하는 경우 . . . 240
11.7 연습문제 241

12 반응표면분석 243
12.1 서론 243
12.2 중심합성계획(CCD) 246
12.3 최적점 찾기 248
12.4 R을 이용한 반응표면분석 249
12.5 연습문제 253
12.6 프로젝트(최적의 종이 헬리콥터) 256

13 분할구설계(Split-Plot Design) 259
13.1 실험단위와 실험오차 259
13.2 두 종류의 실험단위 260
13.3 분할구설계의 분산분석표 263
13.4 분할구설계에 대하여 266

13.4.1 어원 . . . 266
13.4.2 블록과 상호작용 . . . 266
13.4.3 2단계의 랜덤화 과정 . . . 266
13.4.4 세구처리(Subplot Treatment)의 중요성 . . . 266
13.5 R을 이용한 분할구설계 . . . 267
13.6 연습문제 . . . 269

14 공분산분석(ANCOVA) 273
14.1 서론 . . . 273
14.2 공분산분석의 조건 . . . 275
14.3 공분산분석의 개념 . . . 276
14.4 공분산분석의 적합성 검정 . . . 278
14.5 공분산분석의 부분 F 검정 . . . 281
14.5.1 ANCOVA 에서 처리효과에 대한 검정 . . . 281
14.5.2 ANCOVA 에서 공변량효과에 대한 검정 . . . 281
14.5.3 기울기가 서로 다른 회귀선 . . . 283
14.6 이원배치 ANCOVA . . . 285
14.7 연습문제 . . . 286

15 연습문제 해답(홀수) 289
15.1 실험계획과 분산분석 . . . 289
15.2 회귀분석의 요약 . . . 292
15.3 회귀분석과 실험계획의 비교 . . . 294
15.4 완전임의화설계와 일원배치법 . . . 295
15.5 다중비교 . . . 299
15.6 모형의 진단 . . . 303
15.7 상호작용과 이원배치법 . . . 305
15.8 내포요인이 있는 이원배치법 . . . 307
15.9 제곱합과 자유도 . . . 311
15.10임의화완전블록설계(RCBD) . . . 312
15.11라틴방격법(Latin Square Design) . . . 314
15.12반응표면분석 . . . 315
15.13분할구설계(Split-Plot Design) . . . 316
15.14공분산분석(ANCOVA) . . . 316

16 Appendix 1 : Tables & Data **321**

머리말-1

'SAS®를 이용한 실험계획과 분산분석(2001)'이 출판된 후, 주위에 'R을 이용한 실험계획과 분산분석' 집필에 대한 요청이 꾸준이 있었다. 그 동안 오픈소스 기반의 R과 Python이 빅데이터와 AI의 발달과 함께 통계분석에 중요한 자리매김을 해왔고 SAS®도 클라우딩 기반의 사용이 대세를 이루고 있다.

그럼에도 불구하고, 'R을 이용한 실험계획과 분산분석'의 집필을 시작하지 않은 것은 단순히 나의 게으름과 SAS®에 대한 일종의 충성심(?)일 수도 있었지만, 솔직히 말하면 내가 책을 쓸만큼의 R전문가가 아니기 때문이었다. 그런 와중에 울산의대 배균섭 교수님을 알게 된 것은 나에겐 행운이라고 말할 수 밖에 없다. 통계학이 아닌 의대교수임에도 해박한 SAS®와 R의 지식을 이용하여 임상시험, 약리학 분야에서 연구하시고 강의하시는 모습에 개인적으로 감탄하지 않을 수 없다. 무엇보다도 SAS®와 일치한 출력값을 제공하는 `sasLM`이라는 R패키지를 직접 만들어 CRAN에 등록하신 그의 열정에 큰 박수를 보내드리고 싶다.

이 책의 자료분석을 위한 소프트웨어는 배균섭 교수님의 R패키지(`sasLM`)를 이용하였다. 전체적인 구성은 'SAS®를 이용한 실험계획과 분산분석'의 형식을 따르되, 단원마다 프로젝트 Worksheet를 첨가함으로써 학생들이 실제 자료를 실습시간을 통해 직접 분석하기 쉽게 하였다. 그리고 책에 포함된 모든 자료(data frame)는 CRAN에서 `sasLM`패키지를 설치할 때 자동으로 내려받기 때문에, 책에서 사용된 자료를 분석할 때는 자료를 입력해야하는 번거로움이 생략될 수 있을 것이다.

이 책은 실험계획의 기본 개념을 배우고 실제 자료를 R을 이용해 분석하고자 하는 이들을 위해 쓰여졌다. 통계 전공이 아니더라도 실험계획이나 분산분석의 지식이 필요한 대학원생/연구자라면, 학부 수준의 기초통계학과 회귀분석 경험으로 이 책을 이해하는데 어려움이 없을 것이다. 마지막으로 이 책을 출간하게 도와주신 자유아카데미 김지영 사장님, 그 동안 부족한 내 강의를 경청해 준 한국외국어대학교 통계학과 학부/대학원생들, 이번 원고 교정도 불평없이 도와준 아내 이승희, 그리고 울산의대 서울아산병원의 배균섭 교수님께 다시 한번 감사를 드린다.

2023. 3. 30.

박홍선, 속초에서.

머리말-2

임상시험에 25년이상 종사하고, 관련 강의를 18년이상 하였지만, 이제 처음으로 교재 집필에 참여하게 되었습니다. 강의를 시작할 때는 개념이 잘 설명된 박성현 교수님의 '현대실험계획법'을 교재로 사용하였으나, 오랫동안 개정되지 않은 점이 아쉬웠었습니다. 새로운 교재를 찾던 차에 박홍선 교수님의 'SAS를 이용한 실험계획과 분산분석'이 저희 의과대학원에서 꼭 필요한 내용을 잘 설명하였기에, 이것으로 교재를 바꾸었습니다. 이에 박홍선 교수님과 함께 R version의 책이 나오게 되었습니다.

SAS에 비해 R은 어떠한 용도로 사용해도 무료라는 장점 외에 프로그래밍을 효율적으로 할 수 있다는 큰 장점이 있습니다. 대체로 SAS와 R은 같은 결과를 보여주지만, 불균형 자료의 내포모형과 같이 복잡한 경우에는(car package를 사용하더라도) 같은 결과를 얻을 수 없습니다. 대표적인 것이 생물학적동등성 시험에서 불균형이 발생한 경우입니다. 제가 sasLM package를 개발하게 된 동기가 이 문제를 해결하는 것이었습니다. 그러나, 이 문제를 20년이상 해결하지 못하고 있었는데, 2020년 1월, 그 동안 공부했던 Searle SR, Hinkelmann K & Kempthorne O, Graybill FA, Kennedy Jr. WJ & Gentle JE, Littel RC 등의 책과 Goodnight JH 등의 SAS technical report, Harvey WR 등의 미국 정부 문서, 그리고 여러 논문들이 암묵지(implicit knowledge)로 남아 있다가, 어느 순간 통합되면서 해결되었습니다.

마지막으로 저에게 이 분야를 가르쳐 주신 많은 선생님들에게 감사드립니다. 1988년 의예과에서 유일하게 '현대통계학'을 수강할 때, 확률변수에 대한 저의 질문에 친절하게 답해 주신 교수님, 그 해 여름 SAS를 2주간 가르쳐 주신 교수님, 이 때 SAS를 수강하라고 조언해주신 조교 선생님, 1998년부터 수리통계학 등의 청강을 허락해 주시고 R을 소개해주신 김호 교수님, 강의와 대화를 통해 통계학에 대한 통찰을 주신 이영조 교수님께 감사드립니다. 이 외에도 저의 질문에 답해주신 많은 교수님들과 제 강의를 수강한 대학원생들에게도 감사드립니다.

풍납동 서울아산병원 연구실에서

2023년 2월

배균섭

Chapter 1

실험계획과 분산분석

1.1 실험계획의 필요성

현대사회의 대부분의 학문이나 생활영역에서 실험(experiment)은 여러 가지 모양으로 행해지고 있다. 인문사회분야에서의 실험은 경제정책(예: 주택담보 대출 이자율 인하)이나 정치적 사건(예: 이라크 전쟁)이 그 사회의 소비성향이나 사회적 관념에 영향을 미치는지 알아보는데 목적이 있고, 자연과학에서는 제품의 품질에 영향을 주는 실험조건이 무엇이며, 이에 따른 최적조건을 알아보는데 실험이 사용되고 있다. 한편 의료 보건 분야에서는 새로 개발된 약이나 치료방법이 기존의 약이나 치료방법에 비해 효능면에서 비교 우위에 있는지를 검정하는데 실험이 사용되고 있다.

그러나 대부분의 실험에서 그러하듯, 우리가 예상치 못하던 여러 가지 상황은 항상 발생하며 특히 실험이 수행되는 시간이 길거나 실험조건이 단순하지 않을 때에는 그 문제가 더욱 복잡해진다. 설령 실험이 순탄하게 이루어진다고 해도 실험비용이 높게 요구된다면, 실험 전에 실험계획(design of experiment 혹은 experimental design)을 통해 많은 비용과 시간을 줄일 수 있으며, 효과적인 실험계획은 갑작스런 주변환경의 변화에도 불구하고 신뢰성 있는 정보를 제공할 수도 있다. 그렇다면 실험계획이 적절하게 선행되지 않은 실험은 어떤 결과를 초래하게 되는지 알아보자.

통계상담에서 흔히 경험하는 난처한 상황은, 상담 의뢰인이 자기 나름대로의 실험조건과 실험절차를 결정하여 자신의 계획대로(통계학적 근거가 없는 상태에서) 실험을 다 마친 후에 그 결과만을 가지고 상담을 의뢰하는 경우이다. 이 경우 비록 실험에 많은 시간과 비용이 투자되었을지라도 원하는 결과를 얻을 수 없을 뿐 아니라, 불필요하게 많은 횟수의 실험을 함으로써 자원을 낭비하는 결과를 초래하게 된다.

가장 바람직한 것은 실험자(experimenter)가 실험을 시작하기에 앞서, 통계전문가에게 실험목적에 맞는 실험계획을 의뢰하는 것이며 실험설계자가 실험계획을 할 때는 실험으로부터 나올 결과를 어떤 방법으로 분석할 것인지를 계획하는 것이다.

실험자료(experimental data)는 관측자료(observational data)와 달리, 어느 정도 변수의 값을 우리가 임의로 조절할 수 있기 때문에 관측자료보다 정제된 자료를 얻을 가능성이 높다. 그러나 만일 실험자가 실험을 통해 알아내고자 하는 가설이 무엇인지 알고 있다면 실험자편의(experimenter bias)가 발생할 수 있으므로, 실험 대상자(subject)가 자기의 실험조건이 뭔지 모르게 하는 '단일 눈가림(single blind)' 뿐 아니라, 실험자도 그 실험조건을 모르는 '이중 눈가림(double blind)'을 실시하기도 한다.

실험에는 관측이 수반되는데, 관심있는 관측값을 가지는 변수를 '반응변수(response variable)'라고 하며, 반응변수에 영향을 미칠 것으로 추측되는 요인들을 나타내는 변수를 '설명변수(explanatory variable)'라고 한다. 일반적으로 실험의 목적은 '실험대상(혹은 실험단위)에 대해 설명변수가 반응변수에 유의하게(significantly) 영향을 주는지 여부를 검증하는 것'이다. 이를 통해 우리는 두 변수 간에 '인과관계(causality)'를 확인할 수 있다[1]. 또한 여러 가지 설명변수 중에서 반응변수에 유의한 영향을 끼치는 변수가 무엇인지 골라내려는 목적도 있을 수 있다.

그러나 모든 실험에는 언제나 예기치 못하는 '조절할 수 없는 변수'가 발생하여 실험의 신뢰성을 떨어뜨리게 되는데, 이런 변수를 '외생변수(extraneous variable)'라 하며, 실험계획의 목적은 이런 '외생변수의 영향'으로부터 실험 결과를 보호하는 데 있다.

[1] 원인과 결과(cause-and-effect) 관계

실험의 여러 가지 목적

- 두 변수 간 인과관계(causality)를 규명한다.
- 여러 설명변수 중에 반응변수에 영향을 주는 변수를 선택한다.
- 반응변수가 최댓값(혹은 최솟값)을 가지기 위한 설명변수의 값을 구한다.

실험계획의 필요성

- 실험의 횟수를 최소화하여 실험경비를 줄인다.
- 실험 도중 예상치 못한 사고가 발생하더라도 그 영향을 최소화한다.

실험계획을 위한 단계별 질문

1. 실험을 통하여 구체적으로 무슨 정보를 얻기 원하는가?
2. 실험의 반응변수의 구체적인 단위(예: cm, kg)는 무엇인가?
3. 실험의 반응변수에 영향을 줄 수 있는 설명변수는 무엇인가?
4. 반응변수에 영향을 줄 수도 있는 외생변수는 무엇인가?
5. 실험을 마친 후에는 어떤 분석방법을 사용할 것인가?

실험을 마친 후 필요한 질문

- 실험계획에 따라 실험이 수행되었는가?
- 실험계획과 일치하는 분석방법이 수행되었는가?
- 추후 유사한 실험을 한다면 유념할 점은 무엇인가?

Q 아래 실험에 관한 문장에는 설명변수, 반응변수, 외생변수가 숨어 있다. 각 변수가 무엇인지 찾아보아라.

"백화점에서는 일 년 동안 새해맞이 세일, 추석맞이 세일, 성탄맞이 세일의 세 종류의 세일이 있다고 가정하자. 각 세일기간 사이에 매출액의 차이가 있는지 알아보려고 신세계백화점, 현대백화점, 롯데백화점을 상대로 5년 간 조사하였다(모든 세일기간은 일정하다고 가정)."

A 설명변수는 '세일의 종류(새해, 추석, 성탄)', 반응변수는 '세일기간 총 매출액(단위: 원)'이 되고, 각 세일 종류당 15개의 반응변숫값이 발생할 것이다. 그러나 백화점에 따라 매출액 차이가 있다는 것을 고려하면, 외생변수는 '백화점의 종류'라고 할 수 있을 것이고, 연도에 따른 매출의 변화를 생각한다면, '연도'도 외생변수로 간주해야 한다. 이와 같은 외생변수는 우리 실험의 주 관심사는 아니지만, 반응변수에 영향을 끼칠 수 있기 때문에 이 외생변수들의 영향을 최소화시키는 실험계획이 요구된다.

1.2 실험계획의 기본원리

이 절에서는 효과적인 실험계획을 위한 '실험계획의 기본원리'에 대해 알아보고자 한다. 앞서 언급한 대로 실험은 가능한 외생변수의 영향을 줄이고 반응변수에 영향을 미치는 설명변수의 영향을 살펴보는데 목적이 있기 때문에, 실험계획을 하는데 다음의 세 가지 기본원리를 반드시 고려해야 한다.

첫 번째는 반복의 원리이다. 일반적으로 관측값의 차이가 실험조건에 의한 차이인지 아니면 순수한 오차, 곧 실험오차(experimental error) 때문인지를 구분하기 위해서는 같은 실험조건에 대해 반복수가 두 개 이상이어야 한다. 또한 반복수가 증가할수록 오차의 분산에 대한 추정이 잘 이루어지므로 추정치는 더 정확해 진다.

두 번째는 랜덤화의 원리이다. 실험계획에서 랜덤화 과정은 크게 '실험순서의 랜덤화'와 '실험조건의 랜덤배치(random allocation)'로 구성된다. 실험을 수행함에 있어서 실험순서를 랜덤화시키는 이유는 혹시 있을지 모르는 '습득효과(learning effect : 동일 조건을 반복함으로써 향상되는 현상, 예를 들어 TOEFL을 반복해 치르는 경우)' 혹은 '잔류효과(carry-over effect : 이전 실험조건의 영향이 아직 없어지지 않은 상태에서, 새로운 실험이 수행되기 때문에 그 결과가 새로운 조건의 결과인지, 아니면 이전 조건에 의해 남아있는 영향인지 구분할 수 없는 경우)'를 없애기 위함이다. 또한 실험단위(혹은 실험대상)를 서로 다른 실험조건에 랜덤배치하는 것은 실험에 고려되지 않은 외생변수들의 효과가 어느 정도 상쇄(average out)되는 역할을 하게 된다. 예를 들어 새로 입사한 신입사원들에게 토요일 재택근무를 시키는 방법과 토요일 오전근무를 시키는 방법 중, 어느 것이 업무효율을 높이는지 실험한다고 하자. 신입사원 중에는 유능한 사원이 있는가 하면, 유능하지 못한 사원도 있어서 실험결과에 따른 차이가 재택근무와 오전근무의 차이인지, 아니면 사원의 개인 능력에 의한 차이인지 구분할 필요가 있다. 따라서, 실험에 참여하는 신입사원을 토요일 재택근무 그룹과 토요일 오전근무 그룹에 각각 랜덤배치함으로써 개인의 능력차이를 어느 정도는 상쇄시킬 수 있을 것이다.

마지막으로 블록화의 원리이다. 외생변수의 영향은 랜덤배치 과정을 통하여 어느 정도 상쇄시킬 수 있지만, 만일 경험상 특정 외생변수의 영향이 너무나 커서 랜덤화 과정만으로는 그 효과가 상쇄되기 힘든 경우가 발생한다고 가정하자. 이때 해당 외생변수의 값이 동일한 실험단위끼리 묶어서 한 '블록(block)'을 구성하면, 같은 블록 내 설명변수의 효과를 조사함으로써 외생변수의 영향에서 자유로운 분석을 할 수 있게 된다. 이것이 블록화의 원리이다. 물론 여기서 블록을 효과적으로 구성할수록[2] 실험의 정도(precision)는 높아지게 된다.

실험계획의 세 가지 기본원리

1. 반복의 원리(Replication)
2. 랜덤화의 원리(Randomization)
3. 블록화의 원리(Blocking)

Q 다음 실험에서 추가로 고려해야 할 '실험계획의 기본원리'는 무엇인가?

(1) 두 종류(A/B)의 다트(dart)제품이 있다. 어느 제품이 더 명중률이 높은지 실험하기 위하여 A회사, B회사의 제품을 10 개씩 구입한 후, 일정 거리에서 같은 사람이 던져 보았다. A회사 제품을 던져보고, 10분 후 B회사 제품을 던져봐서 그 중 명중된 다트의 개수를 기록하였더니 B회사 제품이 훨씬 우

[2]효과적인 블록화(Blocking)는 블록의 수는 적으나, 블록내 동질성은 높은 것을 의미한다.

수하였다.

(2) 알코올이 신체의 반응신경에 끼치는 영향을 조사하기 위하여, 자원봉사자 20명을 대상으로 개인 주량을 무시하고 음주 전/후의 반응신경테스트 점수를 기록하였더니, 음주 전/후의 반응신경테스트 점수 차이가 유의하지 않았다.

(3) 분유의 종류 차이가 아기의 성장에 영향을 미치는지 알아보기 위하여, 체중과 출산 일이 같은 두 명의 신생아를 골라, 한 아기에게는 A회사 제품을, 다른 아기에게는 B회사 제품을 일정기간 먹인 후에, 체중 및 신장의 성장을 기록하였다. 그 결과, B회사 제품을 먹인 아기가 훨씬 크게 성장하였다.

A

(1) 제품에 관계없이 실험순서를 랜덤하게 수행하는 랜덤화의 원리

(2) 자원봉사자의 주량(酒量)을 조사해서 비슷한 주량을 가진 봉사자를 한 블록으로 사용하는 블록화의 원리

(3) 실험조건당 실험단위수를 증가시키는 반복의 원리

1.3 두 모집단의 모평균 비교

실험에서 설명변수가 1개이고 그 값이 오직 2개만 존재한다고 할 때, 값이 같은 실험단위를 한 집단으로 모으면 두 개의 모집단이 형성된다. 예를 들어 설명변수 X는 성별을 나타내고, 반응변수 Y는 시험점수를 나타낼 때 X값에 의해서 전체 자료는 두 그룹(남, 여)으로 나눠지게 된다.

$$X = \begin{cases} -1 & \text{남자}, \\ +1 & \text{여자}. \end{cases} \tag{1.1}$$

따라서 성별을 나타내는 설명변수가 반응변수(시험점수)에 영향을 주는지 여부는 두 모집단의 시험점수(Y)에 대한 모평균이 같은지/다른지의 여부로 판단된다.

이제 y_{ij}를 i번째 집단에 속한 j번째 실험단위의 반응값으로 정의하도록 한다($i = 1, 2, \quad j = 1, 2, 3, 4, 5$). 그러므로, $x_{ij} = -1$(남자)의 시험점수는 $y_{11}, y_{12}, \cdots, y_{15}$ 라고 표기되고, $x_{ij} = +1$(여자)의 시험점수는 $y_{21}, y_{22}, \cdots, y_{25}$ 라고 표기된다.

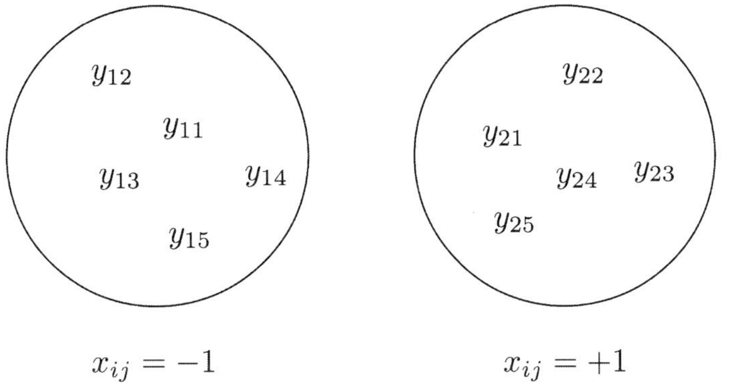

그림 1.1: 남자($x_{ij} = -1$)와 여자($x_{ij} = +1$), 두 모집단 간 모평균 비교

만약에 남자와 여자의 시험점수가 각각 정규분포를 따르고, 각 사람의 시험점수는 다른 사람의 성적에 영향을 받지 않는다고 가정하면, 이 문제는 기초통계에서 배운 '서로 독립인 두 모집단의 모평균(평균성적) 비교'에 해당된다. 이를 정리하면, 표 1.1이 된다.

	$x_{ij} = -1$ (남자)	$x_{ij} = +1$ (여자)
관측값	$y_{11} = 327$	$y_{21} = 308$
	$y_{12} = 291$	$y_{22} = 324$
	$y_{13} = 323$	$y_{23} = 353$
	$y_{14} = 284$	$y_{24} = 344$
	$y_{15} = 305$	$y_{25} = 341$
분포가정	$y_{1j} \overset{i.i.d.}{\sim} N(\mu_1, \sigma^2)$	$y_{2j} \overset{i.i.d.}{\sim} N(\mu_2, \sigma^2)$
가설	$H_0 : \mu_1 = \mu_2$ vs. $H_1 : \mu_1 \neq \mu_2$	
검정통계량	$t_0 = \frac{\bar{y}_{1\cdot} - \bar{y}_{2\cdot}}{S_p\sqrt{\frac{1}{5}+\frac{1}{5}}} = -2.398,$	$S_p^2 = \frac{(5-1)S_1^2+(5-1)S_2^2}{(5-1)+(5-1)} = 340.75$
기각역	$\lvert t_0 \rvert > t_{\frac{0.05}{2}, 5+5-2} = 2.306$	

표 1.1: 남녀 시험성적(score1) 비교의 t 검정

검정통계량이 $|t_0| = 2.398 > 2.306$ 이므로 유의수준 0.05 에서 귀무가설 H_0 를 기각하므로, 두 모집단의 평균이 유의하게 다르다고 할 수 있다. 즉, 남학생과 여학

생의 평균점수는 서로 다르다고 할 수 있다.

1.4 분산분석(Analysis of Variance)

이전 단원에서 우리는 성별에 따라 시험의 평균점수가 서로 다른지를 알기위해 t 검정을 실시하였다. 이번 절에서는 동일한 문제를 분산분석을 통해 분석해 보고자 한다. 그림 1.2는 시험점수의 분포를 그림으로 나타낸 것이다. 여기서 두 모집단

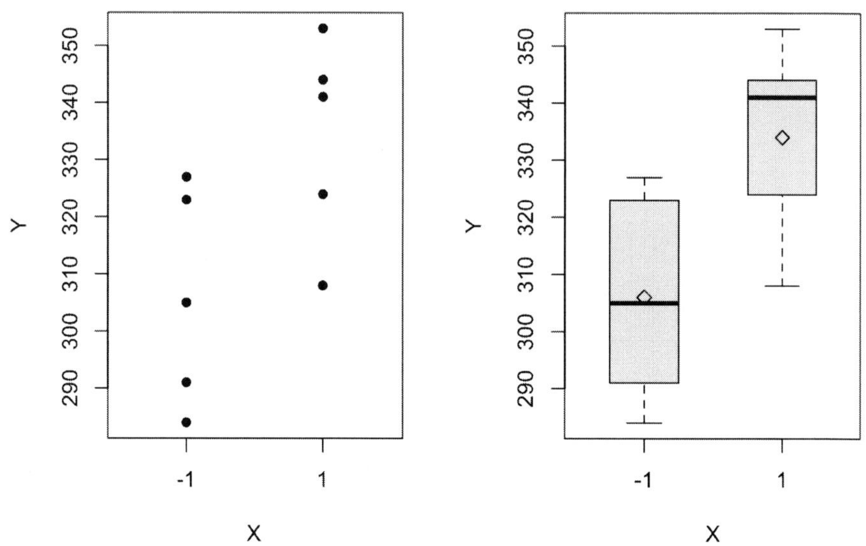

그림 1.2: 남자($x_{ij} = -1$)와 여자($x_{ij} = 1$)의 시험점수(score1) 분포

(남, 여)의 평균점수 차이가 존재하는지 여부를 결정할 때에도 평균 외에 분산에 대한 정보가 필수적이다. 예를 들어, 그림 1.3에서 보듯이, 평균의 차이가 동일해도, 각 그룹 내 분산이 크다면 평균의 차이는 유의하지 않을 수 있으며, 만일 그룹 내의 분산이 아주 작다면 같은 평균 차이라도 유의하다고 판정될 가능성이 높다(그림 1.3 참조).

이를 살펴보면 그림 1.3의 두 그래프는 평균 차이가 동일하면서 그룹 내 분산이 다른 경우를 보여준다. 왼쪽 그림은 오른쪽 그림보다 '그룹 내 분산(within group variance)'이 크다. 두 그룹의 모평균 차이는 '그룹 간 분산(between group variance)'과 관련이 있다. 결국, 평균 차이가 동일할지라도 그룹 내 분산이 작은 그림에서 '두 그룹의 평균 차이가 존재한다'고 결론지을 가능성이 높게 된다.

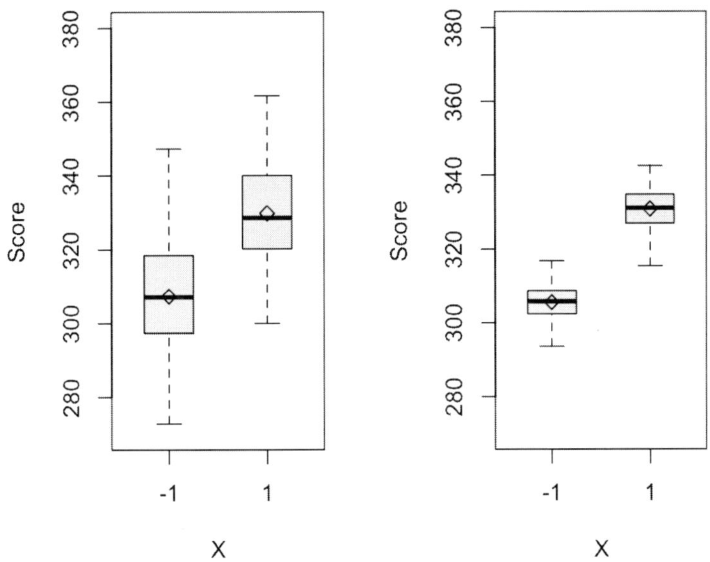

그림 1.3: 평균 차이가 동일한 두 그룹 간 분포

이와 같이 관측자료가 설명변수에 의해 서로 다른 그룹으로 나누어 질 때, 반응변수의 전체분산을 설명변수에 의한 '그룹 내 분산'과 '그룹 간 분산'으로 나누어 비교함으로써, 두 그룹의 평균값이 동일한지 여부를 판단하는 방법을 '분산분석(Analysis of Variance)'이라고 한다.

이를 좀 더 자세히 살펴보기로 하자. 반응변수의 분산을 구성하는 전체제곱합(SST : Total Sum of Squares)은

$$\mathrm{SST} = \sum_{i=1}^{2}\sum_{j=1}^{5}(y_{ij} - \bar{y}_{..})^2 \tag{1.2}$$

이며, 전체자료가 평균을 중심으로 퍼져있는 변동(variation)의 크기를 나타낸다. SST 가 클수록 반응값은 전체평균을 중심으로 넓게 분포되었음을 의미한다.

한편 이 SST는 간단한 전개과정을 통해

$$\underbrace{\sum_{i=1}^{2}\sum_{j=1}^{5}(y_{ij} - \bar{y}\;\;)^2}_{\mathrm{SST}} = \underbrace{\sum_{i=1}^{2}\sum_{j=1}^{5}(\bar{y}_{i\cdot} - \bar{y}_{..})^2}_{\mathrm{SStreat}} + \underbrace{\sum_{i=1}^{2}\sum_{j=1}^{5}(y_{ij} - \bar{y}_{i\cdot})^2}_{\mathrm{SSE}} \tag{1.3}$$

라고 표현된다. 오른쪽 첫 번째 항인

$$\text{SStreat} = \sum_{i=1}^{2}\sum_{j=1}^{5}(\bar{y}_{i\cdot} - \bar{y}_{\cdot\cdot})^2 \tag{1.4}$$

은 '그룹과 그룹사이(between group)의 변동'을 나타내므로 처리효과[3]와 연관되는 제곱합이어서 '처리제곱합(SStreat : Treatment Sum of Squares)'이라고 부르며, 두 번째 항인

$$\text{SSE} = \sum_{i=1}^{2}\sum_{j=1}^{5}(y_{ij} - \bar{y}_{i\cdot})^2 \tag{1.5}$$

은 '그룹 내(within group)의 변동'을 나타내므로 순수오차에 의한 제곱합이라는 의미에서 '오차제곱합(SSE : Error Sum of Squares)'이라고 부르고 있다[4].

전체제곱합(SST)의 분할

$$\begin{aligned}\text{SST} &= \text{SS(between)} + \text{SS(within)}\\ &= (\text{처리제곱합}) + (\text{오차제곱합})\\ &= \text{SStreat} + \text{SSE}\end{aligned}$$

만일, 실험에서 두 개의 그룹이 아니라 a 개의 그룹이 존재하고, i 번째 그룹에는 n_i 개의 관측값이 있다면, 전체제곱합(SST)은

$$\sum_{i=1}^{a}\sum_{j=1}^{n_i}(y_{ij} - \bar{y}_{\cdot\cdot})^2 = \sum_{i=1}^{a}\sum_{j=1}^{n_i}(\bar{y}_{i\cdot} - \bar{y}_{\cdot\cdot})^2 + \sum_{i=1}^{a}\sum_{j=1}^{n_i}(y_{ij} - \bar{y}_{i\cdot})^2 \tag{1.6}$$

이라고 전개 된다. 그리고 그룹 내 관측 개수가 동일하면($n_1 = n_2 = \cdots = n_a = n$),

$$\sum_{i=1}^{a}\sum_{j=1}^{n}(y_{ij} - \bar{y}_{\cdot\cdot})^2 = n\sum_{i=1}^{a}(\bar{y}_{i\cdot} - \bar{y}_{\cdot\cdot})^2 + \sum_{i=1}^{a}\sum_{j=1}^{n}(y_{ij} - \bar{y}_{i\cdot})^2 \tag{1.7}$$

이라고 표현된다.

[3]전형적인 실험에서 기존의 '대조군(control group)'과 새로운 '처리군(treatment group)' 간 차이 효과를 '처리효과(treatment effect)'라고 부른다.

[4]회귀분석에서는 SSE를 잔차제곱합이라고도 한다.

전체제곱합 SST 중 SStreat 가 차지하는 비율이 높을수록 그룹 간 차이가 유의하다고 판정되어, 두 그룹을 정의하는 설명변수의 영향이 유의하게(significant) 된다. SST 중 SStreat 의 비율은 SSE 에 대한 SStreat 의 상대적 크기로 알 수 있는데, SStreat 와 SSE 의 값을 비교하지 않고, 각각의 자유도로 나눈 '분산 형태의 모습'으로 비교해야 이론적 추론이 성립된다. 이렇게 제곱합(SS)을 각각의 자유도(degrees of freedom: df)로 나눈 값을 '평균제곱(Mean Square)'이라고 한다.

다시 말하면, 처리제곱합(SStreat)을 해당 자유도인 $(a-1)$로[5] 나눈 값을 '평균제곱처리(Mean Square for Treatment: MStreat)'이라고 하고,

$$\text{MStreat} = \frac{\text{SStreat}}{(a-1)} \tag{1.8}$$

로 정의되며, 오차제곱합(SSE)을 해당 자유도 $\sum_{i=1}^{a}(n_i-1)$로 나눈 것을 '평균제곱오차(Mean Square Error: MSE)[6]'라고 하며 아래와 같이 정의된다.

$$\text{MSE} = \frac{\text{SSE}}{\sum_{i=1}^{a}(n_i-1)} \tag{1.9}$$

분산분석은 MStreat 와 MSE 를 비교하는 것인데, 그 비율을

$$F_0 = \frac{\text{MStreat}}{\text{MSE}} = \frac{\text{SStreat}/(a-1)}{\text{SSE}/\sum_{i=1}^{a}(n_i-1)} \tag{1.10}$$

라고 할 때, 이 F_0 값이 어떤 임계값(critical value)보다 크면, 'a 개 그룹 간 모평균의 차이가 유의하다(significant)'고 결론짓는 분석방법을 의미한다. 이와 같이 모평균의 비교 검정을 '그룹 간 분산'과 '그룹 내 분산'으로 나누어 분석하는 방법을 '분산분석(<u>AN</u>alysis <u>O</u>f <u>VA</u>riance: ANOVA)'이라고 한다[7].

이와 같은 추론 과정을 알기 쉽게 표 1.2로 요약할 수 있는데, 이 표를 '분산분석표(ANOVA table)'라고 하고 있다.

---

[5] 제곱합에 대한 자유도를 구하는 방법은 다음에 설명하기로 한다.

[6] Mean Squared Error 라고도 한다.

[7] 영국의 통계학자 R. A. Fisher (1890-1962)에 의해 처음 소개되었다.

Source	df	SS	MS	F_0
Treatment	$a-1$	$\sum_{i=1}^{a}\sum_{j=1}^{n_i}(\bar{y}_{i\cdot}-\bar{y}_{\cdot\cdot})^2$	MStreat	$\frac{\text{MStreat}}{\text{MSE}}$
Error	$\sum_{i=1}^{a}(n_i-1)$	$\sum_{i=1}^{a}\sum_{j=1}^{n_i}(y_{ij}-\bar{y}_{i\cdot})^2$	MSE	
Total	$\sum_{i=1}^{a}n_i-1$	$\sum_{i=1}^{a}\sum_{j=1}^{n_i}(y_{ij}-\bar{y}_{\cdot\cdot})^2$		

표 1.2: 분산분석표(ANOVA table)의 모습

분산분석(ANOVA)의 F 검정

$H_0 : \mu_1 = \mu_2 = \cdots = \mu_a$ 에 대해,

$$\text{만일} \quad F_0 = \frac{\text{MStreat}}{\text{MSE}} = \frac{\text{SStreat}/(a-1)}{\text{SSE}/\sum_{i=1}^{a}(n_i-1)} > F_{\alpha,\,(a-1),\sum_{i=1}^{a}(n_i-1)} \tag{1.11}$$

이면, H_0를 기각하므로 '**그룹 간 모평균의 차이는 유의하다**'고 한다.

분산분석에서 임계값 결정에 왜 F 분포를 사용하는지는 '코크란의 정리(Cochran's Theorem)'를 통해 증명될 수 있으며, 이에 대해서는 나중에 소개한다.

Q 이전에 우리가 다룬 '남자와 여자의 시험점수에 대한 자료'를 t 검정 대신 분산분석의 F 검정을 이용해서 분석하되, 표 1.2의 분산분석표를 작성하라.

A 먼저 표 1.1에 있는 자료를 이용해, SST, SStreat, SSE를 각각 구해보자.

$$\begin{aligned}\text{SST} &= \sum_{i=1}^{2}\sum_{j=1}^{5}(y_{ij}-\bar{y}_{\cdot\cdot})^2 \\ &= (327-320)^2+(291-320)^2+\cdots+(341-320)^2 = 4686 \qquad (1.12)\\ \text{SStreat} &= \sum_{i=1}^{2}\sum_{j=1}^{5}(\bar{y}_{i\cdot}-\bar{y}_{\cdot\cdot})^2 \\ &= 5\sum_{i=1}^{2}(\bar{y}_{i\cdot}-\bar{y}_{\cdot\cdot})^2 \\ &= 5\left\{(306-320)^2+(334-320)^2\right\} = 1960 \qquad (1.13)\end{aligned}$$

Source	df	SS	MS	F_0
Treatment	1	1960	1960.00	5.75
Error	8	2726	340.75	
Total	9	4686		

표 1.3: 남녀 시험점수(score1)에 대한 영문 분산분석표(ANOVA table)

요인	자유도	제곱합	평균제곱	F_0
처리	1	1960	1960.00	5.75
오차	8	2726	340.75	
전체	9	4686		

표 1.4: 성별 시험점수(score1)에 대한 한글 분산분석표(ANOVA table)

$$\text{SSE} = \text{SST} - \text{SStreat} = 4686 - 1960 = 2726 \tag{1.14}$$

식 (1.12)-(1.14)를 분산분석표에 기입하면 표 1.3같이 정리할 수 있다.

이를 한글로 표현하면 표 1.4가 된다.

이 분산분석표에 의하면, $F_0 = 5.75 > 5.318 = F_{0.05,\,1,8}$ 이 되어서, 유의수준 0.05에 귀무가설 $H_0 : \mu_1 = \mu_2$ 를 기각하게 되는데, 이는 표 1.1에서 구한 t 검정의 결과와 일치한다. 즉, t 검정의 기각역을 제곱하면

$$|t_0| > 2.306 \iff t_0^2 > 5.318 \tag{1.15}$$

가 되고, F 분포의 정의로 부터 $t_\nu^2 = F_{1,\nu}$ 임을 생각하면, t 통계량을 이용한 양쪽꼬리검정(Two-Tailed Test)의 기각역이 F 통계량의 한쪽꼬리검정(One-Tailed Test)의 기각역

$$F_0 > 5.318 \tag{1.16}$$

과 일치함을 알 수 있다. 따라서, 두 모집단의 모평균 비교를 위한 t 검정의 결과는 ANOVA의 F 검정의 결과와 항상 일치하게 된다. ANOVA의 F 검정 과정을 표 1.1 같이 정리하면 표 1.5가 된다.

	$x_{ij} = -1$ (남자)	$x_{ij} = +1$ (여자)
관측값	$y_{11} = 327$	$y_{21} = 308$
	$y_{12} = 291$	$y_{22} = 324$
	$y_{13} = 323$	$y_{23} = 353$
	$y_{14} = 284$	$y_{24} = 344$
	$y_{15} = 305$	$y_{25} = 341$
분포가정	$y_{1j} \overset{i.i.d.}{\sim} N(\mu_1, \sigma^2)$	$y_{2j} \overset{i.i.d.}{\sim} N(\mu_2, \sigma^2)$
가설	$H_0 : \mu_1 = \mu_2$ vs. $H_1 : \mu_1 \neq \mu_2$	
검정통계량	$F_0 = \frac{\text{MStreat}}{\text{MSE}} = \frac{\text{SStreat}/(2-1)}{\text{SSE}/\sum_{i=1}^{2}(5-1)} = 5.75$	
기각역	$F_0 > F_{0.05,(2-1),5+5-2} = 5.318$	

표 1.5: 남자와 여자의 시험점수(score1) 차이에 대한 ANOVA의 F 검정

> **분산분석(ANOVA)을 위한 용어 정리**
>
> - 전체제곱합 = Total Sum of Squares = SST
> - 처리제곱합 = Treatment Sum of Squares = SStreat
> - 오차제곱합 = Error Sum of Squares = SSE
> - 평균제곱처리 = Mean Square for Treatment = MStreat
> - 평균제곱오차 = Mean Square Error = MSE
> - 분산분석 = Analysis of Variance = ANOVA
> - 자유도 = degrees of freedom = df

1.5 세 집단 이상의 모평균 비교

지난 단원에서는 두 모집단 간 모평균을 비교하는 t 검정과 분산분석의 F 검정 결과가 동일하다는 것을 보여주었다. 그렇다면 분산분석의 F 검정은 왜 필요할까? 그 이유는 설명변수에 의해 모집단이 세 개 이상의 그룹으로 나누어진 경우에는 t

검정을 사용할 수 없는 반면, 분산분석을 이용하면 모집단이 몇 개가 될지라도 단 한 번의 ANOVA의 F 검정으로 추론이 가능하기 때문이다.

혹자는 "$H_{01}: \mu_1 = \mu_2, \quad H_{02}: \mu_1 = \mu_3, \quad \cdots$ 와 같이 여러 번의 t 검정을 하면 되지 않을까?"라고 생각할지 모르지만, 복수의 검정에 대한 유의수준을 결정하는 방법은 사실 무척 어려운 문제다.

이를 간단히 설명 하자면, 만약,

$$H_0: \mu_1 = \mu_2 = \cdots = \mu_a \tag{1.17}$$

를 검정하기 위해

$$\begin{cases} H_{01}: & \mu_1 = \mu_2 \\ H_{02}: & \mu_1 = \mu_3 \\ \vdots & \vdots \\ H_{0m}: & \mu_{a-1} = \mu_a \end{cases} \tag{1.18}$$

라는 복수의 귀무가설을 각각 유의수준 0.05 로 복수의 t 검정을 사용해서 실시한다고 하자. 이때, 오류가 발생할 사건을

$$E_i = \{H_{0i}\text{가 참(true)인데도 불구하고 } H_{0i}\text{를 기각하는 사건}\} \tag{1.19}$$

이라고 할 때, 제1종 오류는

$$\text{제1종 오류} = \bigcup_{i=1}^{m} E_i$$

가 될 것이다. 그러나 '본페로니의 부등식'에 의하면,

$$P\left(\bigcup_{i=1}^{m} E_i\right) \le \sum_{i=1}^{m} P(E_i) \tag{1.20}$$

가 되어, 만일 m 개의 귀무가설을 모두 유의수준 0.05 로 검정한다면,

$$\begin{aligned} \text{실제 유의수준} = P(\text{제1종 오류}) &= P\left(\bigcup_{i=1}^{m} E_i\right) \\ &\le \sum_{i=1}^{m} P(E_i) = m \times (0.05) \end{aligned} \tag{1.21}$$

가 되므로 실제 우리가 정한 유의수준 0.05 의 m 배까지 커질 수 있는 위험이 있다. 따라서 복수의 t 검정을 실시하는 대신에 단 한빈의 F 검정을 실시하는 것이 바람직하다.

1.6 척도(Scale)의 종류

통계학에 사용되는 변수의 척도(scale)는 다음과 같이 구분할 수 있다.

- 명목척도(nominal scale): 측정대상이 그 성질에 따라 어느 부류(class)에 속하는지를 말해주는 척도(예: 성별, 지역)
- 순서척도(ordinal scale): 명복척도 중에서 명목 간 순위를 가지고 있는 척도(예: 매우만족, 만족, 불만, 매우불만)
- 구간척도(interval scale): 측정값의 차이가 두 측정대상의 성질에 대한 차이만큼을 나타내는 척도(예: 온도).
- 비율척도(ratio scale): 한 측정대상이 다른 측정대상보다 몇 배의 많은 성질을 가지고 있다고 나타낼 수 있는 척도(예: 몸무게).

Q '온도'가 구간척도이지만 비율척도가 아닌 이유를 설명하라.

A 온도는 구간척도이지만, 비율척도가 될 수 없다. 왜냐하면 0도가 온도의 시작점이 될 수 없기 때문이다. 따라서 20도는 10도보다 2배 더 덥다고 말할 수 없다.

Y (반응변수)	X (독립변수)	통계분석 방법
구간/비율	구간/비율	회귀분석
구간/비율	명목/순서	실험계획법
명목/순서	구간/비율	범주형자료분석
명목/순서	명목/순서	범주형자료분석

표 1.6: 척도 종류에 따른 통계분석 방법

설명변수와 종속변수의 관계를 설명하는데, 각 변수가 무슨 척도인지에 따라서 그 분석방법이 달라지기도 한다. 예를 들어 회귀분석모형에서는 일반적으로 종속변수와 설명변수가 모두 연속형인 구간/비율척도만을 고려한다. 물론 설명변수가 명목척도인 회귀분석도 분산분석의 모형식으로 접근할 수 있다. 종속변수가 이산(명목/순서척도)자료라면, 범주형자료분석(categorical data analysis) 혹은 이산형자료분석(discrete data analysis)이 사용된다. 실험계획과 분산분석에서는 설명변수가 이산형(명목/순서척도)이며, 반응변수가 연속형(구간/비율척도)인 경우를 다루게 된다. 특히 이산형(명목/순서척도) 변수는 SAS®프로그램에서 `class` 문을 이용하고, R에서 `as.factor()` 로 정의한다. 이를 정리하면 표 1.6을 얻게 된다.

1.7 실험계획의 역사적 고찰

실험계획의 본격적인 발달은 영국의 피셔 경(Sir R. A. Fisher, 1880-1962)으로 거슬러 올라간다. 그는 영국의 로담스테드(Rothamsted) 농업실험연구소에서 책임자로 일하면서 실험계획을 개발하였고, 처음으로 분산분석(Analysis of Variance)이란 개념을 사용하여 발전시켰다. 그의 분산분석 이론은 1935년 그의 저서 "Design of Experiments"에 잘 나타나 있다. 실험계획에서는 분산분석에 사용되는 검정통계량을 그의 이름의 맨 처음 철자를 따서 F 통계량이라고 하였고, 그는 그 이후 반세기 동안 실험계획을 비롯한 현대통계학에 그 생애를 바쳤다[8].

특히 실험계획에 대한 그의 연구는 비닐하우스에서 재배되는 12종류 감자의 생육에 세 가지 비료가 끼치는 영향을 조사하면서 시작되었는데, 그 당시 이 연구는 아이러니하게도 다음과 같은 이유로 배척을 받았다.

1. 효과적인 실험을 위해 실험횟수를 줄였는데, 그 당시 사람들은 횟수가 너무 적다는 이유로 문제를 삼았다.

2. 실험조건을 랜덤하게 배치하라고 주장했지만, 실험자들은 통계학자보다 수십 년 종사해온 자신들이 더 잘 안다고 거절하였다.

피셔 이후, 예이츠(F. Yates), 캠톤(O. Kempthorne)을 비롯하여 코크란(W. G. Cochran)과 박스(G. E. P. Box)가 실험계획법을 발전시켰다. 초기 실험계획은 농업 및 생물학에 많은 공헌을 하였고, 그 이후에는 공업 및 품질관리 등에서 발전해 왔으며, 지금은 의학, 제약분야, 그리고 환경 및 금융분야 등, 데이터 분석이 요구되는 거의 모든 분야에서 활용되고 있다.

[8]S. E. Maxwell and H. D. Delaney (1989) "*Designing Experiments and Analyzing Data. Brooks*", Cole Publishing Company, Pacific Grove, CA.

그림 1.4: Sir R. A. Fisher (1890-1962)

1.8 그리스 문자(Greek Alphabet)

이 단원에서는 실험계획의 모형식에 많이 등장하는 그리스 문자(알파벳)에 대해 소개하고자 한다. 수학이나 물리학을 공부한 사람들에게는 이미 친숙한 문자이지만 그리스 문자를 처음 접하는 사람에겐 무척 혼동스러운 부분이다. 발음과 획순이 개인마다 선호하는 것이 다르지만 이 단원을 빌어 한번은 소개하는 것이 앞으로 책을 읽는데 도움이 될 것 같아 정리해 보았다.

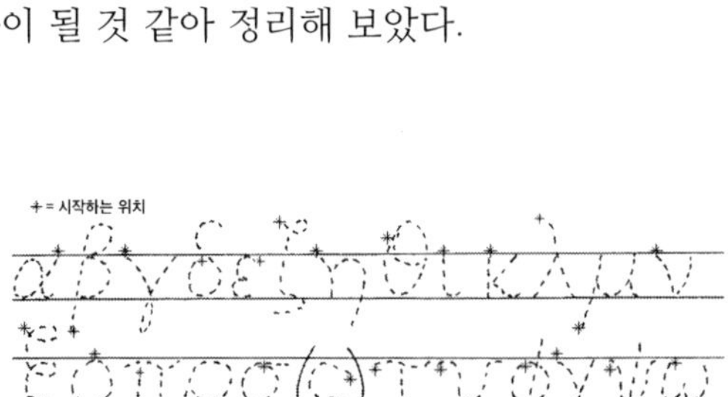

대문자	소문자	발음	영어 알파벳	소문자 그리기
A	α	알파(fa)	a	
B	β	베타	b	
Γ	γ	감마	g	
Δ	δ	델타	d	
E	ϵ	엡실론	e	
Z	ζ	제타	z	
H	η	에타	h	
Θ	θ	세(th)타	th	
I	ι	아이오타	i	
K	κ	카파	k	
Λ	λ	람다	l	
M	μ	뮤우	m	
N	ν	누우	n	
Ξ	ξ	크사이	x	
O	o	오미크론	o	
Π	π	파(p)이	p	
P	ρ	로	r	
Σ	σ	시그마	s	
T	τ	타우	t	
Υ	υ	웁실론	u	
Φ	ϕ	파(f)이	ph	
X	χ	카이	ch	
Ψ	ψ	프사이	ps	
Ω	ω	오메가	o	

1.9 R 프로그램 실습

[1] 아래는 표 1.1에 있는 남녀별 시험점수 자료(score1)의 t 검정에 대한 R코드이다.

```
shapiro.test(score1[1:5,"Y"])
var.test(Y ~ X, score1, alternative="two.sided")
res1 = t.test(Y ~ X, data=score1, var.equal=TRUE)
```

위의 R코드를 활용하여, 다음 질문에 답하라.

1.1 남자 시험점수가 정규분포를 따른다고 할 수 있는가?

1.2 여자 시험점수가 정규분포를 따른다고 할 수 있는가?

1.3 남자 시험점수와 여자 시험점수의 분산이 같다고 할 수 있는가?

1.4 남녀 간 평균 시험점수가 같다고 할 수 있는가? 그리고 해당 t 검정의 p 값(p-value)은 얼마인가?

1.5 여자 평균 시험점수가 남자 평균 시험점수보다 높다고 할 수 있는지 해당 p 값를 사용하여 답하라. 그리고, 이 질문에 답하기 위한 R코드를 적어라.

[2] 시험점수 자료(score1)를 가지고 그림 1.2를 재현하려고 한다. 아래 R코드의 각 부분이 어떤 명령을 의미하는지 설명해 보아라.

```
par(mfrow=c(1, 2))
stripchart(Y ~ X, score1, vertical=T, xlim=c(0.5, 2.5), pch=16,
           xlab="X", group.names=c("-1", "1"), ylab="Y")
boxplot(Y ~ X, score1, xlim=c(0.5, 2.5), pars=list(boxwex=0.5),
        names=c("-1", "1"), xlab="X", ylab="Y")
points(1:2, tsum(Y ~ X, score1, e="Mean")[1:2], pch=5)
```

1.10 연습문제

[1.1] 투자가에게 투자대상의 '위험(risk)'과 투자의 '수익(return)'은 주요 관심사다. 어떤 투자가가 은행채권과 기업채권 중에서 수익이 높은 것에 투자를 하려고 한다. 그는 시중의 7개 은행채권(Bank)을 조사하고, 5개의 회사채권(Corp)을 조사하여 그 수익률(Return)을 기록하였다.

		Return						
Bond	Bank	9.84	9.20	9.92	9.88	9.30	9.65	10.1
	Corp	9.69	8.94	8.85	9.54	9.15		

표 1.7: 채권 종류별 수익률 자료(bondreturn)

1) R의 `boxplot()` 을 이용해서 그림 1.3의 상자그림으로 두 채권의 수익률(`Return`)을 비교하라.

2) 분산분석표를 손으로 계산해서 작성하되(유의수준 0.05), 알맞은 귀무가설과 대립가설도 μ_1, μ_2 를 이용해 작성하라.

3) 2)에서 작성한 가설에 대해 t 검정을 통한 결과도 동일함을 손으로 계산해서 확인하라. 또한 R의 `t.test()` 를 사용해도 동일한 결과임을 확인하라.

4) 위 2)에서 철수는 "귀무가설을 기각하여도 은행채와 회사채의 수익률이 다르다는 의미이지, 은행채 수익률이 회사채보다 높다는 결론은 아닐 수 있다"고 주장한다. 그래도 당신은 은행채 수익률이 회사채보다 높다고 할 수 있는가? R의 `t.test()` 안에 있는 `alternative` 옵션을 이용해 확인하라.

5) 위 2)의 F 검정통계량과 3)의 t 검정통계량 사이에 $F_0 = t_0^2$ 임을 확인하라.

[1.2] 식 (1.11)을 이용한 분산분석에서 모든 y_{ij} 에 c 라는 상수를 더할지라도, F_0 값이 변하지 않는다는 것을 증명하라.

[1.3] 식 (1.11)을 이용한 분산분석에서 모든 y_{ij} 에 d 라는 상수를 곱할지라도, F_0 값이 변하지 않는다는 것을 증명하라.

[1.4] 비타민C가 어떤 병에 대한 저항력을 키워주는지 알아보기 위한 실험을 하려고 한다. 다음 중에서 실험계획의 3가지 기본원리 중 어느 원리를 적용시켜야 하는지 답해 보아라.

1) 한 그룹의 쥐들에게는 비타민C를 투여하고, 다른 그룹의 쥐들에게는 위약(placebo)을 투여한 다음, 병균에 노출시킴으로써 두 그룹을 비교하려고 한다. 이때 각 쥐의 건강상태나 나이같은 외생변수에 따라 그 효과가 다를 것 같은 예감이

들어 걱정이다.

2) 실험을 위하여 두 마리의 쥐를 사왔다. 한 마리에는 비타민C를, 다른 한 마리에는 위약을 투여하고 그 병균에 대한 저항력을 비교하려고 하다가, 실험결과가 비타민C와 위약 간 차이인지, 아니면 건강상태에 의한 차이인지를 구분 못 하고 있다.

3) 실험에 사용되는 쥐가 일부는 매우 건강한 반면, 나머지는 허약한 쥐임이 밝혀졌다. 이제 두 그룹으로 랜덤배치할 때, 비타민C 그룹에 건강한 쥐가 많이 배치될까 걱정된다. 그렇다고 건강한 쥐와 허약한 쥐를 50:50으로 각 그룹에 인위적으로 배치하면 다른 외생변수를 제어하기 위한 랜덤배치 원칙에 어긋날 수 있다.

【1.5】 백열전구를 만드는 2개의 회사제품(`Product: A, B`)가 있다고 할 때, 실험자는 두 회사 제품의 전구 수명(`Duration`)에 차이가 있는지 알아보려고 한다. 반응변수와 설명변수를 구분하라. 또 각 제품별로 6개씩의 전구를 실험한 결과 아래와 같을 때, 당신은 두 제품 간 평균 수명의 차이가 있다고 보는가? 분산분석표를 작성하여 답하라(유의수준 0.05).

	Product	
	A	B
Duration	6.1	9.1
	7.1	8.2
	7.8	8.6
	6.9	6.9
	7.6	7.5
	8.2	7.9

표 1.8: 전구 종류 별 수명(`bulblife`) (단위: 100시간)

1.11 프로젝트(펩시 챌린지)

'펩시 챌린지(Pepsi Challenge)'란 펩시콜라가 코카콜라 아성에 도전하기 위해 1975년 고안한 마케팅 이벤트이다. 실험참가자의 눈을 가린채 실시하는 이 실험은 한 컵에는 펩시콜라를, 다른 컵에는 코카콜라를 담은 후에 "둘 중 어느 것을 더 좋아합니까?"라는 질문에 답하게 한 후, 소비자가 선호하는 콜라가 어느 브랜드인지 보여주는 이벤트이다.

1. 두 개의 컵에 하나는 A, 다른 하나는 B라고 기입하고 각 컵에 펩시콜라와 코카콜라를 랜덤하게 배정한다(실험대상자는 모르고 실험자는 알고 있다).

2. 눈 가리개로 실험대상자의 눈을 가린채 2개의 컵을 각각 마신 후 어느 콜라를 선호하는지 질문한다.

3. 같은 내용을 다른 실험대상자에게 실시한다.

[1] 펩시 챌린지의 결과를 이용해서 통계적으로 '코카콜라보다 펩시콜라를 더 선호한다'라고 주장하려고 한다. 가능한 통계적 분석 방법을 제시하고, 제시한 분석방법의 문제점을 논하라.

[2] 철수는 눈을 가린채 각 콜라에 대한 맛을 1-5점 사이로 작성하길 제안한다(점수가 클수록 높은 선호도). 이때 독립변수와 반응변수를 정의하라.

[3] 철수의 제안으로 분산분석을 행할 때, 발생할 수 있는 문제점은 무엇인가?

[4] 이 수업을 수강하고 있는 학생들을 대상으로, 철수가 제안한 방법으로 펩시 챌린지를 실시하고 분산분석표를 작성하라. 그리고 코카콜라와 펩시콜라 사이에 선호도가 다른지 여부를 유의수준 0.05 로 검정하라.

[5] 영희는 남녀별 선호도가 다를 수 있다고 주장한다. 과연 남녀별 코카콜라/펩시콜라 선호도가 다른지를 알아보기 위한 실험계획을 작성하고, 아래 질문에 답하라.

1. 실험대상자를 어떻게 그리고 몇 명을 섭외할지 논하라.

2. 설명변수는 성별(남자/여자)이고 값은 1과 0으로 할 때, 반응변수를 구체적으로 정의하라.

3. 실험을 마친 후, 분산분석표를 작성하라.

프로젝트 Worksheet

(이름 :)

[1] "코카콜라보다 펩시콜라를 더 선호한다?"

1-1 통계적 분석 방법 :

1-2 제시한 분석방법의 예상되는 문제점 :

[2] 철수의 실험방법 (콜라 맛을 1-5점 사이로 작성)

A	1	2	3	4	5
B	1	2	3	4	5

2-1 독립변수 :

2-2 반응변수 :

[3] 철수의 실험자료로 분산분석 행할 때 예상되는 문제점

문제점 :

[4] 철수의 실험자료로 작성한 분산분석표

요인	df	SS	MS	F_0
콜라의 종류				
오차				
전체				

표 1.9: 펩시 챌린지에 대한 분산분석표(ANOVA table)

[5] 영희의 방법에 의한 실험계획의 분산분석표

5-1 실험대상자 남녀별 몇 명 :

5-2 반응변수 (구체적으로) :

5-3 "남녀별 코카콜라/펩시 콜라 선호도가 다른가?"

요인	df	SS	MS	F_0
Gender				
Error				
Total				

표 1.10: 남녀별 펩시 챌린지에 대한 분산분석표(ANOVA table)

Chapter 2

회귀분석의 요약

2.1 회귀분석의 역사

회귀분석이라는 단어는 영국의 수학자인 갈톤[1]에 의해 처음 소개되었다. 갈톤은 1889년 그의 저서 '자연적 유전(Natural Inheritance)'에서 부모의 키(height)가 자녀의 키에 미치는 영향을 소개하면서 '회귀(regression)'라는 단어를 처음 사용하였다.

이 책에서 그는 "아버지의 키와 아들의 키 사이에는 직선관계가 존재하나 키가 큰 아버지를 가진 아들의 키는 평균 키보다는 크지만 아버지의 키보다는 작아서, 결국 부모의 키가 크든 작든 간에 자녀의 키는 평균 키로 회귀(regress)한다"고 밝히고 있다. 물론 현대통계학의 관점에서 보면 갈톤의 분석방법이 옳다고 볼 수는 없으나, 주목할 것은 '부모의 키'와 '자녀의 키'라는 두 변수의 연관성을 설명하는데 있어 '회귀(regression)'라는 단어를 처음 사용했다는 점이다.

그러나 지금의 회귀분석에서 사용되는 '최소제곱추정법(least squares estimation)'이 소개된 것은 이보다 훨씬 앞선 1805년 3월 6일 르장드르(Adrien-Marie Legendre, 1752-1833)가 혜성 궤도에 대한 방정식을 'method of least squares'라고 소개하면서부터였다. 이 추정 방법은 후에 가우스(C. F. Gauss, 1777-1855)와 라플라스(P. S. Laplas, 1749-1827)를 통해 발전되었고 회귀분석의 중요한 도구가 되었다.

[1]Francis Galton (1822-1911) 진화론을 주장한 다윈(Charles Darwin)과 사촌관계이며 통계 분야에선 중위값, 사분위수, 백분위수를 처음 소개했다.

회귀분석은 두 개 이상의 변수를 동시에 분석하고 그 관계를 수식화시킴으로써 자료를 이해하는데 중요한 역할을 하고 있고, 현재 통계학뿐만 아니라 거의 모든 학문에서 널리 사용되고 있다.

2.2 상관계수

서로 다른 두 개의 확률변수 간 상관관계(correlation)를 측정하는 방법으로 두 확률변수 간 공분산(covariance)을 계산하는 방법이 있으며 그 공식은 아래와 같다.

$$\mathrm{Cov}(X, Y) = \mathrm{E}\left[\,(X - \mathrm{E}(X))(Y - \mathrm{E}(Y))\,\right] \tag{2.1}$$

만일 두 확률변수가 독립이라면 공분산은 0 이고, 공분산이 0 이 아니라면 두 확률변수는 독립이라고 볼 수 없다. 또한 공분산이 음수(陰數)라면 두 확률변수는 '음의 상관관계(negative correlation)'를 갖는다고 말하며 공분산이 양수(陽數)라면 두 확률변수는 '양의 상관관계(positive correlation)'를 갖는다고 말한다.

그렇다면 두 변수 간 공분산의 절댓값이 크면 그 상관관계가 크다고 할 수 있는가? 그렇지 않다. 왜냐하면 상관관계는 변하지 않더라도 변수의 단위가 증가하면 공분산의 절댓값은 저절로 증가하기 때문이다.

예를 들어 두 개의 확률변수 X 와 Y 에 각각 10 씩 곱해준다면, 공분산은 이전 값의 100 배가 된다.

$$\mathrm{Cov}(10X, 10Y) = 100 \cdot \mathrm{Cov}(X, Y) \tag{2.2}$$

그러나 진정한 상관관계는 단위와는 무관(unit free)한 개념이어야 하기 때문에 단위에 따라 값이 변하는 공분산보다는 단위와 무관하게 두 변수의 상관관계를 나타내는 통계량이 요구된다. 이런 배경에서 소개된 것이 아래와 같이 정의되는 상관계수(correlation coefficient)이다.

$$\rho_{x,y} = \frac{\mathrm{Cov}(X, Y)}{\sqrt{\mathrm{V}(X)}\sqrt{\mathrm{V}(X)}} \tag{2.3}$$

만일 각 확률변수에 10을 곱한 경우(예: 센티미터를 밀리미터로 변환)를 생각해 보면,

$$\rho_{10x,10y} = \frac{\mathrm{Cov}(10X, 10Y)}{\sqrt{\mathrm{V}(10X)}\sqrt{\mathrm{V}(10X)}} = \rho_{x,y} \tag{2.4}$$

가 되므로 상관계수는 변하지 않는다. 따라서 상관계수는 두 변수의 상관관계를 단위에 영향받지 않고 나타낼 수 있는 좋은 도구가 된다.

Q 확률변수 X , Y 사이에 $Y = a + bX \quad (b > 0)$인 관계가 성립하는 경우, X와 Y의 상관계수는 항상 1이 됨을 증명하라.

A 확률변수 X , Y의 공분산은 다음같이 계산된다.

$$\begin{aligned} \mathrm{Cov}(X, Y) &= \mathrm{Cov}(X, a + bX) = \mathrm{Cov}(X, a) + \mathrm{Cov}(X, bX) \\ &= b\ \mathrm{Cov}(X, X) = b\ \mathrm{V}(X) \end{aligned} \tag{2.5}$$

그러므로,

$$\begin{aligned} \rho_{x,y} &= \frac{b\ \mathrm{V}(X)}{\sqrt{\mathrm{V}(X)}\sqrt{\mathrm{V}(a+bX)}} = \frac{b\ \mathrm{V}(X)}{b\ \mathrm{V}(X)} \\ &= 1 \end{aligned} \tag{2.6}$$

이 된다. ∎

Q 그림 2.1 은 상관계수가 각각 −0.7, 0.0, 0.8 인 산점도이다. 각 그래프에 해당되는 상관계수를 찾아라.

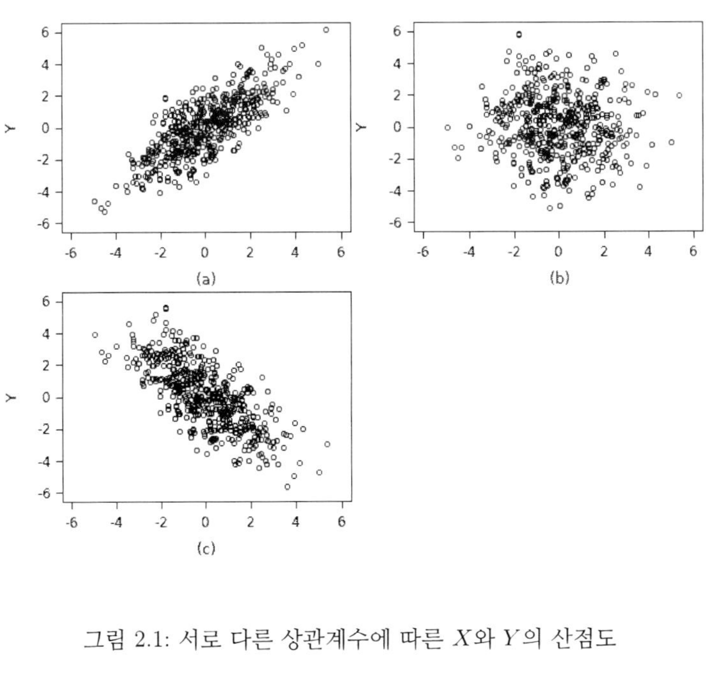

그림 2.1: 서로 다른 상관계수에 따른 X와 Y의 산점도

A 산점도를 보고 예상되는 상관계수는 다음과 같다.

$$(a)\quad 0.8, \qquad (b)\quad 0.0, \qquad (c)\quad -0.7$$

2.3 단순회귀모형

두 확률변수의 관계를 설명하는데 있어서 상관계수 외에 두 변수의 관계를 수학적 관계식(혹은 모형식)으로 표현하고 싶은 경우가 있다.

어떤 확률변수 Y를 변수 X의 함수식으로 아래와 같이 표현한다고 가정하자.

$$y = a + b\,x + \epsilon$$

이를 '단순회귀모형(simple regression model)'[2]이라고 하며, ϵ은 오차(error)를 의미한다. 만일 n개의 $(x_i,\, y_i)$ 자료값이 있다면, 이는

$$y_i = a + b\,x_i + \epsilon_i, \qquad i = 1,\, 2,\, \cdots,\, n \tag{2.7}$$

이 되며 a는 회귀선의 '절편(intercept)'이고 b는 '기울기(slope)'를 나타낸다.

단순회귀모형의 가정

1. X와 Y 간에 $y_i = a + b\,x_i + \epsilon_i$ 관계를 가정하고($i = 1,\, 2,\, \cdots,\, n$),
2. 오차 ϵ_i는 서로 독립이고, 분산이 σ^2인 정규분포를 따른다.

2.4 최소제곱추정법(Least Squares Estimation)

변수 X와 Y를 설명하는 $y_i = a + b\,x_i + \epsilon_i$ 라는 관계식에서 $a,\, b$에 따라 회귀선 모양은 변하게 된다. 과연 $(x_i,\, y_i)_{i=1}^n$이라는 자료를 가장 잘 나타내는 $a,\, b$값은 무엇인가?

그림 2.2는 세 점 $(x_1,\, y_1)$, $(x_2,\, y_2)$, $(x_3,\, y_3)$ 을 대표하는 모형식 $y_i = a + b\,x_i + \epsilon_i$ 의 오차 ϵ_i, ϵ_2, ϵ_3 의 모습을 보여준다.

[2]단순선형회귀모형(simple linear regression model)이라고도 한다.

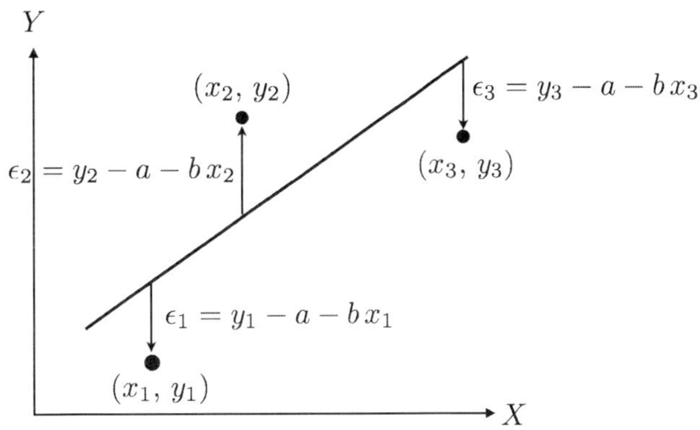

그림 2.2: 세 점에 대한 단순회귀모형의 오차

오차는 점의 위치가 직선의 위 혹은 아래에 있는지에 따라 양의 값(+)을 갖기도 하고 음의 값(−)을 갖기도 한다. 이와 같은 오차를 작게하는 a와 b를 추정함에 있어 가장 자연스러운 방법은 오차의 제곱을 모두 더한 값인 '오차제곱합(Error Sum of Squares)'을 최소화시키는 방법일 것이다. 이와 같은 방법을 '최소제곱추정법(Least Squares Estimation: LSE)'이라고 한다.

오차제곱합을 수식으로 표현하면 $(x_i, y_i)_{i=1}^n$ 에 대해

$$Q = \sum_{i=1}^{n} \epsilon_i^2 = \sum_{i=1}^{n} (y_i - a - b\,x_i)^2 \tag{2.8}$$

이라고 쓸 수 있다. 이 Q를 최소화시키는 a, b 얻으려면 이를 a, b에 대해 각각 편미분한 값이 0이 되는 아래와 같은 연립방정식의 해를 구하면 된다.

$$\begin{aligned} \frac{\partial Q}{\partial a} &= \frac{\partial}{\partial a} \sum_{i=1}^{n} (y_i - a - b\,x_i)^2 = 0 \\ \frac{\partial Q}{\partial b} &= \frac{\partial}{\partial b} \sum_{i=1}^{n} (y_i - a - b\,x_i)^2 = 0 \end{aligned} \tag{2.9}$$

이와 같은 연립방정식을 '정규방정식(normal equation)'이라고 한다. 이 정규방정식의 해를 $\hat{a}, \hat{b}$이라 하고 이를 구하면, 식 (2.10)의 '최소제곱추정량(least squares estimator)'을 얻는다.

단순회귀모형의 최소제곱추정량(L.S.E.)

$$\hat{b} = \frac{\sum_{i=1}^{n}(x_i - \bar{x})(y_i - \bar{y})}{\sum_{i=1}^{n}(x_i - \bar{x})^2}$$
$$\hat{a} = \bar{y} - \hat{b}\,\bar{x} \tag{2.10}$$

이때 추정된 회귀식은 $\hat{y}_i = \hat{a} + \hat{b}\,x_i$ 라고 표현된다.

Q 다음은 두 변수의 자료값이다. 두 변수의 관계식을 식 (2.10)을 이용하여 'X에 대한 Y의 회귀선(regression of Y on X)'으로 표현하라.

X	1.0	1.5	2.0	2.5	3.0
Y	1.0	3.0	4.5	6.0	5.5

표 2.1: 단순회귀선을 구하는 자료(simxy1)

A 회귀계수의 추정치를 계산하기 위해 아래 표를 작성해 보았다.

$(x_i - \bar{x})$	-1.0	-0.5	0.0	0.5	1.0
$(y_i - \bar{y})$	-3.0	-1.0	0.5	2.0	1.5

표 2.2: 단순회귀선을 구하는 과정

이를 이용하면

$$\sum_{i=1}^{5}(x_i - \bar{x})^2 = (-1.0)^2 + (-0.5)^2 + (0.0)^2 + (0.5)^2 + (1.0)^2 = 2.5$$
$$\sum_{i=1}^{5}(x_i - \bar{x})(y_i - \bar{y}) = (-1.0)(-3.0) + (-0.5)(-1.0) + \cdots + (1.0)(1.5) = 6$$

이 되므로,

$$\hat{b} = \frac{6}{2.5} = 2.4$$
$$\hat{a} = \bar{y} - \hat{b}\,\bar{x} = 4 - (2.4) \times 2 = -0.8 \tag{2.11}$$

이 되어 추정된 회귀선은 $\hat{y} = -0.8 + 2.4\,x$ 이다. 이를 R의 sasLM 패키지 안에 있는 pB() 를 이용하면 그림 2.3을 얻는다.

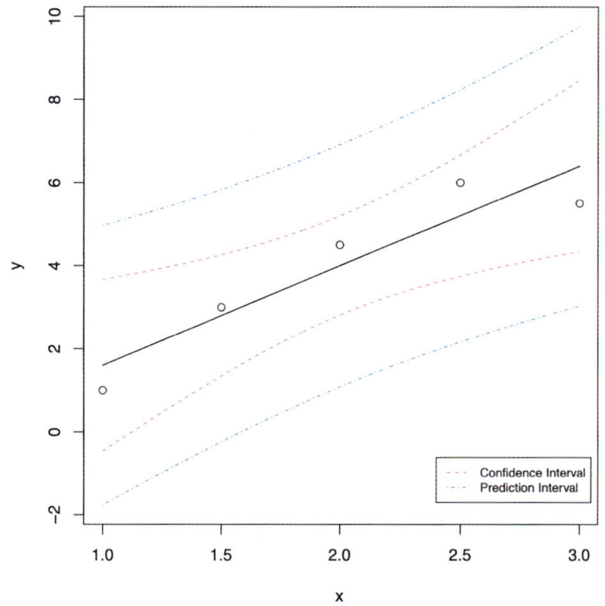

그림 2.3: 추정된 회귀선 $\hat{y} = -0.8 + 2.4\,x$ 의 모습(simxy1)

Q 다음은 표 2.1의 자료(simxy1)를 이용하여 그림 2.3을 구하는 R코드이다. 이를 실행해서 절편과 기울기의 추정치가 각각 -0.8과 2.4 임을 확인하라.

```
pB(Y ~ X, simxy1)
```

```
REG(Y ~ X, simxy1)
```

A R코드를 실행하여 얻은 출력(그림 2.4)을 보면, 절편과 기울기 추정치가 각각 -0.8과 2.4 임을 확인할 수 있다.

2.5 결정계수와 분산분석

최소제곱추정법으로 회귀계수를 추정하여 회귀선을 구하였으면, 추정한 회귀선이 자료를 얼마나 잘 설명해주는지, 다시말해 회귀선이 유의한지(significant) 알아봐

```
$ANOVA
Response : Y
                 Df Sum Sq Mean Sq F value  Pr(>F)
MODEL             1   14.4    14.4  20.571 0.02006 *
RESIDUALS         3    2.1     0.7
CORRECTED TOTAL   4   16.5
---
Signif. codes:  0 '***' 0.001 '**' 0.01 '*' 0.05 '.' 0.1 ' ' 1

$Fitness
 Root MSE Y Mean Coef Var  R-square Adj R-sq   PRESS    R2pred
  0.83666      4  20.9165 0.8727273 0.830303 9.09088 0.4490376

$Coefficients
            Estimate Std. Error Df Lower CL Upper CL t value Pr(>|t|)
(Intercept)     -0.8    1.12250  3  -4.3723   2.7723 -0.7127  0.52747
X                2.4    0.52915  3   0.7160   4.0840  4.5356  0.02006 *
---
Signif. codes:  0 '***' 0.001 '**' 0.01 '*' 0.05 '.' 0.1 ' ' 1
```

그림 2.4: 표 2.1의 자료(simxy1)를 이용한 REG() 의 출력

야 한다. 이 단원에서는 이를 위한 추정된 회귀선의 '적합도(goodness of fit)'를 살펴보도록 하자.

최소제곱추정법의 장점 중 하나는 다음과 같은 등식이 항상 성립한다는 점이다.

$$\underbrace{\sum_{i=1}^{n}(y_i-\bar{y})^2}_{\text{SST}} = \underbrace{\sum_{i=1}^{n}(y_i-\hat{y}_i)^2}_{\text{SSE}} + \underbrace{\sum_{i=1}^{n}(\hat{y}_i-\bar{y})^2}_{SSR} \tag{2.12}$$

이때 등호의 왼쪽에 있는 항은 전체제곱합(Total Sum of Squares: SST) 이라고 해서, '전체 자료가 평균을 중심으로 얼마나 퍼져있는지'를 나타내고 있다. 그리고 등호의 오른쪽 첫 번째 항은 오차제곱합(Error Sum of Squares: SSE)으로 '회귀선이 자료를 설명해 주지 못하는 부분'이며. 오른쪽 두 번째 항은 자동적으로 '회귀선이 자료를 설명해 주는 부분'으로 '회귀제곱합(Regression Sum of Squares: SSR)'이라고 한다.

SST의 분할

$$\sum_{i=1}^{n}(y_i-\bar{y})^2 = \sum_{i=1}^{n}(\hat{y}_i-\bar{y})^2 + \sum_{i=1}^{n}(y_i-\hat{y}_i)^2$$

$$\text{SST} \quad = \quad \text{SSR} \quad + \quad \text{SSE} \tag{2.13}$$

회귀직선의 적합도(goodness of fit)는 SSR을 SSE와 비교함으로써 측정할 수 있는데, 표 2.3의 분산분석표는 이 계산을 도와준다.

Source	df	SS	MS	F_0
Regression	1	SSR	MSR	$\frac{\text{MSR}}{MSE}$
Error	$n-2$	SSE	MSE	
Total	$n-1$	SST		

표 2.3: 단순회귀분석의 분산분석표(ANOVA table)

이 분산분석표에서 평균제곱(Mean Square: MS)은 제곱합(Sum of Squares: SS)을 자유도(degrees of freedom: df)로 나눈 것이며, 마지막 열의 F_0는 평균제곱오차(Mean Square Error: MSE)에 대한 평균제곱회귀(Mean Square due to Regression: MSR)의 비율이다. 이 비율이 커지면 전체변동 가운데 회귀선에 의한 변동이 상대적으로 증가해서 '회귀는 유의하다(regression is significant)'고 한다.

단순회귀선의 유의성검정

만일 $F_0 = \frac{\text{MSR}}{\text{MSE}} > F_{0.05,\,1,n-2}$ 이면, '회귀선은 유의하다'.

이와 같이 최소제곱법으로 구한 회귀선의 유의성 여부를 위의 F_0 값으로 검정할 수도 있지만, 전체제곱합 가운데 회귀제곱합의 비율인 '결정계수(coefficient of determination)', R^2를 기준으로 판단하기도 한다.

결정계수(Coefficient of Determination), $(0 \leq R^2 \leq 1)$

$$R^2 = \frac{\text{SSR}}{\text{SST}} = 1 - \frac{\text{SSE}}{\text{SST}} \tag{2.14}$$

Q 아래 단순회귀분석의 분산분석표를 보고 결정계수 R^2 를 계산하고 회귀선이 전체의 몇 %를 설명하고 있는지 답하라.

Source	df	SS	MS	F_0
Regression	1	10	10.000	90.09
Error	18	2	0.111	
Total	19	12		

표 2.4: 단순회귀분석의 분산분석표 예

A 결정계수는 $R^2 = \frac{10}{12} = 0.833$ 이고, 회귀선은 전체 자료의 83.3%를 설명한다.

2.6 회귀계수의 유의성검정

회귀선의 기울기와 절편에 대한 검정은 다음과 같이 이루어진다.

기울기에 대한 t 검정

$H_0 : b = 0 \quad \text{vs.} \quad H_1 : b \neq 0$ 에 대해, 만일

$$t_0 = \frac{|\,\hat{b}\,|}{\text{S.E.}(\hat{b})} = \frac{|\,\hat{b}\,|}{\sqrt{\text{MSE}/\sum_{i=1}^{n}(x_i - \bar{x})^2}} > t_{\frac{\alpha}{2},\,n-2} \tag{2.15}$$

이면, H_0 를 기각한다.

절편에 대한 t 검정

$H_0 : a = 0 \quad \text{vs.} \quad H_1 : a \neq 0$ 에 대해, 만일

$$t_0 = \frac{|\,\hat{a}\,|}{\text{S.E.}(\hat{a})} = \frac{|\,\hat{a}\,|}{\sqrt{\text{MSE}\left(\frac{1}{n} + \frac{\bar{x}^2}{\sum_{i=1}^{n}(x_i - \bar{x})^2}\right)}} > t_{\frac{\alpha}{2},\, n-2} \tag{2.16}$$

이면, H_0 를 기각한다.

Q 앞서 우리는 표 2.1에 대한 회귀선이 $\hat{y} = -0.8 + 2.4\,x$ 임을 알았다. 같은 자료를 가지고 `REG()` 를 사용하면 그림 2.4의 출력을 얻는다. 기울기에 대한 t 검정의 귀무가설과 대립가설은 무엇인가? 그리고 검정결과는 무엇인가?

A 귀무가설은 $H_0 : b = 0$ 이고, 대립가설은 $H_1 : b \neq 0$ 이다. 그림 2.4에 의하면 $t_0 = 4.5356$ 이고 유의확률(p 값 혹은 p-value)은 $0.02006 < 0.05$ 가 되어 귀무가설을 기각한다. 따라서 회귀선의 기울기는 0 이 아니다(기울기는 유의하다)[3].

2.7 행렬을 이용한 단순회귀분석

회귀분석에서 행렬을 사용하면 그 수식 표현이 훨씬 간결해질 뿐 아니라 독립변수의 수가 늘어나도 공식은 변하지 않는다는 장점이 있다. 그렇다면, 단순회귀모형에서 행렬을 이용한 공식을 복습해 보자.

단순회귀모형인

$$y_i = a + b\,x_i + \epsilon_i, \qquad i = 1, 2, \cdots, n \tag{2.17}$$

을 벡터로 표현하면,

$$\underbrace{\begin{pmatrix} y_1 \\ y_2 \\ \vdots \\ y_n \end{pmatrix}}_{\boldsymbol{y}} = \underbrace{\begin{pmatrix} 1 & x_1 \\ 1 & x_2 \\ \vdots & \vdots \\ 1 & x_n \end{pmatrix}}_{X} \underbrace{\begin{pmatrix} a \\ b \end{pmatrix}}_{\boldsymbol{\beta}} + \underbrace{\begin{pmatrix} \epsilon_1 \\ \epsilon_2 \\ \vdots \\ \epsilon_n \end{pmatrix}}_{\boldsymbol{\epsilon}} \tag{2.18}$$

[3] 기울기는 유의하게 0 이 아니다(slope is significantly different from zero).

이 되어, $\boldsymbol{y} = X\boldsymbol{\beta} + \boldsymbol{\epsilon}$ 이라고 표현된다.

따라서 최소제곱법을 위한 오차제곱합은

$$\begin{aligned} Q = \sum_{i=1}^{n} \epsilon_i^2 &= \boldsymbol{\epsilon}^T \boldsymbol{\epsilon} \\ &= (\boldsymbol{y} - X\boldsymbol{\beta})^T (\boldsymbol{y} - X\boldsymbol{\beta}) \\ &= \boldsymbol{y}^T\boldsymbol{y} - 2\boldsymbol{\beta}^T X^T \boldsymbol{y} + \boldsymbol{\beta}^T X^T X \boldsymbol{\beta} \end{aligned} \tag{2.19}$$

가 되며 이를 $\boldsymbol{\beta}$ 로 미분하면 아래와 같은 정규방정식을 얻게 된다.

$$X^T X \boldsymbol{\beta} = X^T \boldsymbol{y} \tag{2.20}$$

만약 $(X^T X)^{-1}$이 존재한다면[4], 최소제곱추정량은

$$\hat{\boldsymbol{\beta}} = \begin{pmatrix} \hat{a} \\ \hat{b} \end{pmatrix} = (X^T X)^{-1} X^T \boldsymbol{y} \tag{2.21}$$

이고, SST의 분할은 다음과 같이 정리할 수 있다.

SST의 분할

$$\begin{aligned} \left(\boldsymbol{y}^T\boldsymbol{y} - n(\bar{y})^2\right) &= \left(\boldsymbol{y}^T\boldsymbol{y} - \hat{\boldsymbol{\beta}}^T X^T \boldsymbol{y}\right) + \left(\hat{\boldsymbol{\beta}}^T X^T \boldsymbol{y} - n(\bar{y})^2\right) \\ \text{SST} \quad &= \quad \text{SSE} \quad + \quad \text{SSR} \end{aligned} \tag{2.22}$$

2.8 R 프로그램 실습

[1] 아래는 표 2.1 자료(`simxy1`)에 대해 회귀분석을 실시한 R코드이다. `REG()` 에 의해 출력된 결정계수 R^2 와 행렬과 벡터를 사용해서 계산된 결정계수 R^2 가 일치하는지 확인하라.

```
REG(Y ~ X, simxy1)
```

[4] $X^T X$의 역행렬이 존재하지 않으면 일반화역행렬(generalized inverse matrix)을 사용한다.

```
x = simxy1$X
y = simxy1$Y
n = length(y)
one = rep(1, n)
X = cbind(one, x)
CT = n*(mean(y)^2)
b = solve(t(X) %*% X) %*% t(X) %*% y
SST = t(y) %*% y - CT
SSR = t(b) %*% t(X) %*% y - CT
SSE = t(y) %*% y - t(b) %*% t(X) %*% y
R2 = SSR/SST
R2
```

2.9 연습문제

【2.1】 다음은 (x, y)로 이루어진 점들이다. 두 점을 지나는 직선 $y = a + bx$ 를 구하라.

1) (2, 0) 과 (5, 5)

2) (−2, 1) 과 (6, 6)

【2.2】 독립변수 x와 반응변수 y에 대해 최소제곱추정법으로 기울기 추정치가 0.5이고 절편 추정치는 3을 구했다. 단순회귀선을 적어라.

【2.3】 다음 표 2.5에 나와 있는 점들을 산점도로 표시하고 물음에 답하라.

X	0.5	1.0	1.5
Y	2	1	3

표 2.5: 단순회귀모형을 위한 예(simxy2)

1) 위의 산점도에 다음 두 직선을 그려라.

(a) $y = 3 - x$

(b) $y = -1 + 3x$

2) 두 직선 중 어느 직선이 자료를 더 잘 설명해 주고 있는가? 그 이유는?

3) 두 직선 모두 잔차[5]의 합이 0이 됨을 보여라.

4) 두 직선 중 어느 직선의 SSE가 더 작은지 계산하여 확인하라.

5) 최소제곱추정법을 사용하여 단순회귀선을 추정하라.

【2.4】 품질관리(Quality Control: QC)를 통하여 제품의 품질을 향상시키려는 노력이 계속되고 있다. 표 2.6은 1980년에서 1989년까지 만들어진 제품의 종류 개수(X: 개)와 품질관리를 통하여 마지막까지 심사에 합격하는 비율(Y: 퍼센트)간의 관계를 알아보는 자료이다.

연도	1980	1982	1985	1987	1989
X	430	395	360	270	180
Y	40	60	80	88	98

표 2.6: 제품의 종류 개수(X)와 심사의 합격비율(Y) 자료(qcpass)

1) 산점도를 그려라.

2) 최소제곱추정법을 통한 단순회귀선을 구하라.

3) 위에서 구한 회귀선을 1)의 산점도 위에 나타내라.

4) 회귀선의 $\hat{a}, \hat{b}$ 값이 무엇을 의미하는지 단위를 고려하여 답하라.

5) R의 `REG()` 에 의한 출력으로부터 SST, SSR, SSE 를 구하고, R^2 를 계산하라.

【2.5】 분산분석표의 제곱합 공식이 다음과 같이 표현가능하다고 할 때,

$$\text{SST} = \left(\boldsymbol{y}^T \boldsymbol{y} - n(\bar{y})^2\right)$$

$$\text{SSR} = \left(\hat{\boldsymbol{\beta}}^T X^T \boldsymbol{y} - n(\bar{y})^2\right)$$

[5]잔차(residual)는 '관측값-예측값'을 나타내며 $\hat{e}_i = y_i - \hat{a} - \hat{b}x_i$ 로 정의된다.

$$\text{SSE} = \left(\boldsymbol{y}^T\boldsymbol{y} - \hat{\boldsymbol{\beta}}^T X^T\boldsymbol{y}\right)$$

이를 아래와 같이 표현할 수 있음을 증명하라.

(여기서 $P_X = X(X^TX)^{-1}X^T, \quad J_n = \mathbf{1}_n\mathbf{1}_n^T$ 를 의미한다.)

$$\text{SST} = \boldsymbol{y}^T\left(I_n - \frac{J_n}{n}\right)\boldsymbol{y} \tag{2.23}$$

$$\text{SSR} = \boldsymbol{y}^T\left(P_X - \frac{J_n}{n}\right)\boldsymbol{y} \tag{2.24}$$

$$\text{SSE} = \boldsymbol{y}^T\left(I_n - P_X\right)\boldsymbol{y} \tag{2.25}$$

2.10 프로젝트(아버지의 키와 아들의 키)

Fathers Sons

Fathers Sons

주변에 아버지와 성인 아들의 키(단위: cm)에 대한 10쌍의 자료를 구한 후 아래 질문에 답하라.

[1] 아버지의 키를 수평축, 아들의 키를 수직축으로 하는 산점도를 그려라. 그리고 산점도 위에 자료의 추세를 나타내는 회귀선을 손으로 추측해서 그려라(그림 2.5).

[2] 아들의 키를 수평축으로 하고 아버지의 키를 수직축으로 한 산점도를 그려라. 그리고 산점도 위에 자료의 추세를 나타내는 회귀선을 손으로 추측해서 그려라(그림 2.6).

[3] 회귀분석을 실시할 때 X를 아버지의 키, Y를 아들의 키로 할 수는 있어도, X를 아들의 키, Y를 아버지의 키로 선정할 수 없는 이유는 무엇인가?

[4] 단순회귀선을 최소제곱추정법으로 구하고, SST, SSR, SSE를 구해서 결정계수 R^2를 계산하라.

[5] R의 `REG()`를 이용해서 회귀직선을 구하고 [4]의 답과 일치하는지 확인하라.

[6] 그림 2.5에서 추측하여 손으로 그려본 회귀선의 기울기와 [5]의 최소제곱 회귀선 기울기를 비교하면, 대부분 [5]의 기울기가 더 작게 그려지는 경향이 있다(양의 기울기 경우). 그 이유를 논하라(Hint: 최소제곱추정법의 원리를 생각할 것).

프로젝트 Worksheet (이름 :)

[1] & [2] 아버지와 아들의 키 자료의 산점도를 작성하고 추세선을 상상해서 표시하기

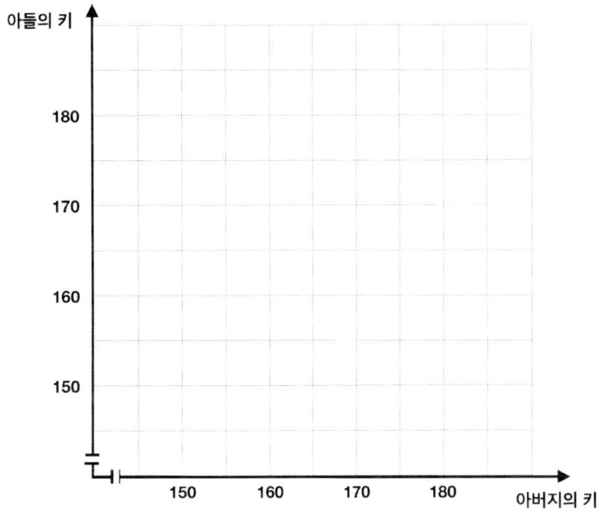

그림 2.5: 아버지의 키와 아들의 키에 대한 산점도-1

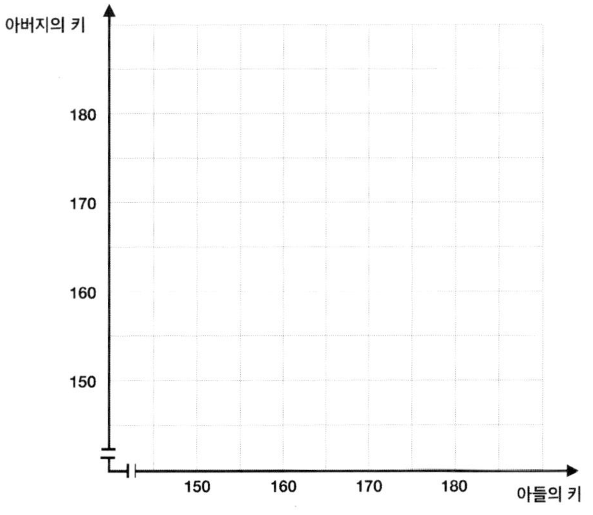

그림 2.6: 아들의 키와 아버지의 키에 대한 산점도-2

[3] "X 를 아들의 키, Y 를 아버지의 키로 선정할 수 없는 이유는?"

이유 :

[4] & [5] R의 `REG()` 를 이용한 코드를 적고 R^2 값

R코드 :

SST, SSR, SSE, R^2 :

[6] 최소제곱추정법에 의한 기울기 값이 [1]의 산점도 위에 상상한 추세선의 기울기 보다 작게 나오는 현상

이유 :

Chapter 3

회귀분석과 실험계획의 비교

3.1 회귀분석과 실험계획의 검정

제1장에서 우리는 모평균의 차이를 검정하는데 실험계획의 '분산분석표(ANOVA table)'를 이용한 F 검정을 했고, 제2장에서는 회귀선 기울기에 대한 t 검정과 회귀분석에서 얻은 분산분석표의 F 검정을 통해 회귀선의 유의성을 검정했다. 이 단원은 회귀분석과 실험계획의 F 검정을 서로 비교하려고 한다.

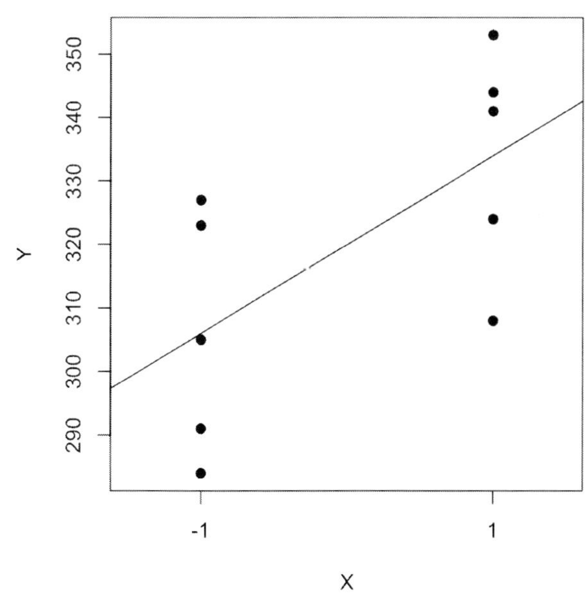

그림 3.1: 성별(Sex) 시험점수(Y) 자료(score1) 회귀선: $\hat{y} = 320 + 14\,x$

그림 3.1은 이전에 살펴보았던 남녀별 시험점수(score1)이다. 성별 변수를 독립변수(X)로 간주하고 시험점수를 종속변수(Y)로 하는 회귀분석을 실시하면, 우리는 그림 3.1같이 단순회귀선 $\hat{y} = 320 + 14\,x$를 얻게 된다.

만일 남자, 여자 두 모집단의 평균 시험성적이 같다면, 회귀선의 기울기는 0이 되고, 여자 평균 시험성적이 남자보다 높다면 회귀선의 기울기가 양수가 된다. 따라서 '두 모집단의 평균을 비교하는 t검정'은 곧 '회귀선의 기울기에 대한 t검정'과 관련이 있을 것으로 추측된다.

3.1.1 회귀선의 기울기에 대한 t검정

남녀별 시험점수(score1)에 대한 단순회귀모형식은 전체 10명의 학생에 대해

$$y_i = a + b\,x_i + \epsilon_i, \qquad i = 1, 2, \cdots, 10 \tag{3.1}$$

이라고 할 수 있다. 이것을 남녀 그룹으로 구분해 표기하면,

$$y_{ij} = a + b\,x_{ij} + \epsilon_{ij}, \qquad i = 1, 2, \quad j = 1, 2, \cdots, 5 \tag{3.2}$$

라고 할 수 있다. 여기서

$$x_{ij} = \begin{cases} -1 & \text{if} \quad i = 1, \\ +1 & \text{if} \quad i = 2 \end{cases} \tag{3.3}$$

이며 y_{ij}는 i번째 그룹의 j번째 학생의 시험성적을 의미한다. 이를 행렬로 표시하면 $\boldsymbol{y} = X\boldsymbol{\beta} + \boldsymbol{\epsilon}$이 되며, 아래 식 (3.4)가 된다.

$$\underbrace{\begin{pmatrix} y_{11} \\ y_{12} \\ y_{13} \\ y_{14} \\ y_{15} \\ y_{21} \\ y_{22} \\ y_{23} \\ y_{24} \\ y_{25} \end{pmatrix}}_{\boldsymbol{y}} = \underbrace{\begin{pmatrix} 1 & -1 \\ 1 & -1 \\ 1 & -1 \\ 1 & -1 \\ 1 & -1 \\ 1 & 1 \\ 1 & 1 \\ 1 & 1 \\ 1 & 1 \\ 1 & 1 \end{pmatrix}}_{X} \underbrace{\begin{pmatrix} a \\ b \end{pmatrix}}_{\boldsymbol{\beta}} + \underbrace{\begin{pmatrix} \epsilon_{11} \\ \epsilon_{12} \\ \epsilon_{13} \\ \epsilon_{14} \\ \epsilon_{15} \\ \epsilon_{21} \\ \epsilon_{22} \\ \epsilon_{23} \\ \epsilon_{24} \\ \epsilon_{25} \end{pmatrix}}_{\boldsymbol{\epsilon}} \tag{3.4}$$

여기서 최소제곱추정법으로 $\boldsymbol{\beta}$를 추정하기 위해

$$(X^TX)^{-1} = \begin{pmatrix} \frac{1}{10} & 0 \\ 0 & \frac{1}{10} \end{pmatrix}, \qquad X^T\boldsymbol{y} = \begin{pmatrix} y_{\cdot\cdot} \\ y_{2\cdot} - y_{1\cdot} \end{pmatrix} \tag{3.5}$$

임을 이용하면,

$$\hat{\boldsymbol{\beta}} = \begin{pmatrix} \hat{a} \\ \hat{b} \end{pmatrix} = (X^TX)^{-1}X^T\boldsymbol{y} = \begin{pmatrix} \bar{y}_{\cdot\cdot} \\ \frac{\bar{y}_{2\cdot} - \bar{y}_{1\cdot}}{2} \end{pmatrix} \tag{3.6}$$

이고,

$$\begin{aligned} \text{SSE} &= \sum_{i=1}^{2}\sum_{j=1}^{5}(y_{ij} - \hat{a} - \hat{b}\,x_{ij})^2 \\ &= \sum_{j=1}^{5}(y_{1j} - \hat{a} + \hat{b})^2 + \sum_{j=1}^{5}(y_{2j} - \hat{a} - \hat{b})^2 \\ &= \sum_{j=1}^{5}(y_{1j} - \bar{y}_{1\cdot})^2 + \sum_{j=1}^{5}(y_{2j} - \bar{y}_{2\cdot})^2 \\ &= \sum_{i=1}^{2}\sum_{j=1}^{5}(y_{ij} - \bar{y}_{i\cdot})^2 \end{aligned} \tag{3.7}$$

이 된다. 또한 우리는 표 2.3에서 MSE = SSE/(10 − 2)임을 알고 있으므로

$$\begin{aligned} \text{MSE} &= \frac{\sum_{i=1}^{2}\sum_{j=1}^{5}(y_{ij} - \bar{y}_{i\cdot})^2}{8} \\ &= \frac{(5-1)\sum_{j=1}^{5}(y_{1j} - \bar{y}_{1\cdot})^2 + (5-1)\sum_{j=1}^{5}(y_{2j} - \bar{y}_{2\cdot})^2}{(5-1)+(5-1)} \\ &= \frac{(5-1)s_1^2 + (5-1)s_2^2}{(5-1)+(5-1)} \\ &\stackrel{lct}{=} S_p^2 \end{aligned} \tag{3.8}$$

이므로 MSE와 S_p^2가 동일함을 보일 수 있다. 이제 회귀선 기울기에 대한 t검정을 살펴보면,

$$t_0 = \frac{|\hat{b}|}{\sqrt{\text{MSE}/\sum_{i-1}^{2}\sum_{j=1}^{5}(x_{ij} - \bar{x}_{\cdot\cdot})^2}} = \frac{|\bar{y}_{2\cdot} - \bar{y}_{1\cdot}|/2}{\sqrt{\text{MSE}/10}} = \frac{|\bar{y}_{2\cdot} - \bar{y}_{1\cdot}|}{\sqrt{S_p^2\left(\frac{1}{5} + \frac{1}{5}\right)}}$$

가 되어 표 1.1의 두 모집단 간 평균에 대한 t검정통계량과 일치한다. 따라서 남녀 시험점수(score1)의 경우, 예상했던 대로 회귀선 기울기에 대한 t검정은 두 모집단 간 모평균 비교의 t검정과 동일하다.

기울기에 대한 t 검정과 두 모평균 비교의 t 검정

$H_0 : b = 0 \quad \text{vs.} \quad H_1 : b \neq 0$ 에 대해, 만일

$$t_0 = \frac{|\hat{b}|}{S.E.(\hat{b})} = \frac{|\hat{b}|}{\sqrt{\text{MSE}/\sum_{i=1}^{2}\sum_{j=1}^{5}(x_{ij} - \bar{x}_{..})^2}} \text{ 와} \tag{3.9}$$

$H_0 : \mu_1 = \mu_2 \quad \text{vs.} \quad H_1 : \mu_1 \neq \mu_2$ 에 대한

$$t_0 = \frac{|\bar{y}_{2.} - \bar{y}_{1.}|}{\sqrt{S_p^2\left(\frac{1}{5} + \frac{1}{5}\right)}} \tag{3.10}$$

는 서로 같다.

3.1.2 회귀분석과 실험계획의 동일한 F 검정

이 단원에서는 회귀분석의 분산분석표와 실험계획의 분산분석표를 비교해 보자.

먼저, 회귀분석에서 전체제곱합은

$$\text{SST} = \text{SSR} + \text{SSE} \tag{3.11}$$

라고 분할되고, 실험계획에서 전체제곱합은

$$\text{SST} = \text{SStreat} + \text{SSE} \tag{3.12}$$

로 분할된다. 여기서 SST 는 동일하게

$$\text{SST} = \sum_{i=1}^{2}\sum_{j=1}^{5}(y_{ij} - \bar{y}_{..})^2 = 4686 \tag{3.13}$$

을 의미한다. 그렇다면 SSR 과 SStreat 는 동일할까?

회귀분석의 SSR 공식은 식 (2.22)에서

$$\text{SSR} = \hat{\boldsymbol{\beta}}^T X^T \boldsymbol{y} - 10(\bar{y}_{..})^2 \tag{3.14}$$

$$= \begin{pmatrix} \bar{y}_{..} & \frac{1}{2}(\bar{y}_{2.} - \bar{y}_{1.}) \end{pmatrix} \begin{pmatrix} y_{..} \\ y_{2.} - y_{1.} \end{pmatrix} - (\bar{y}_{..})(y_{..})$$

$$= \frac{5}{2}(\bar{y}_{2.} - \bar{y}_{1.})^2 = 1960 \tag{3.15}$$

이 되며, 실험계획의 SStreat 공식은 식 (1.13)에서

$$\text{SStreat} = \sum_{i=1}^{2}\sum_{j=1}^{5}(\bar{y}_{i\cdot} - \bar{y}_{\cdot\cdot})^2 \tag{3.16}$$

$$= \frac{5}{2}\left(\bar{y}_{2\cdot} - \bar{y}_{1\cdot}\right)^2 = 1960 \tag{3.17}$$

이 되어 식 (3.15), 식 (3.17)에서 SStreat와 SSR은 일치함을 알 수 있다.

그러므로 남녀별 시험점수에 대한 회귀분석의 분산분석표는 표 3.1과 같고

Source	df	SS	MS	F_0
Regression	1	1960	1960.00	5.752
Error	8	2726	340.75	
Total	9	4686		

표 3.1: 남녀 시험점수(score1)에 대한 단순회귀분석의 분산분석표

실험계획의 분산분석표는 표 3.2로 표 3.1과 동일하기 때문에 회귀분석에서 '회귀선이 유의하다'는 의미는 실험계획에서 '두 그룹 간 평균 차이가 유의하다'는 뜻과 동일하게 해석할 수 있다.

Source	df	SS	MS	F_0
Treatment	1	1960	1960.00	5.752
Error	8	2726	340.75	
Total	9	4686		

표 3.2: 남녀 시험점수(score1)에 대한 실험계획의 분산분석표

3.1.3 회귀분석과 실험계획의 서로 다른 F 검정

지금까지 우리는 두 그룹에 대한 비교를 할 때, 회귀분석의 F 통계량과 실험계획의 F 통계량이 같다는 것을 배웠다. 그렇다면 세 그룹, 네 그룹에 대한 비교에서도 회귀분석의 분산분석표와 실험계획의 분산분석표가 일치할까? 그렇지 않다. 표 3.3의 3개 그룹에 대한 자료(oneway)를 예로 들어 살펴보자.

X	1	1	1	2	2	2	3	3	3
Y	12.3	15.6	10.8	19.8	13.5	17.4	25.3	31.2	30.2

표 3.3: 세 그룹 자료(oneway)

표 3.3에 대한 1차 회귀선은 $\hat{y} = 3.566 + 8.0\,x$ 가 되며 분산분석표는 표 3.4이다.

Source	df	SS	MS	F_0
Regression	1	384	384.000	31.92
Error	7	84.22	12.031	
Total	8	468.22		

표 3.4: 세 그룹 자료(oneway)에 대한 $\hat{y} = 3.566 + 8.0\,x$ 의 분산분석표

그러나 같은 자료를 가지고 실험계획의 분산분석표를 구하면 표 3.5가 되고 표 3.4와는 더 이상 일치하지 않는다.

Source	df	SS	MS	F_0
Treatment	2	416	208.000	23.9
Error	6	52.22	8.703	
Total	8	468.22		

표 3.5: 세 그룹 자료(oneway)에 대한 실험계획의 분산분석표

그러나 만일 2차 회귀선을 적합시키면 $\hat{y} = 16.9 - 8.0\,x + 4\,x^2$ 이 되고 분산분석표는 표 3.6이 되며 이는 실험계획의 분산분석표인 표 3.5와 다시 일치하게 된다.

Source	df	SS	MS	F_0
Regression	2	416	208.000	23.9
Error	6	52.22	8.703	
Total	8	468.22		

표 3.6: 세 그룹 자료(oneway)에 대한 $\hat{y} = 16.9 - 8.0\,x + 4\,x^2$ 의 분산분석표

결국 세 개의 그룹에 대한 모평균 비교에서 실험계획의 분산분석표는 1차 회귀선의 분산분석표와는 다르지만 2차 회귀선의 분산분석표와는 동일하다. 일반적으로 말하면, 만일 a 개 그룹에 대한 자료가 존재한다고 가정할 때, 실험계획의 분산분석표는 $(a-1)$차 회귀선을 적합한 회귀분석의 분산분석표와 일치하게 된다.

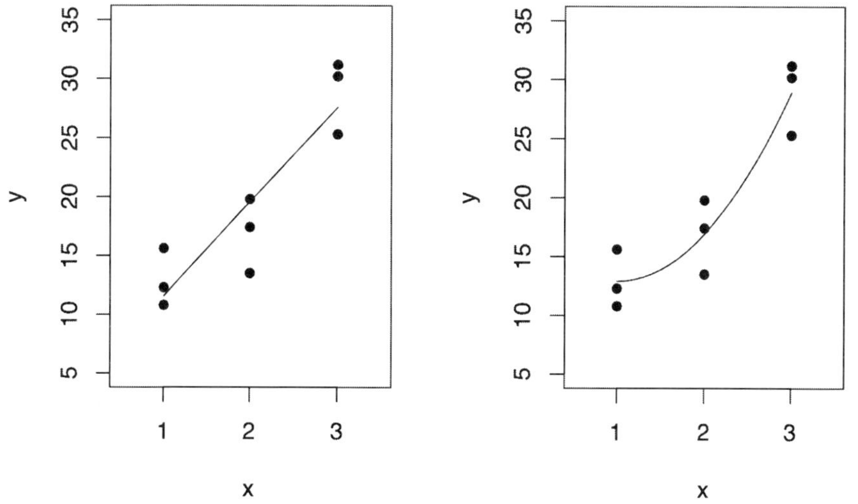

그림 3.2: 세 그룹 자료(oneway)에 대한 1차 회귀선과 2차 회귀선

> **회귀분석과 실험계획의 F 검정 비교**
>
> 일반적으로 a 개 모집단에 대한 실험계획의 SStreat 는
>
> $$y_{ij} = \beta_0 + \beta_1 x_{ij} + \beta_2 x_{ij}^2 + \cdots + \beta_{a-1} x_{ij}^{a-1} + \epsilon_{ij}$$
>
> 의 SSR 과 일치하지만, p 차 회귀선의 SSR 과는 다르다($p < (a-1)$).

3.2 설명변수 x 의 값

실험계획에서 설명변수(회귀분석에서는 독립변수라고 함) x 의 값을 -1 과 1 로 하는지, 0 과 1 로 하든지 상관없이, 회귀선의 기울기 추정치 $\hat{b}$ 은 변할지라도 b 에 대한 t 검정이나 분산분석표의 F 검정 결과는 변하지 않는다.

예를 들어 x_{ij} 대신

$$x^*_{ij} = \frac{x_{ij} - m}{l} \tag{3.18}$$

을 사용한다고 가정하자. 이제 x_{ij} 대신 x^*_{ij} 를 이용한 회귀모형식은

$$\begin{aligned} y_{ij} &= a + b\,x^*_{ij} + \epsilon_{ij} \\ &= a + b\left(\frac{x_{ij} - m}{l}\right) + \epsilon_{ij} \end{aligned} \tag{3.19}$$

에서

$$\underbrace{l \cdot y_{ij}}_{y^*_{ij}} = \underbrace{(a\,l - b\,m)}_{a^*} + b\,x_{ij} + \underbrace{l \cdot \epsilon_{ij}}_{\epsilon^*_{ij}} \tag{3.20}$$

가 되므로 우리는

$$y^*_{ij} = a^* + b\,x_{ij} + \epsilon^*_{ij} \tag{3.21}$$

라고 할 수 있다. 그러므로, 만일 기존의 x_{ij} 대신 x^*_{ij} 를 사용하면 이는 y_{ij} 대신 $y^*_{ij} = l \cdot y_{ij}$ 를 사용하는 회귀모형식과 일치한다.

여기서 우리는 반응변수 y_{ij} 대신 y_{ij} 에 상수값을 곱한(혹은 나눈) $y^*_{ij} = l \cdot y_{ij}$ 를 사용할지라도, 실험계획의 분산분석표에 있는 F_0 값은 변하지 않는다는 것을 증명할 수 있다(연습문제 참조). 이는 설명변수 x_{ij} 의 값을 -1 과 1로 하든지 아니면 0과 1로 하든지 상관없이 분산분석의 F_0 값은 변하지 않는다는 것을 의미한다.

그렇다면 x_{ij} 를 x^*_{ij} 로 변화시킨 회귀선의 기울기는 어떻게 될까? 상식적으로 회귀분석의 독립변수가 변하면 기울기 추정량 $\hat{b}$ 은 당연히 변할 것이다. 하지만 기울기에 대한 검정통계량 t_0 값은 변하지 않는다. 이유를 살펴보면 다음과 같다.

만일 (x, y) 에 대한 최소제곱추정량이

$$\hat{\boldsymbol{\beta}} = (X^T X)^{-1} X^T \boldsymbol{y} = \begin{pmatrix} \hat{a} \\ \hat{b} \end{pmatrix} \tag{3.22}$$

이고, 식 (2.25)에 의해

$$\text{SSE} = \boldsymbol{y}^T (I_n - P_X) \boldsymbol{y} \tag{3.23}$$

라면, $(x, y^*) = (x, l\,y)$ 에 대한 최소제곱추정량은

$$\hat{\boldsymbol{\beta}}^* = (X^T X)^{-1} X^T \boldsymbol{y}^* = l \cdot (X^T X)^{-1} X^T \boldsymbol{y} = \begin{pmatrix} l \cdot \hat{a} \\ l \cdot \hat{b} \end{pmatrix} \tag{3.24}$$

이 되고,

$$\text{SSE}^* = \boldsymbol{y^*}^T(I_n - P_X)\boldsymbol{y^*} = l^2 \cdot \boldsymbol{y}^T(I_n - P_X)\boldsymbol{y} = l^2 \cdot \text{SSE} \tag{3.25}$$

이므로,

$$\begin{aligned}\text{MSE}^* &= \frac{\text{SSE}^*}{n-2} = \frac{l^2 \cdot \text{SSE}}{n-2} \\ &= l^2 \cdot \text{MSE}\end{aligned} \tag{3.26}$$

가 된다.

그러므로, $(x,\, y^*) = (x,\, l\,y)$를 사용한 기울기의 검정통계량 t_0^*는

$$\begin{aligned}t_0^* &= \frac{l \cdot \hat{b}}{\sqrt{MSE^*/\sum_{i=1}^{n}\sum_{j=1}(x_{ij}-\bar{x})^2}} \\ &= \frac{l \cdot \hat{b}}{\sqrt{l^2 \cdot MSE/\sum_{i=1}^{n}\sum_{j=1}(x_{ij}-\bar{x})^2}} = t_0\end{aligned} \tag{3.27}$$

가 되어, $(x,\, y)$를 사용한 기울기의 검정통계량 t_0와 일치한다. 따라서, 설명변수 x_{ij}의 값을 -1과 1로 하든지 아니면 0과 1로 하든지 상관없이, 회귀선 기울기에 대한 t_0 값도 변하지 않는다는 것을 의미한다.

3.3 회귀분석과 실험계획의 모형식 비교

남녀별 시험점수 자료(score1)에 대한 회귀분석의 모형식은 다음과 같고,

$$\begin{aligned}y_{ij} &= a + b\,x_{ij} + \epsilon_{ij}, \\ i &= 1,\, 2, \\ j &= 1,\, 2,\, \cdots,\, 5, \\ \epsilon_{ij} &\overset{i.i.d.}{\sim} N(0,\, \sigma^2),\end{aligned} \tag{3.28}$$

같은 자료를 두 개의 모집단으로 바라본 실험계획의 모형식은 다음과 같다.

$$\begin{aligned}y_{ij} &= \mu_i + \epsilon_{ij}, \\ i &= 1,\, 2, \\ j &= 1,\, 2,\, \cdots,\, 5, \\ \epsilon_{ij} &\overset{i.i.d.}{\sim} N(0,\, \sigma^2).\end{aligned} \tag{3.29}$$

식 (3.28)과 식 (3.29)가 동일하다는 사실은 다음과 같이 입증할 수 있다. 먼저 남자의 경우 $x_{i1} = -1$ 이므로,

$$\begin{aligned} y_{1j} &= a + b\,x_{1j} + \epsilon_{ij} \\ &= \underbrace{a - b}_{\mu_1} + \epsilon_{1j} \\ &= \mu_1 + \epsilon_{1j} \end{aligned} \tag{3.30}$$

이고, 여자의 경우 $x_{2j} = 1$이므로

$$\begin{aligned} y_{1j} &= a + b\,x_{2j} + \epsilon_{ij} \\ &= \underbrace{a + b}_{\mu_2} + \epsilon_{2j} \\ &= \mu_2 + \epsilon_{2j} \end{aligned} \tag{3.31}$$

가 되어 식 (3.29)와 일치한다.

이를 행렬방정식로 나타내면 $\boldsymbol{y} = X\boldsymbol{\beta} + \boldsymbol{\epsilon}$ 이 되어 아래 식 (3.32)로 표현된다.

$$\underbrace{\begin{pmatrix} 327 \\ 291 \\ 323 \\ 284 \\ 305 \\ 308 \\ 324 \\ 353 \\ 344 \\ 341 \end{pmatrix}}_{\boldsymbol{y}} = \underbrace{\begin{pmatrix} 1 & 0 \\ 1 & 0 \\ 1 & 0 \\ 1 & 0 \\ 1 & 0 \\ 0 & 1 \\ 0 & 1 \\ 0 & 1 \\ 0 & 1 \\ 0 & 1 \end{pmatrix}}_{X} \underbrace{\begin{pmatrix} \mu_1 \\ \mu_2 \end{pmatrix}}_{\boldsymbol{\beta}} + \underbrace{\begin{pmatrix} \epsilon_{11} \\ \epsilon_{12} \\ \epsilon_{13} \\ \epsilon_{14} \\ \epsilon_{15} \\ \epsilon_{21} \\ \epsilon_{22} \\ \epsilon_{23} \\ \epsilon_{24} \\ \epsilon_{25} \end{pmatrix}}_{\boldsymbol{\epsilon}} \tag{3.32}$$

3.4 R 프로그램 실습

[1] 표 3.3에서 사용된 세 그룹에 대한 자료(`oneway`)를 `aov3()` 을 이용해 분석하려고 한다. 출력의 결과가 표 3.5의 분산분석표 수치와 일치하는지 확인하라.

```
aov3(Y ~ as.factor(X), oneway)
```

[2] 위 [1]의 자료(oneway)를 가지고 REG()를 이용해 1차 회귀선의 분산분석표와 2차 회귀선의 분산분석표를 구하고, 어느 분산분석표가 [1]의 출력과 일치하는지 확인하라.

```
REG(Y ~ X, oneway)$ANOVA
REG(Y ~ X + I(X^2), oneway)$ANOVA
```

[3] 위 [1]의 자료(oneway)를 가지고 아래 코드로 그림 3.3이 생성되는지 확인하라.

```
par(mfrow = c(1, 2))
plot(Y ~ X, oneway, pch=16, lab=c(3, 7, 7), xlim=c(0.5, 3.5),
    ylim=c(5, 35))
boxplot(Y ~ X, oneway, xlim=c(0.5, 3.5), ylim=c(5, 35),
    pars=list(boxwex=0.5))
points(1:3, tsum(Y ~ X, oneway, e="Mean")[1:3], pch=5)
```

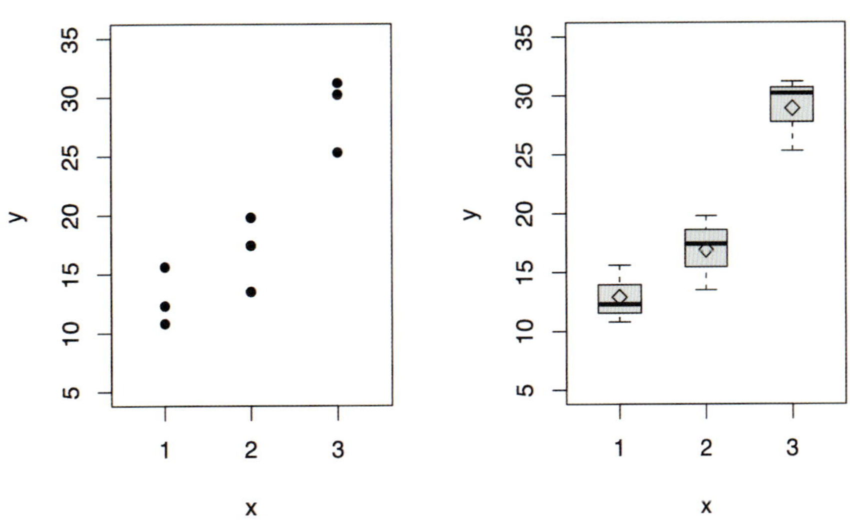

그림 3.3: 산점도와 상자그림을 이용한 세 그룹(oneway) 비교

3.5 연습문제

【3.1】 회귀분석에서 R^2 가 증가할수록 분산분석표의 F_0 값도 증가한다. 이 사실을 확인하기 위해 회귀분석 분산분석표의 F_0 를 결정계수 R^2 의 함수로 표현하라.

【3.2】 단순회귀모형식이

$$\begin{aligned} y_{ij} &= a + b\,x_{ij} + \epsilon_{ij}, \\ \epsilon_{ij} &\overset{i.i.d.}{\sim} N(0,\, \sigma^2) \end{aligned} \tag{3.33}$$

이라면,

$$y_{ij} \sim N(a + b\,x_{ij},\, \sigma^2) \tag{3.34}$$

이 됨을 증명하라. 그리고

$$y_{ij} \overset{i.i.d.}{\sim} N(a + b\,x_{ij},\, \sigma^2) \tag{3.35}$$

이라고 쓸 수 없는 이유를 설명하라.

【3.3】 서로 다른 네 개의 모집단의 모평균을 비교함에 있어서, 실험계획의 모형식으로 표현하려고 한다. 각 그룹당 반복수는 3 개이다. 모형식을 작성해 보아라. 그리고 $\boldsymbol{y} = X\boldsymbol{\beta} + \boldsymbol{\epsilon}$ 의 행렬방정식으로 표현하라.

【3.4】 표 1.1의 남자/여자의 시험점수(`score1`)를 y_{ij} 라 하고, 남자는 $x_{ij} = -1$, 여자는 $x_{ij} = 1$ 이라고 할 때, 다음 질문에 답하라.

1) 단순회귀선을 구해서 회귀선의 기울기, 기울기에 대한 t_0 값, 그리고 분산분석표의 F_0 값을 각각 계산하라.

2) 남자면 $x^*_{ij} = 0$, 여자면 $x^*_{ij} = 1$ 을 만족하는 x^*_{ij} 를 아래와 같이 구하려고 한다. 알맞는 m, l 을 구하라.

$$x^*_{ij} = \frac{x_{ij} - m}{l}$$

3) 위 2)번의 변환을 사용하여 (x_{ij}, y_{ij}) 대신 (x^*_{ij}, y_{ij})를 이용해서 단순회귀분석을 했을 때, 회귀선의 기울기, 기울기에 대한 t_0 값, 그리고 분산분석표의 F_0 값을 구하여 1)번 값과 비교하라.

4) 표 1.2의 분산분석표에 나타난 공식을 참고하여 2)에서 구한 m과 l을 이용하여 y_{ij} 대신 $y^*_{ij} = l\,y_{ij} + m$ 이라는 변환된 변수를 사용했을 때,

$$\text{MStreat}^* = \frac{\sum_{i=1}^{a}\sum_{j=1}^{n_i}(\overline{y^*}_{i\cdot} - \overline{y^*}_{\cdot\cdot})^2}{a-1}$$

$$\text{MSE}^* = \frac{\sum_{i=1}^{a}\sum_{j=1}^{n_i}(y^*_{ij} - \overline{y^*}_{i\cdot})^2}{\sum_{i=1}^{a}(n_i - 1)}$$

이라고 가정하면,

$$F_0^* = \frac{\text{MStreat}^*}{\text{MSE}^*} = \frac{\text{MStreat}}{\text{MSE}} = F_0$$

로 변하지 않음을 증명하라.

3.6 프로젝트(남녀 GPA)

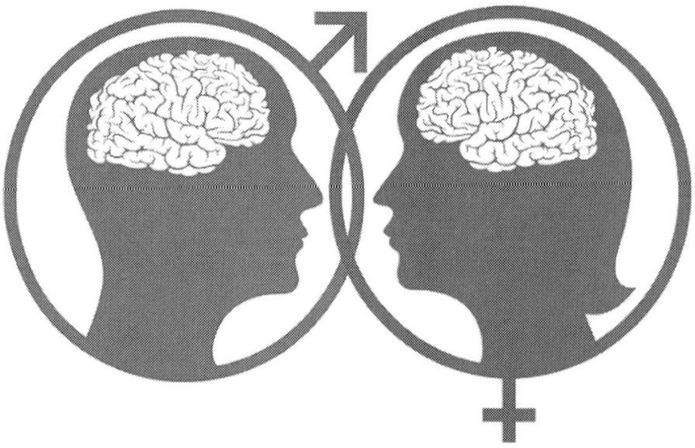

주변에 있는 학생들의 성별과 평점평균(Grade Point Average: GPA) 자료를 이용해 남녀별 평점평균의 차이가 존재하는지 조사하고자 한다.

[1] 학생들의 성별에 따른 평점평균을 이용한 산점도와 상자그림을 그림 3.3의 방법으로 그려라.

[2] 이 자료에 대한 실험계획의 모형식을 식 (3.29)를 이용해서 작성하라(아래 첨자도 자세히 기술할 것).

[3] 이 자료에 대한 분산분석표를 작성하고, 남녀별 GPA 차이가 존재하는지 답하라(유의수준 0.05).

[4] 다음의 질문에 대해 토의해 보자.

Q : GPA는 정규분포를 따른다고 할 수 있는가?

Q : 학생들의 GPA는 서로 독립이라고 할 수 있는가?

프로젝트 Worksheet (이름 :)

학생들의 성별에 따른 GPA 자료를 수집해서 기록한다.

남										
여										

[1] R 프로그램 실습의 [3]에서 그림 3.3을 그릴 때 사용한 R코드를 알맞게 수정해서 위 자료의 남녀별 GPA 분포를 그려 보아라.

```
par(mfrow=c(1,2))
x=c(                                    )
y=c(                                    )
tt=data.frame(cbind(x,y))
plot(y ~ x, tt, pch=16, xaxt="n", xlim=c(     ,     ))
axis(1, at=c(     ,     ))
boxplot(y ~ x, tt)
```

[2] 남녀별 GPA 자료에 대한 분산분석의 모형식

모형식:

[3] 남녀별 GPA 자료에 대한 분산분석표

표 3.7: 남녀별 GPA 비교에 대한 분산분석표

Source	df	SS	MS	F_0
Treatment				
Error				
Total				

[4] 개인적 견해를 적어라(논리 포함).

Q : GPA는 정규분포를 따르는가?

Q : 학생들의 GPA는 서로 독립인가?

Chapter 4

완전임의화설계와 일원배치법

4.1 완전임의화설계(CRD)

설명변수의 값(실험계획에서는 '처리수준(treatment level)')이 세 개 이상일 때 '반응변수(Y)에 대한 설명변수(X)의 영향' 여부는 설명변수의 수준(예: $1, 2, 3$)으로 구분되는 여러 그룹 간 모평균 비교를 통해 조사할 수 있다.

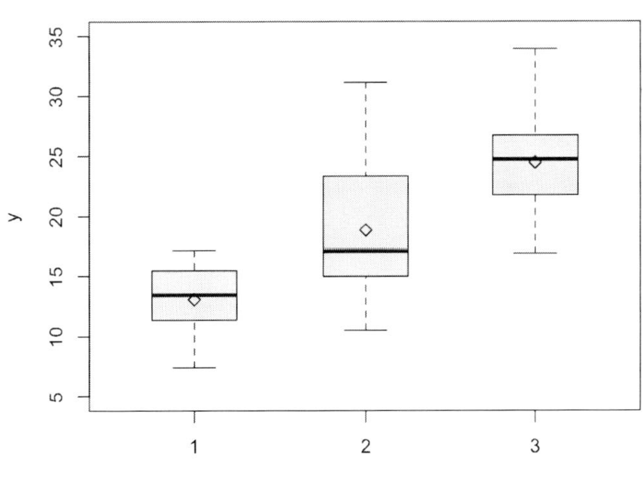

이 경우, 분석방법은 1장에서 언급한대로 SST를 SStreat와 SSE로 분할한 분산분석표를 사용한다.

$$\sum_{i=1}^{a}\sum_{j=1}^{n_i}(y_{ij}-\bar{y}_{..})^2=\sum_{i=1}^{a}\sum_{j=1}^{n_i}(\bar{y}_{i\cdot}-\bar{y}_{..})^2+\sum_{i=1}^{a}\sum_{j=1}^{n_i}(y_{ij}-\bar{y}_{i\cdot})^2 \tag{4.1}$$

이와 같이 전체 $N(=\sum_{i=1}^{a} n_i)$ 개의 실험단위 중에서 임의로 n_1 개를 선택하여 처리1의 실험조건을 실시하고, 나머지 $(N-n_1)$ 개 중에서 임의로 n_2 개를 선택하여 처리2의 실험조건을 행하는 방식으로, 마지막 n_a 개까지 완전 랜덤하게(임의로) a 개의 처리조건을 실시하는 실험계획을 '완전임의화설계(Completely Randomized Design: CRD)'라고 하며, 이는 실험계획 중 가장 간단하고 기본이 되는 설계이다.

예를 들어 사료의 종류가 송아지 체중증가에 영향을 미치는지 여부를 조사한다고 가정하자. 이를 위해 30마리 송아지를 실험에 참여시킬 것이고 3종류의 사료(A1, A2, A3)를 비교할 예정이다. 따라서 우리는 30마리 중에서 10마리를 임의로 선택하여 A1 사료를 일정 기간에 먹이고, 나머지 20마리 중 10마리를 임의로 선택해서 A2 사료를, 그리고 마지막으로 남은 10마리는 A3 사료를 먹이는 실험을 한다면, 이런 실험계획을 완전임의화설계(CRD)라고 한다.

CRD 에는 표 4.1의 분산분석표를 사용하는데, 이때 귀무가설은

$$H_0:\ \mu_1=\mu_2=\cdots=\mu_a \tag{4.2}$$

이고, 대립가설은

$$H_1:\ \text{적어도 한 개의 } (i,\,j)\text{에 대해 } \mu_i\neq\mu_j\,,\ (1\leq i\neq j\leq a). \tag{4.3}$$

가 된다.[1]. 이를 수학적 기호로 사용하면

$$H_1:\ \exists\,(i,\,j)\quad \text{s.t.}\quad \mu_i\neq\mu_j\,,\quad (1\leq i\neq j\leq a) \tag{4.4}$$

라고 쓴다.

그러나 표 4.1의 분산분석표에 나타난 제곱합 공식 대신, 식 (4.5)-(4.7) 의 간편식을 더 많이 사용하는데, 이는 계산 오류를 범할 가능성이 줄어들고, 나중에 복잡한 실험계획의 제곱합 공식을 유도하는데 도움이 되기 때문이다. 여기서 CT는 수정항(Correction Term: CT)이라고 한다(증명은 연습문제 참조).

[1] 대립가설이 $H_1:\ \mu_1\neq\mu_2\neq\cdots\neq\mu_a$ 가 아님에 주의하라.

Source	df	SS	MS	F_0
Treatment	$a-1$	$\sum_{i=1}^{a}\sum_{j=1}^{n_i}(\bar{y}_{i\cdot}-\bar{y}_{\cdot\cdot})^2$	MStreat	$\frac{\text{MStreat}}{\text{MSE}}$
Error	$\sum_{i=1}^{a}(n_i-1)$	$\sum_{i=1}^{a}\sum_{j=1}^{n_i}(y_{ij}-\bar{y}_{i\cdot})^2$	MSE	
Total	$\sum_{i=1}^{a}n_i-1$	$\sum_{i=1}^{a}\sum_{j=1}^{n_i}(y_{ij}-\bar{y}_{\cdot\cdot})^2$		

표 4.1: CRD 의 분산분석표(ANOVA table)

분산분석표 제곱합의 간편한 공식 ($N=\sum_{i=1}^{a}n_i$)

$$\text{SST}=\sum_{i=1}^{a}\sum_{j=1}^{n_i}y_{ij}^2-\text{CT},\qquad \text{CT}=\frac{y_{\cdot\cdot}^2}{N} \tag{4.5}$$

$$\text{SStreat}=\sum_{i=1}^{a}\frac{y_{i\cdot}^2}{n_i}-\text{CT}, \tag{4.6}$$

$$\text{SSE}=\sum_{i=1}^{a}\sum_{j=1}^{n_i}y_{ij}^2-\sum_{i=1}^{a}\frac{y_{i\cdot}^2}{n_i} \tag{4.7}$$

4.2 CRD 의 모형식

반응값 y_{ij} 는 i 번째 그룹의 'j 번째 관측값'에 해당된다. 만일 i 번째 그룹의 기댓값을 μ_i 라고 하면, CRD 의 목적은 귀무가설

$$H_0:\ \mu_1=\mu_2=\cdots=\mu_a \tag{4.8}$$

를 검정하는데 있다고 할 수 있다.

CRD 의 모형식 (1)

$$\begin{aligned} y_{ij}&=\mu_i+\epsilon_{ij},\\ &\quad i=1,\,2,\,\cdots,\,a,\\ &\quad j=1,\,2,\,\cdots,\,n_i\\ &\quad \epsilon_{ij}\overset{i.i.d.}{\sim}N(0,\,\sigma^2) \end{aligned} \tag{4.9}$$

여기서 $i.i.d.$는 '독립이면서 동일한 분포를 갖는다(independent and identically distributed)'는 의미이다.

반응변수의 전체평균을 μ라고 한다면 i번째 그룹평균은 '전체평균+i번째 그룹효과'로 표현할 수 있으며 이는

$$\mu_i = \mu + \tau_i \tag{4.10}$$

라고 할 수 있다. 여기서 τ_i는 i번째 그룹효과(혹은 처리효과)이다. 그룹효과가 양수면 그룹평균 μ_i는 전체평균 μ보다 위에 위치하고, 만일 음수면 그룹평균은 전체평균보다 아래에 위치한다. 이를 고려해서 CRD 모형식을 완성하면 다음과 같다.

CRD의 모형식 (2)

$$\begin{aligned} y_{ij} &= \mu + \tau_i + \epsilon_{ij}, \\ i &= 1,\, 2,\, \cdots,\, a, \\ j &= 1,\, 2,\, \cdots,\, n_i \\ \sum_{i=1}^{a} \tau_i &= 0 \\ \epsilon_{ij} &\overset{i.i.d.}{\sim} N(0,\, \sigma^2) \end{aligned} \tag{4.11}$$

이 모형식에서 ($\sum_{i=1}^{a} \tau_i = 0$) 이라는 가정은 아래와 같은 관계에서 확인할 수 있다.

$$\mu = \frac{1}{a}\sum_{i=1}^{a} \mu_i = \frac{1}{a}\sum_{i=1}^{a} (\mu + \tau_i) \tag{4.12}$$

4.3 CRD의 임의화 과정

CRD로 설계된 실험을 수행할 때 가장 유념해야 할 점은 실험과정의 임의화(랜덤화)과정이다. 전체 N번의 실험이 가능하고 각 처리(실험조건)당 n_i개의 개체(subject)에 대해 실험이 이루어진다고 가정하자. 실험자는 임의로 N개의 실험단위들 중에서 n_1개를 임의로 추출하여 처리 1(실험조건 1)을 실시하고[2], 남은

[2] 필요하다면 같은 실험조건 안에서도 실험순서가 랜덤하게 이루어져야 한다.

$(N - n_1)$ 개 실험단위 중에서 또 n_2 개를 임의로 추출하여 처리 2(실험조건 2)를 실시하는 방식으로 '완전임의화(completely randomized)' 방식을 취하게 된다.

예를 들어 감기약의 종류에 따라 효능 차이가 있는지 알아보는 실험을 CRD 로 설계해 보자. 실험에 자원봉사로 참여한 30 명의 감기 환자가 있고 3종류의 감기약이 있다고 가정할 때, 전체 30 명의 환자 가운데 임의로 10 명을 추출하여 감기약 1을 복용시키고, 나머지 20 명 가운데 10 명을 임의로 선택하여 감기약 2를, 나머지 10 명은 감기약 3을 복용시킨다. 이 실험계획에서, 우리는 실험에 참여하는 환자의 나이, 건강상태, 감기증상의 정도 등이 고려되어 있지 않음을 알 수 있다. 바람직한 실험은 발생가능한 모든 외생변수의 영향을 배제하는 설계이지만, 현실적으로 경제적인 이유나 시간적 제한 속에서 모든 외생변수를 통제하는 것은 불가능하다. 이런 경우 실험단위의 완전임의화 과정(랜덤배치 과정)은 여러 외생변수의 영향을 어느 정도 '상쇄시키는(average out) 역할'을 하게 된다.

4.4 코크란의 정리(Cochran's Theorem)

4.4.1 중심 F 분포와 비중심 F 분포

전체제곱합(SST)은 처리제곱합(SStreat)과 오차제곱합(SSE)으로 분할되며, 처리제곱합을 해당 자유도 $(a-1)$ 로 나눈 값(a 는 처리수준 수)을 '평균제곱처리(MStreat)'라고 하고 오차제곱합을 자유도 $a(n-1)$ 로 나눈 값(n 은 처리당 반복수)을 '평균제곱오차(MSE)'라고 한다.

평균제곱(Mean Square)

($n_1 = n_2 = \cdots = n_a = n$ 인 경우)

$$\text{평균제곱처리(MStreat)} = \frac{\text{SStreat}}{a-1} = \frac{n}{a-1}\sum_{i=1}^{a}(\bar{y}_{i\cdot} - \bar{y}_{\cdot\cdot})^2$$

$$\text{평균제곱오차(MSE)} = \frac{\text{SSE}}{a(n-1)} = \frac{1}{a(n-1)}\sum_{i=1}^{a}\sum_{j=1}^{n}(y_{ij} - \bar{y}_{i\cdot})^2$$

만일 CRD 모형식의 오차(ϵ_{ij})가 서로 독립이며 같은 분산을 가진 정규분포를 가지면, 두 평균제곱 간의 비율인

$$F_0 = \frac{\text{MStreat}}{\text{MSE}} \tag{4.13}$$

는 '중심 F 분포(흔히 F 분포)[3]', 아니면 '비중심 F 분포[4]'를 따른다. 이와 관련된 증명은 코크란의 정리(Cochran's Theorem)에 기초를 두고 있다.

> **코크란의 정리 (Cochran's Theorem)**
>
> 아래의 조건 1), 2), 3) 을 모두 만족한다면,
>
> 1) $\text{SST} = \text{SSA}_1 + \text{SSA}_2 + \cdots + \text{SSA}_t + \text{SSE}$
>
> 2) $\text{df(SST)} = \text{df}(\text{SSA}_1) + \text{df}(\text{SSA}_2) + \cdots + \text{df}(\text{SSA}_t) + \text{df(SSE)}$
>
> 3) $\text{E}(\text{MSA}_i) = \sigma^2 + \lambda_i, \quad \text{E(MSE)} = \sigma^2$
>
> $H_0 : \lambda_i = 0$ 을 가정할 때
>
> $$F_0 = \frac{\text{MSA}_i}{\text{MSE}} \sim F_{\text{df}(\text{SSA}_i),\, \text{df(SSE)}} \tag{4.14}$$
>
> 가 되며, 만일 $\lambda_i \neq 0$ 이면 F_0 는 아래와 같은 분포를 따른다.
>
> $$F_0 = \frac{\text{MSA}_i}{\text{MSE}} \sim F(\lambda_i)_{\text{df}(\text{SSA}_i),\, \text{df(SSE)}} \tag{4.15}$$
>
> 여기서 $F(\lambda_i)$ 는 비중심모수가 λ_i 인 '비중심 F 분포'이다.

그림 4.1은 비중심모수가 λ인 '비중심 F 분포'의 모습이다. λ값이 크면 클수록 비중심 F 분포는 중심 F 분포의 오른쪽으로 치우치는 모습을 하고 있다. 따라서 코크란의 정리에 따르면 $H_0 : \lambda_i = 0$가 참인 경우, F_0 값은 F 분포를 따르며, $\lambda_i \neq 0$ 이면 F_0 값은 비중심 F 분포를 따른다고 했으므로, $H_0 : \lambda_i = 0$ 에 대한 기각역은

$$F_0 = \frac{\text{MSA}_i}{\text{MSE}} > F_{\alpha,\, \text{df}(\text{SSA}_i),\, \text{df(SSE)}} \tag{4.16}$$

가 될 것이다.

---

[3] (central) F distribution

[4] noncentral F distribution

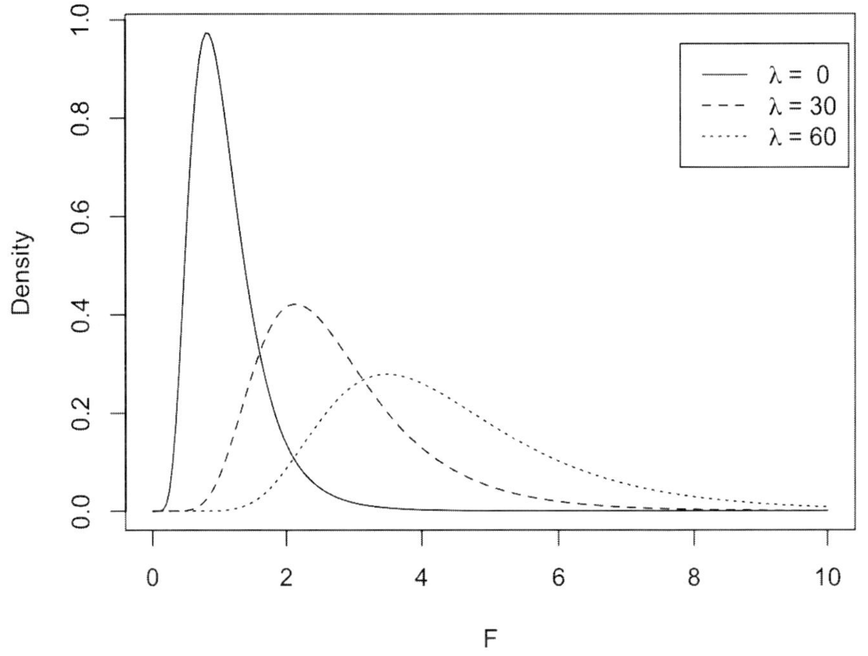

그림 4.1: 비중심 F 분포($\lambda = 30,\ 60$)와 중심 F 분포($\lambda = 0$)

이제 우리는 CRD 모형식으로부터 코크란의 정리의 1), 2), 3) 조건이 충족되는지 살펴보고자 한다. 우선 조건 1)은 우리가 구한 식 (4.1)에 의해 바로 만족된다.

$$\text{SST} = \text{SStreat} + \text{SSE}$$

이제 조건 2)와 조건 3)이 만족되는지를 살펴보자.

4.4.2 자유도 계산

만일 $y_i \overset{i.i.d.}{\sim} N(0,1)$ 을 따른다면,

$$\sum_{i=1}^{n} y_i^2 \sim \chi_n^2 \tag{4.17}$$

이 되어, 자유도 n 인 카이제곱분포를 따르게 된다. 따라서 $\sum_{i=1}^{n} y_i^2$ 의 자유도는 n 이다[5]. 이는 제곱합을 결정하는데 기여하는 자유로운 변량(random quantity)은 n 개가 필요하다는 의미이다.

[5]이론통계학 수업인 확률분포론이나 수리통계학을 참조하기 바람

그러나 $\bar{y}.$를 계산한 후,

$$\sum_{i=1}^{n}(y_i - \bar{y}.)^2 \tag{4.18}$$

의 값을 생각한다면, $(y_1 - \bar{y}.)$, $(y_2 - \bar{y}.)$, $\cdots$, $(y_{n-1} - \bar{y}.)$의 확률변숫값이 결정되는 순간, 마지막 $(y_n - \bar{y}.)$ 값은 자동으로 계산된다(연습문제 참조). 이 경우, $\sum_{i=1}^{n}(y_i - \bar{y}.)^2$의 자유도는 n이 아닌 $(n-1)$이 된다.

같은 논리를 가지고 전체제곱합(SST)의 자유도를 계산하면, 제곱합의 모습이

$$\text{SST} = \sum_{i=1}^{a}\sum_{j=1}^{n_i}(y_{ij} - \bar{y}..)^2$$

이 되므로, SST의 자유도는 $(\sum_{i=1}^{a} n_i - 1)$이 된다.

처리제곱합(SStreat)은

$$\begin{aligned}\text{SStreat} &= \sum_{i=1}^{a}\sum_{j=1}^{n_i}(\bar{y}_{i\cdot} - \bar{y}..)^2 \\ &= \sum_{i=1}^{a} n_i(\bar{y}_{i\cdot} - \bar{y}..)^2 \end{aligned} \tag{4.19}$$

이 되어 자유도는 $(a-1)$이다. 마지막으로 오차제곱합(SSE)은

$$\begin{aligned}\text{SSE} &= \sum_{i=1}^{a}\sum_{j=1}^{n_i}(y_{ij} - \bar{y}_{i\cdot})^2 \\ &= \sum_{i=1}^{a}\left\{\sum_{j=1}^{n_i}(\bar{y}_{i\cdot} - \bar{y}..)^2\right\}\end{aligned}$$

이므로, 자유도는 $\sum_{i=1}^{a}(n_i - 1) = (\sum_{i=1}^{a} n_i - a)$ 가 된다. 이를 종합하면

$$\underbrace{\sum_{i=1}^{a} n_i - 1}_{\text{df(SST)}} = \underbrace{(a-1)}_{\text{df(SStreat)}} + \underbrace{\sum_{i=1}^{a} n_i - a}_{\text{df(SSE)}} \tag{4.20}$$

가 되어 코크란의 정리에 있는 조건 2)를 만족시킨다.

4.4.3 기대평균제곱(EMS) 계산

이 단원에서는 마지막 조건 3)을 확인하기 위해 평균제곱의 기댓값인 '기대평균제곱(Expected Mean Square: EMS)'을 계산하고자 한다. 이 증명을 쉽게하기 위해

$n_1 = n_2 = \cdots = n_a = n$ 인 균형설계(balanced design)를 가정하자[6].

우리는 CRD 의 모형식 $y_{ij} = \mu + \tau_i + \epsilon_{ij}, \quad \sum_{i=1}^{a} \tau_i = 0$ 으로부터

$$y_{..} = \sum_{i=1}^{a}\sum_{j=1}^{n}(\mu + \tau_i + \epsilon_{ij}) = a\,n\,\mu + \epsilon_{..} \tag{4.21}$$

$$y_{i.} = \sum_{j=1}^{n}(\mu + \tau_i + \epsilon_{ij}) = n\,\mu + n\,\tau_i + \epsilon_{i.} \tag{4.22}$$

$$y_{ij}^2 = (\mu + \tau_i + \epsilon_{ij})^2 = \mu^2 + \tau_i^2 + \epsilon_{ij}^2 + 2\mu\,\tau_i + 2\mu\,\epsilon_{ij} + 2\tau_i\,\epsilon_{ij} \tag{4.23}$$

임을 알 수 있다. 각각에 대한 기댓값을 구하면,

$$\mathrm{E}(y_{..}^2) = a^2\,n^2\,\mu^2 + a\,n\,\sigma^2 \tag{4.24}$$

$$\mathrm{E}(y_{i.}^2) = n^2\,\mu^2 + n^2\,\tau_i^2 + n\,\sigma^2 + 2n^2\,\mu\,\tau_i \tag{4.25}$$

$$\mathrm{E}(y_{ij}^2) = \mu^2 + \tau_i^2 + \sigma^2 + 2\mu\,\tau_i \tag{4.26}$$

가 되어, 제곱합의 간편한 공식을 이용하여

$$\begin{aligned}\mathrm{E(MStreat)} &= \frac{\mathrm{E(SStreat)}}{a-1} = \frac{1}{a-1}\,\mathrm{E}\left(\sum_{i=1}^{a}\frac{y_{i.}^2}{n} - \frac{y_{..}^2}{an}\right)\\ &= \frac{1}{a-1}\left(a\,\sigma^2 - \sigma^2 + n\sum_{i=1}^{a}\tau_i^2\right)\\ &= \sigma^2 + \frac{n\sum_{i=1}^{a}\tau_i^2}{a-1}\end{aligned} \tag{4.27}$$

이고

$$\begin{aligned}\mathrm{E(MSE)} &= \frac{\mathrm{E(SSE)}}{a(n-1)} = \frac{1}{a(n-1)}\,\mathrm{E}\left(\sum_{i=1}^{a}\sum_{j=1}^{n}y_{ij}^2 - \sum_{i=1}^{a}\frac{y_{i.}^2}{n}\right)\\ &= \frac{1}{a(n-1)}\left(a\,n\,\sigma^2 - a\,\sigma^2\right)\\ &= \sigma^2\end{aligned} \tag{4.28}$$

임을 알 수 있다. 이를 정리하면 다음과 같다.

[6]불균형설계(unbalanced design)에서도 같은 방법으로 증명이 가능하다.

CRD 의 EMS 계산

$(n_1 = n_2 = \cdots = n_a = n$ 인 경우)

$$\mathrm{E(MStreat)} = \sigma^2 + \frac{n\sum_{i=1}^{a}\tau_i^2}{a-1} \tag{4.29}$$

$$\mathrm{E(MSE)} = \sigma^2 \tag{4.30}$$

이는 $\lambda = \frac{n\sum_{i=1}^{a}\tau_i^2}{a-1}$ 이라고 할 때, 코크란의 정리 조건 3)과 일치한다. 그러므로, 우리는 코크란의 정리에 의해

$$H_0 : \frac{n\sum_{i=1}^{a}\tau_i^2}{a-1} = 0 \tag{4.31}$$

$$H_1 : \frac{n\sum_{i=1}^{a}\tau_i^2}{a-1} \neq 0 \tag{4.32}$$

라는 가설에 대해, 만일

$$F_0 = \frac{\mathrm{MStreat}}{\mathrm{MSE}} > F_{\alpha,\,\mathrm{df(SStreat)},\,\mathrm{df(SSE)}} \tag{4.33}$$

이면, 유의수준 α로 귀무가설인 식 (4.31)을 기각하게 된다. 이때, 귀무가설과 대립가설은 각각

$$H_0 : \tau_1 = \tau_2 = \cdots = \tau_a = 0 \tag{4.34}$$

$$H_1 : \exists\, \tau_i \quad \text{s.t.} \quad \tau_i \neq 0, \quad (i = 1,\, 2,\, \cdots,\, a) \tag{4.35}$$

라고 할 수 있으므로, 귀무가설의 기각은 곧 '처리효과가 유의하다'가 되므로, 그룹 간 차이는 유의하게 된다.

이를 정리하면 아래와 같고 이는 식 (1.11)과 일치한다.

CRD 의 F 검정

CRD 의 모형식 $y_{ij} = \mu + \tau_i + \epsilon_{ij}$, $(i = 1, 2, \cdots, a)$ 의 가설

$$H_0 : \tau_1 = \tau_2 = \cdots = \tau_a = 0$$

$$H_1 : \exists\, \tau_i \quad \text{s.t.} \quad \tau_i \neq 0\,, \quad (i = 1, 2, \cdots, a)$$

에 대해, 만일

$$F_0 = \frac{\text{MStreat}}{\text{MSE}} > F_{\alpha,\,\text{df(SStreat)},\,\text{df(SSE)}} \tag{4.36}$$

이면, 귀무가설 $H_0 : \tau_1 = \tau_2 = \cdots = \tau_a = 0$ 을 기각한다.

이와 같이 코크란의 정리에 조건 1), 2), 3)이 모두 만족되어 식 (4.36)의 F 검정을 할 수 있으므로, 표 4.1의 분산분석표에서 F 검정을 사용할 수 있게 된다.

4.5 일원배치법(One-Way ANOVA)

CRD 의 모형식에서 $\tau_1, \tau_2, \cdots, \tau_a$ 는 각 그룹효과를 나타내고 있다. 남녀 시험 점수 자료나 채권의 종류에 따른 수익률 자료에서 보듯이 그룹을 규정하는 요인(factor)이 '성별'이나 '채권의 종류'같이 한 개 뿐인 CRD 를 '일원배치법(One-Way Classification)'이라고 하며 흔히 'One-Way ANOVA'라고 일컫는다. 예를 들어, 수확량(y)에 영향을 끼치는 '비료의 종류'의 유의성을 검정할 때 각 그룹은 비료의 종류라는 한 가지 요인에 의해 정의되므로 이를 일원배치법 혹은 One-Way ANOVA 라고 한다.

한편, 실험조건이 한 개의 요인이 아닌 두 개의 요인(예: 비료의 종류, 농약의 종류)에 의해 구분되는 CRD 라면, 이는 '이원배치법(Two-Way Classification)' 혹은 Two-Way ANOVA 라고 한다. 이원배치법에 대해서는 다음 단원에서 더 자세히 살펴보기로 한다.

- 일원배치법(one-way classification): 그룹이 한 개의 요인에 의해 결정되는 실험계획이며 One-Way ANOVA 라고 한다.
- 이원배치법(two-way classification): 그룹이 두 개의 요인에 의해 결정되는

실험계획이며 Two-Way ANOVA 라고 한다.

- 삼원배치법(three-way classification): 그룹이 세 개의 요인에 의해 결정되는 실험계획이며 Three-Way ANOVA 라고 한다.
- 다원배치법(multi-way classification): 이원배치법 이상의 실험계획을 통틀어 칭하는 실험계획이며 Multi-Way ANOVA 라고 한다.

분산분석표 작성 시 유의할 점

1. 자유도(degrees of freedom)는 음수(−)가 될 수 없다.
2. 제곱합(sum of squares)은 음수(−)가 될 수 없다.
3. $\frac{y_{i\cdot}^2}{n}$과 $\left(\frac{y_{i\cdot}}{n}\right)^2$은 다르다.
4. SST, SStreat를 계산 한 후, SSE = SST − SStreat 를 이용하면 쉽다.

Example 어느 잡지회사에서 잡지의 판촉 활성화를 위하여 영업사원을 대상으로 하는 4 종류의 영업교육 프로그램(`Program`)을 개발하였다. 각 프로그램에 따라 판매실적이 다른지 알아보려고 한다. 20 명의 신입사원을 5 명씩 임의로 배정하여 수강시킨 후에, 일정기간 영업사원의 판매실적(`Sales`)을 조사하였다. 표 4.2는 사원들이 받은 교육 프로그램과 판매실적 자료(`edupgm`)이다.

	Program			
	1	2	3	4
Sales	74	94	62	80
	67	82	75	82
	83	69	59	75
	77	78	79	90
	71	68	68	72

표 4.2: 영업교육 프로그램에 따른 잡지 판매실적 자료(`edupgm`)

그룹을 규정하는 요인이 '영업교육 프로그램의 종류'이므로 일원배치법의 모형식은

$$y_{ij} = \mu + \tau_i + \epsilon_{ij},$$

$$\begin{aligned}
&i = 1,\, 2,\, \cdots,\, 4,\\
&j = 1,\, 2,\, \cdots,\, 5,\\
&\sum_{i=1}^{4} \tau_i = 0,\\
&\epsilon_{ij} \overset{i.i.d.}{\sim} N(0,\, \sigma^2)
\end{aligned} \tag{4.37}$$

이 된다. 이에 대한 분산분석표를 작성하기 위한 아래 값을 얻는다.

$$\text{CT} = \frac{y_{..}^2}{a\,n} = \frac{(1505)^2}{20} = 113251.2 \tag{4.38}$$

$$\begin{aligned}
\text{SST} &= \sum_{i=1}^{4}\sum_{j=1}^{5} y_{ij}^2 - \text{CT}\\
&= 74^2 + 67^2 + \cdots + 72^2 - 113251.2 = 1149.75\\
\text{SStreat} &= \sum_{i=1}^{4} \frac{y_{i.}^2}{n} - \text{CT}\\
&= \frac{1}{5}\left(372^2 + 391^2 + 343^2 + 399^2\right) - 113251.2 = 371.75\\
\text{SSE} &= \text{SST} - \text{SStreat} = 1149.75 - 371.75 = 1078
\end{aligned} \tag{4.39}$$

이를 사용하여 표 4.3의 분산분석표를 얻게 된다[7].

Source	df	SS	MS	F_0
영업교육 프로그램	3	371.75	123.916	1.839
오차	16	1078	67.375	
전체	19	1449.75		

표 4.3: 영업교육 프로그램과 잡지 판매실적(edupgm)에 대한 분산분석표

이는 다음의 가설에 대해,

$$\begin{aligned}
&H_0 : \tau_1 = \tau_2 = \tau_3 = \tau_4 = 0,\\
&H_1 : \exists\, \tau_i \quad \text{s.t.} \quad \tau_i \neq 0\,, \quad (i = 1,\, 2,\, 3,\, 4),
\end{aligned}$$

검정통계량이

$$F_0 = 1.839 < 3.239 = F_{0.05,\,3,16} \tag{4.40}$$

[7] SStreat에 해당되는 Source는 Treatment(혹은 '처리')말고 해당 요인의 이름을 적어도 좋다(예: 영업교육 프로그램).

이므로, 귀무가설을 기각하지 못한다. 따라서, 4가지 영업교육 프로그램 간 매출 차이는 유의하지 않다. 이 자료를 상자그림으로 그리면 그림 4.2가 된다.

```
boxplot(Sales ~ Program, edupgm, pars=list(boxwex=0.5),
        ylim=c(50, 100))
points(1:4, tsum(Sales ~ Program, edupgm, e="Mean")[1:4], pch=5)
```

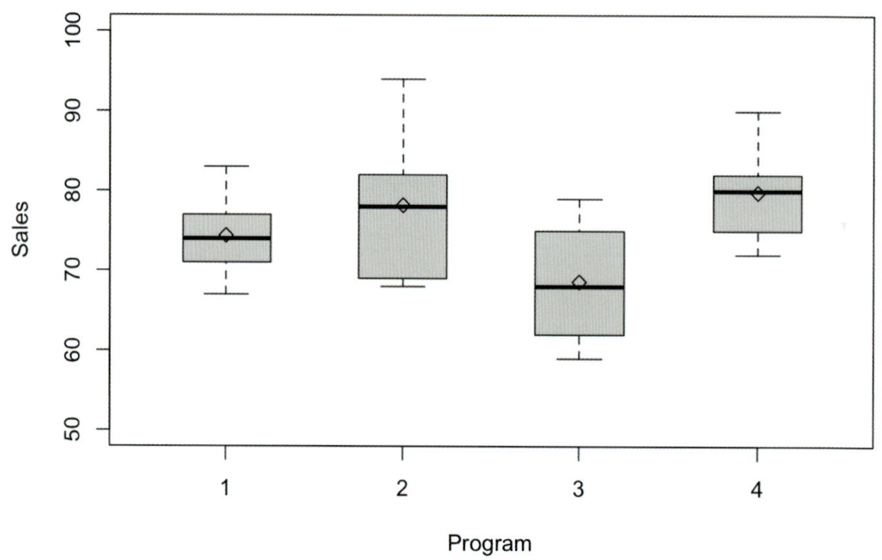

그림 4.2: 영업교육 프로그램 종류와 잡지 판매실적(edupgm) 상자그림

4.6 R을 이용한 일원배치법

분산분석의 제곱합 공식을 외우고 있다 해도 숫자를 제곱하고 더하는 일을 반복하는 것은 매우 조심스럽고 지루한 작업이다. 다행히 우리는 R을 이용해 이러한 수고를 덜 수 있다. sasLM에 내장된 영업교육 프로그램에 따른 판매량 자료(edupgm)를 사용하여 R을 이용해 일원배치법을 수행하는 과정을 살펴보자.

여기서 사용하는 GLM() 은 '일반선형모형(general linear model)'을 수행하는 sasLM 패키지 안에 있는 함수이다. 만일 program이란 변수가 명목변수화(categorized) 되지 않았다면, af() 라는 함수로 program이라는 변수를 아래와 같이 명목화시킬 수 있을 것이다.

```
df = af(edupgm, "Program")
```

아래 GLM() 에서는 sales 는 반응변수를, 그리고 program 은 설명변수를 정의하고 있다. 그림 4.3은 이 코드에 의한 R의 출력을 보여준다.

```
GLM(Sales ~ Program, edupgm)
```

```
$ANOVA
Response : Sales
                Df  Sum Sq Mean Sq F value Pr(>F)
MODEL            3  371.75 123.917  1.8392 0.1807
RESIDUALS       16 1078.00  67.375
CORRECTED TOTAL 19 1449.75

$Fitness
 Root MSE Sales Mean Coef Var  R-square  Adj R-sq
 8.208228      75.25 10.90794 0.2564235 0.1170029

$`Type I`
        Df Sum Sq Mean Sq F value Pr(>F)
Program  3 371.75  123.92  1.8392 0.1807

$`Type II`
        Df Sum Sq Mean Sq F value Pr(>F)
Program  3 371.75  123.92  1.8392 0.1807

$`Type III`
        Df Sum Sq Mean Sq F value Pr(>F)
Program  3 371.75  123.92  1.8392 0.1807
```

그림 4.3: 영업교육 프로그램과 판매실적(edupgm)에 대한 GLM() 출력

그림 4.3의 R출력은 크게 4개의 ANOVA 로 구성된다. 첫 번째 ANOVA 는 $\boldsymbol{y} = X\boldsymbol{\beta}+\boldsymbol{\epsilon}$ 라는 회귀모형이 자료를 얼마나 잘 설명하고 있는지를 알려주고, $Fitness 부분은 모형의 적합도를 나타내고, 나머지 3개의 ANOVA 는 그 회귀모형의 Type I SS[8] 와 Type II SS, Type III SS[9] 를 각각 나타낸다. 일원배치법의 경우에 그룹을 규정짓는 요인이 하나 뿐이므로 Type I SS 와 Type II SS, 그리고 Type III

[8] 순차제곱합(sequential sum of squares)
[9] 부분제곱합(partial sum of squares)

SS의 값은 항상 같지만, 일반적으로 실험계획에서는 Type III SS의 값을 분산분석표(ANOVA Table)에 적고 있다. Type I SS와 Type III SS의 자세한 활용은 회귀분석 책을 참고바란다.

따라서 그림 4.3의 R출력을 보고 일원배치법의 분산분석표를 작성할 때, 전체제곱합(SST)은 첫 번째 ANOVA의 `CORRECTED TOTAL`의 1449.75가 되고, SSE는 `RESIDUALS`의 SS인 1078.00이며, SStreat는 Type III SS인 371.75를 선택한다. 그리고, 분산분석표의 F_0값도 Type III SS에 해당되는 1.8392를 사용한다. 이를 종합해 작성하면 표 4.4가 된다.

Source	df	SS	MS	F_0
Program	3	371.75	123.917	1.8392
Error	16	1078.00	67.375	
Total	19	1449.75		

표 4.4: R출력에서 얻은 잡지 판매실적 자료(`edupgm`)의 일원배치법의 분산분석표

이 분산분석표는 우리가 직접 손으로 구한 표 4.3과 일치하고, 해당 유의확률(p-value)이 0.1807(> 0.05)이므로, 판매실적에 대한 영업교육 프로그램 효과는 유의하지 않다고 판단된다. 참고로 `aov3()`를 이용하면 Type III SS를 이용한 분산분석표를 더 쉽게 작성할 수 있다(그림 4.4).

```
aov3(Sales ~ Program, edupgm)
```

```
Response : Sales
                Df  Sum Sq Mean Sq F value Pr(>F)
MODEL            3  371.75 123.917  1.8392 0.1807
 Program         3  371.75 123.917  1.8392 0.1807
RESIDUALS       16 1078.00  67.375
CORRECTED TOTAL 19 1449.75
```

그림 4.4: 영업교육 프로그램과 판매실적(`edupgm`)에 대한 `aov3()` 출력

4.7 일원배치법의 모수 추정

회귀분석에서 회귀모형식 $y_i = \beta_0 + \beta_1 x_i + \epsilon_i$를 자료에 적합시킨 후에 회귀계수 (β_0, β_1)를 추정하고 회귀계수의 신뢰구간을 구하는 것은 회귀분석의 필수적인 추론과정이다. 마찬가지로 우리 실험계획의 모형식이 $y_{ij} = \mu + \tau_i + \epsilon_{ij}$ 라고 한다면 이 모형식에 포함된 모수$(\mu, \tau_1, \tau_2, \cdots, \tau_a)$에 대한 추정 및 신뢰구간도 구해야 할 것이다.

예를 들어 그룹의 수가 2이며$(a = 2)$ 각 그룹당 반복수를 3으로$(n = 3)$ 가정한 일원배치법의 모수를 추정해 보자. 일원배치법의 모형식은 식 (4.41)같이 $\boldsymbol{y} = X\boldsymbol{\beta} + \boldsymbol{\epsilon}$으로 표현된다.

$$
\boxed{y_{ij} = \mu + \tau_i + \epsilon_{ij}}
$$

$$
\Longrightarrow \underbrace{\begin{pmatrix} y_{11} \\ y_{12} \\ y_{13} \\ y_{21} \\ y_{22} \\ y_{23} \end{pmatrix}}_{\boldsymbol{y}} = \underbrace{\begin{pmatrix} 1 & 1 & 0 \\ 1 & 1 & 0 \\ 1 & 1 & 0 \\ 1 & 0 & 1 \\ 1 & 0 & 1 \\ 1 & 0 & 1 \end{pmatrix}}_{X} \underbrace{\begin{pmatrix} \mu \\ \tau_1 \\ \tau_2 \end{pmatrix}}_{\boldsymbol{\beta}} + \underbrace{\begin{pmatrix} \epsilon_{11} \\ \epsilon_{12} \\ \epsilon_{13} \\ \epsilon_{21} \\ \epsilon_{22} \\ \epsilon_{23} \end{pmatrix}}_{\boldsymbol{\epsilon}}
$$

$$
\Longrightarrow \boxed{\boldsymbol{y} = X\boldsymbol{\beta} + \boldsymbol{\epsilon}} \tag{4.41}
$$

최소제곱추정법(least squares estimation)에 의한 정규방정식 $X^T X \hat{\boldsymbol{\beta}} = X^T \boldsymbol{y}$는 다음과 같다.

$$
\begin{pmatrix} 6 & 3 & 3 \\ 3 & 3 & 0 \\ 3 & 0 & 3 \end{pmatrix} \begin{pmatrix} \hat{\mu} \\ \hat{\tau_1} \\ \hat{\tau_2} \end{pmatrix} = \begin{pmatrix} y_{..} \\ y_{1.} \\ y_{2.} \end{pmatrix} \tag{4.42}
$$

여기서 $X^T X$는 비성칙행렬(singular matrix)이어서 역행렬이 존재하지 않으므로, 방정식의 해인 $\hat{\boldsymbol{\beta}} = (X^T X)^{-1} X^T \boldsymbol{y}$는 구할 수 없게 된다.

그러나, 이 정규방정식을 풀어 쓰면,

$$\begin{cases} 6\,\hat{\mu} + 3\,\hat{\tau}_1 & +3\,\hat{\tau}_2 & = y_{..} \\ 3\,\hat{\mu} + 3\,\hat{\tau}_1 & & = y_{1.} \\ 3\,\hat{\mu} & +3\,\hat{\tau}_2 & = y_{2.} \end{cases} \tag{4.43}$$

가 되어서 변수는 3 개이면서 선형독립인 식이 2 개가 존재함을 알 수 있다. 따라서 식 (4.43)의 해를 구하기 위해선 제약조건(constraint)이 하나 더 필요한데, 다음과 같은 제약조건 중 하나를 추천한다[10].

$$\hat{\mu} = 0, \qquad \hat{\tau}_1 + \hat{\tau}_2 = 0, \qquad \hat{\tau}_2 = 0 \tag{4.44}$$

4.7.1 제약조건에 따른 모수 추정량

식 (4.43)의 정규방정식에 제약조건 $\boxed{\hat{\mu} = 0}$을 더할 경우, 우리는

$$\begin{aligned} \hat{\mu} &= 0 \\ \hat{\tau}_1 &= \bar{y}_{1.} \\ \hat{\tau}_2 &= \bar{y}_{2.} \end{aligned} \tag{4.45}$$

를 얻게 된다. 한편, $\boxed{\hat{\tau}_1 + \hat{\tau}_2 = 0}$ 의 제약조건을 사용한다면,

$$\begin{aligned} \hat{\mu} &= \bar{y}_{..} \\ \hat{\tau}_1 &= \bar{y}_{1.} - \bar{y}_{..} \\ \hat{\tau}_2 &= \bar{y}_{2.} - \bar{y}_{..} \end{aligned} \tag{4.46}$$

가 된다. 마지막으로 $\boxed{\hat{\tau}_2 = 0}$ 의 제약조건이라면

$$\begin{aligned} \hat{\mu} &= \bar{y}_{2.} \\ \hat{\tau}_1 &= \bar{y}_{1.} - \bar{y}_{2.} \\ \hat{\tau}_2 &= 0 \end{aligned} \tag{4.47}$$

이 되어 제약조건의 선택에 따라 모수 추정량은 달라진다.

[10]제약조건은 특정한 성질을 가지고 있으며 이와 같은 함수를 '불추정함수(nonestimable function)' 라고 한다. 이에 대한 언급은 이 책의 범위를 벗어나므로 생략하기로 한다.

4.7.2 일반화역행렬을 이용한 모수 추정량

앞서 우리는 정규방정식 $X^TX\hat{\boldsymbol{\beta}} = X^T\boldsymbol{y}$의 해를 구하고 싶었지만, (X^TX)의 역행렬이 존재하지 않았기에 제약조건을 추가함으로써 모수를 추정할 수 있었다. 이렇게 제약조건을 추가하는 과정은 일반화역행렬인 $(X^TX)^-$를 사용하는 것과 동일한 결과를 가져다 준다.

> 일반화역행렬(generalized inverse matrix)
>
> 임의의 행렬 $A_{m\times n}$에 대해, 만일
>
> $$A\,A^-A = A \tag{4.48}$$
>
> 를 만족하면, $A^-_{n\times m}$는 $A_{m\times n}$의 '일반화역행렬'이라고 한다.

Q A가 정칙행렬이면[11] A^{-1}도 A의 일반화역행렬임을 증명하라.

A 역행렬 정의에 의해 $AA^{-1} = I_n$이 된다. 따라서 $A\,A^{-1}A = A$를 만족하므로 A^{-1}은 A의 일반화역행렬이다.

Q 행렬 A와 A^-가 다음과 같을 때

$$A = \begin{pmatrix} 6 & 3 & 3 \\ 3 & 3 & 0 \\ 3 & 0 & 3 \end{pmatrix}, \quad A^- = \begin{pmatrix} 0 & 0 & 0 \\ 0 & \frac{1}{3} & 0 \\ 0 & 0 & \frac{1}{3} \end{pmatrix} \tag{4.49}$$

A^-가 A의 일반화역행렬임을 증명하라.

A 다음과 같이 $A\,A^-A = A$ 임을 보일 수 있다.

$$\begin{pmatrix} 6 & 3 & 3 \\ 3 & 3 & 0 \\ 3 & 0 & 3 \end{pmatrix}\begin{pmatrix} 0 & 0 & 0 \\ 0 & \frac{1}{3} & 0 \\ 0 & 0 & \frac{1}{3} \end{pmatrix}\begin{pmatrix} 6 & 3 & 3 \\ 3 & 3 & 0 \\ 3 & 0 & 3 \end{pmatrix} = \begin{pmatrix} 6 & 3 & 3 \\ 3 & 3 & 0 \\ 3 & 0 & 3 \end{pmatrix} \tag{4.50}$$

[11] 정방행렬 A의 역행렬이 존재하면 A는 정칙행렬(nonsingular matrix)이라고 한다.

식 (4.42)에서 정규방정식 $X^T X \hat{\boldsymbol{\beta}} = X^T \boldsymbol{y}$는 다음과 같았는데,

$$\begin{pmatrix} 6 & 3 & 3 \\ 3 & 3 & 0 \\ 3 & 0 & 3 \end{pmatrix} \begin{pmatrix} \hat{\mu} \\ \hat{\tau}_1 \\ \hat{\tau}_2 \end{pmatrix} = \begin{pmatrix} y_{\cdot\cdot} \\ y_{1\cdot} \\ y_{2\cdot} \end{pmatrix}$$

여기서 식 (4.49)를 이용하여 $(X^T X)^-$를 구하면,

$$\begin{aligned} \hat{\boldsymbol{\beta}} = \begin{pmatrix} \hat{\mu} \\ \hat{\tau}_1 \\ \hat{\tau}_2 \end{pmatrix} &= (X^T X)^- X^T \boldsymbol{y} \\ &= \begin{pmatrix} 6 & 3 & 3 \\ 3 & 3 & 0 \\ 3 & 0 & 3 \end{pmatrix}^- \begin{pmatrix} y_{\cdot\cdot} \\ y_{1\cdot} \\ y_{2\cdot} \end{pmatrix} \\ &= \begin{pmatrix} 0 & 0 & 0 \\ 0 & \frac{1}{3} & 0 \\ 0 & 0 & \frac{1}{3} \end{pmatrix} \begin{pmatrix} y_{\cdot\cdot} \\ y_{1\cdot} \\ y_{2\cdot} \end{pmatrix} \\ &= \begin{pmatrix} 0 \\ \bar{y}_{1\cdot} \\ \bar{y}_{2\cdot} \end{pmatrix} \end{aligned} \tag{4.51}$$

가 되어 식 (4.45)의 제약조건 $\boxed{\hat{\mu} = 0}$일 때의 추정량과 일치한다.

참고로, 일반화역행렬 $(X^T X)^-$는 유일하지 않기 때문에, 다른 일반화역행렬을 사용하면 모수 추정량이 변할 수 있다.

4.7.3 β의 추정가능함수(Estimable Function)

정규방정식의 해($\hat{\mu}$, $\hat{\tau}_1$, $\hat{\tau}_2$)가 제약조건의 선택에 따라(혹은 일반화역행렬의 선택에 따라) 값이 달라진다면 이렇게 얻은 추정치는 아무에게도 신뢰를 받지 못할 것이며, 이를 이용한 통계적 추론은 아무런 의미가 없게 된다. 그러나 다행스럽게도 몇 개의 '추정가능함수(estimable function)'[12]에 대해서는 제약조건(혹은 일반화역행

[12]추정가능함수의 정의는 이 책의 범위를 벗어나기에 생략하기로 한다.

렬)의 선택에 관계없이 그 추정량이 변하지 않으므로 모든 통계적 추론에 사용할 수 있다.

추정가능함수의 성질

만일 모수 $\boldsymbol{\beta}$ 의 선형조합 $\boldsymbol{\lambda}^T\boldsymbol{\beta}$ 가 추정가능함수(estimable function)이면, 서로 다른 제약조건(혹은 일반화역행렬)에 따른 추정량이 $\hat{\boldsymbol{\beta}}_1 \neq \hat{\boldsymbol{\beta}}_2$ 일지라도

$$\boldsymbol{\lambda}^T\hat{\boldsymbol{\beta}}_1 = \boldsymbol{\lambda}^T\hat{\boldsymbol{\beta}}_2 \tag{4.52}$$

을 만족한다.

Q 일원배치법의 모형식 $y_{ij} = \mu + \tau_i + \epsilon_{ij}$, $(i = 1, 2, j = 1, 2, 3)$ 에 대해, 아래와 같은 것을 추정가능함수라고 한다.

$$\mu + \tau_1\,, \qquad \mu + \tau_2\,, \qquad \tau_1 - \tau_2 \tag{4.53}$$

제약조건 $\hat{\mu} = 0$, $\hat{\tau}_1 + \hat{\tau}_2 = 0$, 혹은 $\hat{\tau}_2 = 0$ 에 관계없이 식 (4.53)의 추정량이 일정함을 보여라.

A 식 (4.45)-(4.47)을 사용해서 추정가능함수의 추정량을 구하면, 동일하게

$$\begin{aligned} \hat{\mu} + \hat{\tau}_1 &= \bar{y}_{1\cdot} \\ \hat{\mu} + \hat{\tau}_2 &= \bar{y}_{2\cdot} \\ \hat{\tau}_1 - \hat{\tau}_2 &= \bar{y}_{1\cdot} - \bar{y}_{2\cdot} \end{aligned} \tag{4.54}$$

가 되므로 제약조건의 선택에 관계없이 식 (4.53)의 추정량은 일정하다.

Q 일원배치법의 모형식 $y_{ij} = \mu + \tau_i + \epsilon_{ij}$, $(i = 1, 2, j = 1, 2, 3)$ 에 대해 제약조건이 $\hat{\mu} = 0$, $\hat{\tau}_1 + \hat{\tau}_2 = 0$, 혹은 $\hat{\tau}_2 = 0$ 으로 변함에 따라 아래 함수의 추정량이 달라짐을 확인하라.

$$\mu\,, \qquad \tau_1\,, \qquad \tau_2 \tag{4.55}$$

A 식 (4.45)-(4.47)에서 위 함수의 추정량은 제약조건에 따라 변함을 확인할 수 있다.

4.8 추정가능함수의 신뢰구간

모수 τ_i 에 대한 추정량이 제약조건의 선택에 따라 달라지므로 τ_i에 대한 신뢰구간은 의미가 없다. 따라서 제약조건의 선택에 관계없이 추정량이 일정한 추정가능함수, $\mu - \tau_i$ 의 신뢰구간과 $\tau_i - \tau_j$ 의 신뢰구간을 구해보자.

4.8.1 그룹평균 μ_i 의 신뢰구간

각 그룹의 평균을 나타내는 μ_i 는 $\mu + \tau_i$ 이며 이는 추정가능함수이다. 그 추정량은

$$\hat{\mu}_i = \hat{\mu} + \hat{\tau}_1 = \bar{y}_{1\cdot} \tag{4.56}$$

이므로 그 분산을 구하면

$$\mathrm{V}(\hat{\mu}_i) = \mathrm{V}(\bar{y}_{i\cdot}) = \frac{\sigma^2}{n_i} \tag{4.57}$$

이 된다. 따라서 $\hat{\mu}_i$의 표준오차를 구하면

$$\mathrm{S.E.}(\hat{\mu}_i) = \sqrt{\hat{\mathrm{V}}(\hat{\mu}_i)} = \sqrt{\hat{\mathrm{V}}(\bar{y}_{i\cdot})} = \sqrt{\frac{\mathrm{MSE}}{n_i}} \tag{4.58}$$

이므로 μ_i 의 $100(1-\alpha)\%$ 신뢰구간을 구하면

$$\bar{y}_{i\cdot} \pm t_{\frac{\alpha}{2}, \sum_{i=1}^{a}(n_i-1)} \sqrt{\frac{\mathrm{MSE}}{n_i}} \tag{4.59}$$

가 된다.

그룹평균 μ_i의 $100(1-\alpha)\%$ 신뢰구간

$$\bar{y}_{i\cdot} \pm t_{\frac{\alpha}{2}, \sum_{i=1}^{a}(n_i-1)} \sqrt{\frac{\mathrm{MSE}}{n_i}} \tag{4.60}$$

Q 영업교육 프로그램의 종류와 판매실적 자료(`edupgm`)에서 영업교육 프로그램1을 수강한 영업사원들의 평균 판매실적에 대한 95% 신뢰구간을 구하라.

A 표 4.2-4.3 으로부터, 프로그램1을 수강한 사원의 평균 판매실적의 추정치는

$$\hat{\mu}_1 = \hat{\mu} + \hat{\tau}_1 = \bar{y}_{1\cdot} = 74.4 \tag{4.61}$$

이므로, 95% 신뢰구간은

$$74.4 \pm t_{0.025,\,16}\sqrt{\frac{67.375}{5}} = (66.618,\ 82.181) \tag{4.62}$$

이 된다.

4.8.2 그룹 간 차이: $(\tau_i - \tau_j)$의 신뢰구간

그룹 간 차이는 $\mu_i - \mu_j$ 인데 이는 $\tau_i - \tau_j$ 와 일치하며, 다행히 추정가능함수다. 그 추정량은

$$\hat{\tau}_i - \hat{\tau}_j = \bar{y}_{i\cdot} - \bar{y}_{j\cdot} \tag{4.63}$$

가 되어, 분산은

$$\mathrm{V}(\hat{\tau}_i - \hat{\tau}_j) = \mathrm{V}(\bar{y}_{i\cdot} - \bar{y}_{j\cdot}) = \sigma^2\left(\frac{1}{n_i} + \frac{1}{n_j}\right) \tag{4.64}$$

이 된다. 따라서 $(\hat{\tau}_i - \hat{\tau}_j)$ 의 표준오차를 구하면

$$\mathrm{S.E.}(\hat{\tau}_i - \hat{\tau}_j) = \sqrt{\hat{\mathrm{V}}(\bar{y}_{i\cdot} - \bar{y}_{j\cdot})} = \sqrt{\mathrm{MSE}\left(\frac{1}{n_i} + \frac{1}{n_j}\right)} \tag{4.65}$$

이므로 $(\tau_i - \tau_j)$ 의 $100(1-\alpha)\%$ 신뢰구간을 구하면

$$(\bar{y}_{i\cdot} - \bar{y}_{j\cdot}) \pm t_{\frac{\alpha}{2},\sum_{i=1}^{a}(n_i-1)}\sqrt{\mathrm{MSE}\left(\frac{1}{n_i} + \frac{1}{n_j}\right)} \tag{4.66}$$

이 된다.

그룹 간 차이 $(\tau_i - \tau_j)$의 $100(1-\alpha)\%$ 신뢰구간

$$(\bar{y}_{i\cdot} - \bar{y}_{j\cdot}) \pm t_{\frac{\alpha}{2},\, \sum_{i=1}^{a}(n_i-1)} \sqrt{\mathrm{MSE}\left(\frac{1}{n_i} + \frac{1}{n_j}\right)} \tag{4.67}$$

Q 영업교육 프로그램 효과를 알아보는 자료(edupgm)에서 프로그램1과 프로그램2를 수강한 사원들 사이의 평균 판매실적 차이에 대한 95% 신뢰구간을 구하라.

A 프로그램1과 프로그램2의 평균 판매실적 차이에 대한 신뢰구간은

$$\begin{aligned}
&(\bar{y}_{1\cdot} - \bar{y}_{2\cdot}) \pm t_{0.025,\,16} \sqrt{67.375\left(\frac{2}{5}\right)} \\
&= (74.4 - 78.2) \pm 2.120 \times 5.191 \\
&= (-14.805,\ 7.205)
\end{aligned} \tag{4.68}$$

가 된다. 따라서, 평균 판매실적에 차이가 유의하지 않다.

4.9 R을 이용한 모수 추정

회귀분석을 R로 수행하면 `sasLM` 안의 `GLM()` 함수의 `BETA` 옵션을 이용하여 모수의 추정치를 출력할 수 있다. 그러나 독립변수가 명목형인 경우에는 모수의 추정값이 제약조건(혹은 일반화역행렬)에 따라 변하며, 이 경우 $\hat{\tau}_4 = 0$의 제약조건과 같은 추정치가 출력된다. 여기서 `Estimable` 열에 `0`이 표시된 것은 **추정가능함수가 아님**을 나타낸다.

Q 그림 4.5의 출력을 사용하여, 프로그램1을 수강한 사원들의 평균 판매실적 μ_1을 추정하라. 그리고 식 (4.61)의 값과 비교하라.

A 그림 4.5의 R 출력에서

$$\hat{\mu}_1 = \hat{\mu} + \hat{\tau}_1 = 79.8 - 5.4 = 74.4 \tag{4.69}$$

가 되어, 식 (4.61)의 값과 일치한다.

```
GLM(Sales ~ Program, edupgm, BETA=T)$Parameter
```

```
            Estimate Estimable Std. Error Df t value  Pr(>|t|)
(Intercept)     79.8         0     3.6708 16 21.7389 2.636e-13 ***
Program1        -5.4         0     5.1913 16 -1.0402   0.31371
Program2        -1.6         0     5.1913 16 -0.3082   0.76190
Program3       -11.2         0     5.1913 16 -2.1574   0.04652 *
Program4         0.0         0     0.0000 16
---
Signif. codes:  0 '***' 0.001 '**' 0.01 '*' 0.05 '.' 0.1 ' ' 1
```

그림 4.5: 영업교육 프로그램과 판매실적 자료(edupgm)에 대한 GLM() 이용한 모수 추정

4.10 R 프로그램 실습

[1] 영업교육 프로그램 종류와 판매실적에 대한 자료(edupgm)를 R을 이용해 분석하려고 한다. 아래는 ESTM() 함수를 사용한 $(\tau_1 - \tau_2)$ 의 95% 신뢰구간에 대한 출력이다. 출력을 참고해서 신뢰구간을 구하고, 두 프로그램의 효과 차이가 존재하는지 판단하라. 또한 첫 번째 프로그램의 평균 판매실적 $\mu_1 = \mu + \tau_1$ 에 대한 신뢰구간을 구하려면 어떤 R코드를 사용할지 논하라.

```
ESTM(t(c(0, 1, -1, 0, 0)), Sales ~ Program, edupgm)
```

```
     Estimate  Lower CL Upper CL Std. Error    t value Df  Pr(>|t|)
[1,]     -3.8 -14.80515 7.205147   5.191339 -0.7319884 16 0.4747619
attr(,"Estimability")
[1] TRUE
```

[2] 도넛(doughnut)을 기름에 튀길 때 생성되는 트랜스지방의 양(Trans)을 측정하는 실험을 하였다. 기름(Fat)의 종류는 4가지(fat1, fat2, fat3, fat4)이고 이 가운데 fat1과 fat2는 동물성 기름이며 fat3과 fat4는 식물성 기름이다.

2.1 sasLM 패키지의 GLM() 혹은 aov3() 의 출력을 이용해 분산분석표를 작성하고, 유의수준 0.05 로 검정하라.

2.2 fat1을 사용할 때 생성되는 트랜스지방의 평균 수치는 얼마인가? fat4를 사용할 때 생성되는 트랜스지방의 평균 수치는 얼마인가? 이를 ESTM() 함수를 이용해 각각 구해보자.

	Fat			
	1	2	3	4
Trans	164	178	175	155
	172	191	193	166
	168	197	178	149
	177	182	171	164
	156	185	163	170
	195	177	176	168

표 4.5: 도넛 만들 때 서로 다른 기름(`Fat`)에 따른 트랜스지방 자료(`transfat`)

2.3 fat1 과 fat4 사이에 도넛을 튀길 때 생성되는 트랜스지방의 양은 차이가 있는가? `ESTM()` 을 이용한 신뢰구간을 구함으로써 답하라(유의수준 0.05).

2.4 도넛을 튀길 때 생성되는 트랜스지방의 양에 있어서 식물성 기름과 동물성 기름 간 차이가 존재하는지 `ESTM()` 을 이용하여 신뢰구간을 계산해서 답하라(유의수준 0.05).

4.11 연습문제

【4.1】 확률변수의 값 $y_1, y_2, \cdots, y_5$ 에 대하여 $\bar{y}_. = 10$ 일 때 $(y_1 - \bar{y}_.), \cdots, (y_4 - \bar{y}_.)$ 가 아래같이 주어지면 $(y_5 - \bar{y}_.)$ 는 자동으로 결정된다. 아래 값을 이용해 $(y_5 - \bar{y}_.)$ 값을 구하라.

변량		변량값
$(y_1 - \bar{y}_.)$	=	5
$(y_2 - \bar{y}_.)$	=	-10
$(y_3 - \bar{y}_.)$	=	-25
$(y_4 - \bar{y}_.)$	=	20

【4.2】 아래 SST의 분할을 증명하시오.

$$\mathrm{SST} = \sum_{i=1}^{a}\sum_{j=1}^{n_i}(y_{ij} - \bar{y}_{..})^2 = \sum_{i=1}^{a} n_i\,(\bar{y}_{i\cdot} - \bar{y}_{..})^2 + \sum_{i=1}^{a}\sum_{j=1}^{n_i}(y_{ij} - \bar{y}_{i\cdot})^2 \qquad (4.70)$$

【4.3】 식 (4.5)를 증명하시오.

【4.4】 식 (4.27), 식 (4.28)을 자세히 증명하시오.

【4.5】 미국의 세 종류의 담배 브랜드(Carlton, Now, Cambridge)는 자신의 제품이 타르가 적다(< 0.2mg)고 주장하고 있다. 이를 실험하기 위해 각 제품당 5개의 담배를 추출하여 타르를 검사하였다.

담배 브랜드(`Brand`)	타르함량 (`Tar`)				
Carlton	0.16	0.14	0.21	0.14	0.13
Now	0.19	0.20	0.23	0.18	0.19
Cambridge	0.21	0.17	0.19	0.23	0.20

표 4.6: 담배 브랜드별 타르함량 자료(`brandtar`)

1) 담배 브랜드에 따른 타르함량을 산점도와 상자그림으로 그림 3.3을 이용해 알맞게 수정하여 작성하라.

2) 각 담배 브랜드에 대해($i = 1, 2, 3$) 아래 가설을 검정하되 R의 `t.test()` 안에 있는 `alternative` 옵션을 이용해 2)의 분석결과를 확인하라(μ_i는 i 번째 담배 브랜드의 평균 타르함량이다).

$$H_0 : \mu_i \geq 0.2 \tag{4.71}$$

$$H_1 : \mu_i < 0.2 \tag{4.72}$$

3) 담배 브랜드에 따라 타르함량이 다르다고 할 수 있는지 가설을 쓰고 검정하되, `sasLM` 패키지의 `aov3()`를 이용하라.

4) Carlton과 Now 간에 평균 타르함량의 차이에 대해 95% 신뢰구간을 `ESTM()`을 이용해 구하고, 과연 두 브랜드 간 타르함량의 차이가 존재하는지 결론을 적어라.

4.12 프로젝트(완전임의화 과정)

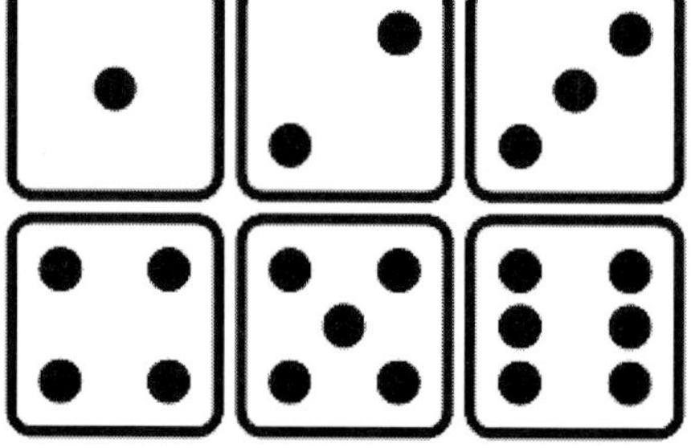

일원배치법의 완전임의화 과정을 책의 Appendix 2 에 있는 난수표(random number table)를 이용해서 해 보자. 먼저 3종류의 수면제 효능을 비교하는 실험을 한다고 가정하고, 수업을 듣고 있는 학생들에게 일련번호를 1부터 n 까지 부여한다(n 명이 수강한다고 가정).

[1] 세 종류의 수면제 효능을 실험하기 위해, 각 처리수준당 10명씩 총 30 명이 실험에 참여한다. 난수표를 이용하여 30 명을 랜덤하게 3 개 그룹에 배치한 결과를 표 4.7에 적어 보아라. 이 경우 만일 24 번 학생이 첫 번째 그룹(수면제 1)에 배정되면 배정표 첫 번째 열에 y_{24} 라고 기입한다.

[2] 수면제는 일반적으로 체중에 비례해서 (mg/kg)으로 처방되고 있다. 위에서 배정된 학생들의 체중을 조사해서 산점도를 그려 보아라. 그리고 체중이 각 그룹에 랜덤하게 분포되었는지 판단하라.

[3] 만일 체중이 다른 학생들을 랜덤하게 배치하지 않았다고 가정할 때, 수면제의 효능에 대한 실험에 무슨 문제가 발생할 것인지 논해 보아라.

[4] 학생들의 체중이 실험결과에 영향을 적게 끼치는 실험방법에 대해 논해 보아라.

프로젝트 Worksheet (이름 :)

[1] & [2] 난수표에 의한 학생들의 완전임의화 과정

수면제 1	수면제 2	수면제 3

표 4.7: 수면제 효과에 대한 완전랜덤배치 결과

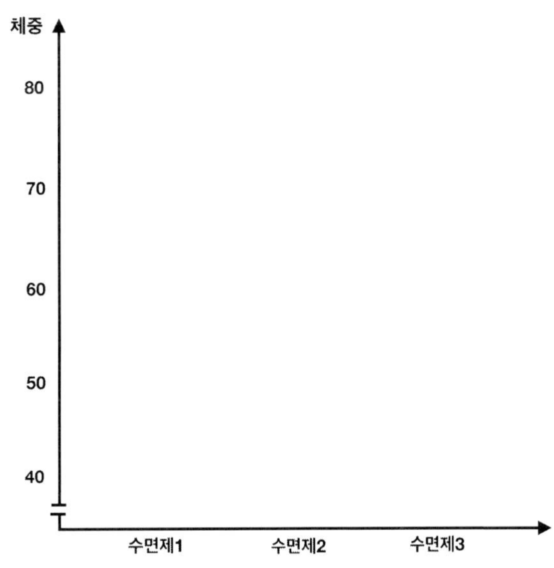

[3] 만일 체중이 다른 학생들을 랜덤하게 배치하지 않았다고 가정할 때, 수면제의 효능에 대한 실험에 무슨 문제가 발생할 것인가?

예상되는 문제점:

[4] 체중이 실험결과에 영향을 적게 끼치는 실험방법

제안된 실험방법:

Chapter 5

다중비교

5.1 일원배치법의 다중비교

그룹을 정의하는 요인이 하나인 일원배치법(One-Way ANOVA)에서 그룹 간 차이가 유의하다고 추론되면, 그 차이가 어디에서 발생했는지에 대한 추가적인 조사가 필요하다. 물론 부분적인 조사는 두 개 그룹의 모평균 차이에 대한 신뢰구간을 통하여 어느 정도 알 수는 있지만, 전체적인 큰 그림이나 그룹 간 군집화(clustering)를 원할 때는 다중비교(multiple comparison)를 사용해야 한다. 왜냐하면 두 그룹 간 t 검정을 여러 번 수행할 경우에 식 (1.21)같이 유의수준이 팽창하는 경우가 발생하고 t 검정으로는 세 그룹 이상의 비교는 할 수 없다는 단점이 존재하기 때문이다. 한 가지 유념할 사항은 다중비교의 경우 ANOVA를 통해 F 검정에서 유의하다고 판단된 이후에 사용할 것을 권장하고 있다. 아래는 가장 많이 쓰이고 있는 대표적인 다중비교 방법이다.

- 본페로니 수정(Bonferroni Correction)
- 던칸의 다중범위검정(Duncan's multiple range test)
- 쉐페의 검정(Scheffe's test)
- 튜키의 검정(Tukey's test)
- 듀넷의 검정(Dunnett's test)
- 최소유의차검정(Least Significant Difference: LSD test)[1]

[1]R. A. Fisher에 의해 제안된 방법으로 Fisher's LSD 라고도 한다.

5.1.1 최소유의차검정(LSD)

이 단원에서는 다중비교 중 하나인 '최소유의차검정(LSD test)'을 먼저 살펴보자. 최소유의차검정은 그 단어가 의미하는 그대로, 그룹 간 평균의 차이가 '최소로 유의한 차이(Least Significant Difference)'보다 크면 두 그룹은 서로 다른 군집이고, 만일 그룹 간 평균 차이가 '최소로 유의한 차이'보다 작으면 서로 같은 군집으로 여기는 방법이다. 이때 같은 군집으로 표현되는 군집끼리는 밑줄[2]로 연결한다. 아래 식 (5.1)은 i 번째 그룹과 j 번째 그룹 간 LSD를 계산하는 공식이다.

$$\mathrm{LSD}_{(i,\,j)} = t_{\frac{\alpha}{2},\,\mathrm{df(MSE)}}\sqrt{\mathrm{MSE}\left(\frac{1}{n_i}+\frac{1}{n_j}\right)} \tag{5.1}$$

따라서 i 번째 그룹평균($\bar{y}_{i\cdot}$)과 j 번째 그룹평균($\bar{y}_{j\cdot}$) 간 차이인 $|\bar{y}_{i\cdot}-\bar{y}_{j\cdot}|$ 가 $\mathrm{LSD}_{(i,\,j)}$ 보다 작으면 두 그룹은 같은 군집이 되고, 크면 서로 다른 군집에 속하게 된다. 여기서 $\mathrm{LSD}_{(i,\,j)}$ 의 값은 $\tau_i-\tau_j$ 의 신뢰구간의 한쪽 길이와 일치한다.

Example 도넛을 튀길 때 사용하는 기름의 종류(fat1, fat2, fat3, fat4)에 따라 생성되는 트랜스지방 차이를 조사하는 실험(`transfat`)에서 ANOVA의 F 검정에서 유의하다는 결론이 나왔다고 가정하자. 이제 4개의 기름 종류를 트랜스지방이 많은 기름과 적은 기름으로 구분하길 원한다.

이를 위한 $\mathrm{LSD}_{(i,\,j)}$ 를 계산하면 다음과 같다.

$$\mathrm{LSD}_{(i,\,j)} = t_{0.025,\,20}\sqrt{100.9\left(\frac{1}{6}+\frac{1}{6}\right)} = 12.097\,,\ (1 \le i \ne j \le 4) \tag{5.2}$$

$$|\bar{y}_{1\cdot}-\bar{y}_{2\cdot}| = 13.0 > 12.097\,,\quad |\bar{y}_{1\cdot}-\bar{y}_{3\cdot}| = 4.0 < 12.097$$
$$|\bar{y}_{1\cdot}-\bar{y}_{4\cdot}| = 10.0 < 12.097\,,\quad |\bar{y}_{2\cdot}-\bar{y}_{3\cdot}| = 9.0 < 12.097$$
$$|\bar{y}_{2\cdot}-\bar{y}_{4\cdot}| = 23.0 > 12.097\,,\quad |\bar{y}_{3\cdot}-\bar{y}_{4\cdot}| = 14.0 > 12.097$$

이를 이용하면 아래와 같은 그림을 그릴 수 있으며, fat2와 fat3가 트랜스지방이 가장 많이 생성되고 fat1과 fat4가 트랜스지방이 적게 생성된다고 할 수 있다.

$$\begin{array}{cccc} \bar{y}_{2\cdot} & \bar{y}_{3\cdot} & \bar{y}_{1\cdot} & \bar{y}_{4\cdot} \\ 185.0 & 176.0 & 172.0 & 162.0 \\ \hline \end{array} \tag{5.3}$$

(밑줄: $\bar{y}_{2\cdot}$–$\bar{y}_{3\cdot}$, $\bar{y}_{1\cdot}$–$\bar{y}_{4\cdot}$, $\bar{y}_{3\cdot}$–$\bar{y}_{1\cdot}$)

[2]R은 같은 군집을 동일한 알파벳(예: A, B, C, ⋯)으로 표시한다.

이를 R의 sasLM 패키지 안에 있는 LSM() 함수를 이용해서 최소유의차검정(LSD)을 하면, 그림 5.1의 출력을 얻는다.

```
LSM(Trans ~ Fat, transfat, "Fat")
```

```
  Group LSmean  LowerCL  UpperCL       SE Df
2    A     185 176.4459 193.5541 4.100813 20
3    AB    176 167.4459 184.5541 4.100813 20
1     BC   172 163.4459 180.5541 4.100813 20
4      C   162 153.4459 170.5541 4.100813 20
```

그림 5.1: 트랜스지방 자료(transfat)에서 LSM() 에 의한 최소유의차검정(LSD) 출력 결과

5.1.2 본페로니 수정(Bonferroni Correction)

최소유의차검정에서 LSD를 계산할 때 유의수준 α를 사용하였다. 그러나 여러 개의 귀무가설을 각각 유의수준 α로 검정하면 전체적인 '집단오류율(familywise error rate: FWER)'이 α보다 커지는 현상이 발생한다. 예를 들어 다음과 같은 m 개의 귀무가설을 동시에 검정한다고 가정할 때

$$\begin{cases} H_{01}: & \mu_1 = \mu_2 \\ H_{02}: & \mu_1 = \mu_3 \\ \vdots & \vdots \\ H_{0m}: & \mu_{a-1} = \mu_a \end{cases} \tag{5.4}$$

m 개의 귀무가설을 각각 유의수준 α로 검정한다면(E_i를 H_{0i}에 대한 제1종 오류라고 할 때) 본페로니의 부등식(Bonferroni's Inequality)[3]에 의해

$$\begin{aligned} \text{집단오류율} = P(\text{제1종 오류}) &= P\left(\bigcup_{i=1}^{m} E_i\right) \\ &\le \sum_{i=1}^{m} P(E_i) = m \times \alpha \end{aligned} \tag{5.5}$$

가 되므로 전체적인 유의수준(집단오류율: FWER)은 $m\alpha$까지 증가할 수 있다.

그러나 만일 우리가 각 귀무가설을 α 대신 $\frac{\alpha}{m}$로 검정한다면 집단오류율(FWER)은 α로 유지될 것이다. 이를 '본페로니 수정(Bonferroni Correction)'이라고 한다.

[3]부울의 부등식(Boole's Inequality)이라고도 함.

본페로니 수정은 귀무가설의 수가 많아지면 m(가능한 짝의 조합 수)이 증가하기 때문에 아주 '보수적인 검정(conservative test)'이 될 수 있다. 이는 두 그룹이 웬만한 차이가 아니고는 서로 다르다고 인정하지 않는다는 의미이다.

Example 기름의 종류(fat1, fat2, fat3, fat4)에 따라 생성되는 트랜스지방의 양을 측정하는 실험(`transfat`)에서 본페로니 수정을 통해 트랜스지방이 많은 기름과 적은 기름을 나누어 보자.

전체 4개의 기름 종류에 대한 분석이므로 가능한 모든 짝의 조합은 $m = \frac{4(4-1)}{2} = 6$이 되어 본페로니 수정을 통한 신뢰구간의 한 쪽 길이는

$$t_{\frac{0.025}{6},20}\sqrt{100.9\left(\frac{1}{6}+\frac{1}{6}\right)} = 16.975 \tag{5.6}$$

가 되고 LSD인 12.097보다 큰 값이 되어 LSD보다는 보수적인 검정이 된다. 이를 이용하면

$$
\begin{aligned}
|\bar{y}_{1\cdot} - \bar{y}_{2\cdot}| &= 13.0 < 16.975\,, \quad |\bar{y}_{1\cdot} - \bar{y}_{3\cdot}| = 4.0 < 16.975 \\
|\bar{y}_{1\cdot} - \bar{y}_{4\cdot}| &= 10.0 < 16.975\,, \quad |\bar{y}_{2\cdot} - \bar{y}_{3\cdot}| = 9.0 < 16.975 \\
|\bar{y}_{2\cdot} - \bar{y}_{4\cdot}| &= 23.0 > 16.975\,, \quad |\bar{y}_{3\cdot} - \bar{y}_{4\cdot}| = 14.0 < 16.975
\end{aligned}
$$

$$
\begin{array}{cccc}
\bar{y}_{2\cdot} & \bar{y}_{3\cdot} & \bar{y}_{1\cdot} & \bar{y}_{4\cdot} \\
185.0 & 176.0 & 172.0 & 162.0 \\
\cline{1-3} \\
\cline{2-4}
\end{array} \tag{5.7}
$$

이 되어 fat2, fat3, fat1이 트랜스지방이 많은 기름이고 fat3, fat1, fat4가 트랜스지방이 적은 기름에 속한다고 할 수 있어서 트랜스지방의 차이는 주로 fat2와 fat4 사이에서 발생한다고 할 수 있다.

R의 `LSM()` 에서는 본페로니 수정을 위해 다음과 같이 `adj` 라는 옵션을 사용하면 그림 5.2의 출력을 얻는다.

여기서 각 그룹 간 차이(Pairwise Difference)는 `sasLM` 패키지 안의 `PDIFF()` 함수를 이용해서 얻을 수 있는데, 이 경우 아래와 같은 코드를 사용하며 그 결과는 그림 5.3과 같으며, 오직 fat2와 fat4에서만 트랜스지방 차이가 유의하게 나타나고 있다.

```
LSM(Trans ~ Fat, transfat, "Fat", adj="bon")
```

```
  Group LSmean  LowerCL  UpperCL       SE Df
2     A    185 176.4459 193.5541 4.100813 20
3    AB    176 167.4459 184.5541 4.100813 20
1    AB    172 163.4459 180.5541 4.100813 20
4     B    162 153.4459 170.5541 4.100813 20
```

그림 5.2: 트랜스지방 자료(transfat)에서 LSM() 을 이용한 본페로니 수정 결과

```
PDIFF(Trans ~ Fat, transfat, "Fat", conf.level=0.95, adj="bon")
```

```
      Estimate Lower CL Upper CL Std. Error t value Df Pr(>|t|)
1 - 2      -13 -29.9756    3.976     5.7994 -2.2416 20 0.218930
1 - 3       -4 -20.9756   12.976     5.7994 -0.6897 20 1.000000
1 - 4       10  -6.9756   26.976     5.7994  1.7243 20 0.600452
2 - 3        9  -7.9756   25.976     5.7994  1.5519 20 0.818235
2 - 4       23   6.0244   39.976     5.7994  3.9659 20 0.004571 **
3 - 4       14  -2.9756   30.976     5.7994  2.4140 20 0.152904
---
Signif. codes:  0 '***' 0.001 '**' 0.01 '*' 0.05 '.' 0.1 ' ' 1
```

그림 5.3: 트랜스지방 자료(transfat)에서 PDIFF() 를 이용한 본페로니 수정 결과

5.1.3 듀넷의 검정(Dunnett's Test)

대부분의 실험계획은 한 개의 대조군(control group)과 여러 개의 처리군(treatment group)으로 이루어진 경우가 많다. 여기서 대조군은 기존의 실험조건이나 위약(placebo) 등이 배정되는 그룹이며, 처리군은 관심있는 새로운 방법/실험조건이 배정되는 그룹을 의미한다.

만일 ANOVA F 검정에서 그룹 간 차이가 유의하다고 결론이 나왔다면, 이제 우리의 관심은 처리군 중 어느 그룹이 대조군과 유의하게 차이나는가에 있게 된다. 듀넷의 검정은 이와 같은 상황에 최적화된 다중비교 방법이다. 총 k 개의 처리그룹이 존재할 때 각 그룹평균이 대조군(control group)의 평균과 유의하게 다른지를 한꺼번에 알아보기 위해 아래와 같은 신뢰구간을 사용한다. 여기서 $d_{\alpha,\,k,\,\mathrm{df(MSE)}}$는 듀넷이 만든 표(Appendix 2 의 그림 16.4)에서 얻을 수 있으며 n_i 는 i 번째 그룹의

관측치 개수이고 n_c 는 대조군의 관측치 개수이다.

$$(\bar{y}_{i\cdot} - \bar{y}_{\text{control}}) \pm d_{\alpha,\, k,\, \text{df(MSE)}} \sqrt{\text{MSE}\left(\frac{1}{n_i} + \frac{1}{n_c}\right)} \tag{5.8}$$

Example 도넛을 튀길 때 사용하는 기름의 종류(fat1, fat2, fat3, fat4)에 따라 생성되는 트랜스지방의 양을 조사함(`transfat`)에 있어서 fat2가 그 동안 사용해온 기름이라고 하자. 이때 어느 기름이 트랜스지방 생성량에 있어 기존 기름과 다른지 듀넷의 검정을 통해 살펴보자.

우리는 기존의 기름이 fat2이며 $k = 3$이고, 식 (5.2)에서 df(MSE) $= 20$ 그리고 MSE는 100.9 이므로, $d_{0.05,\,3,\,20} = 2.54$가 된다. 따라서 듀넷의 검정 결과는 아래와 같다.

$$\begin{cases} H_{01}: & \mu_1 = \mu_2, \quad H_{11}: \mu_1 \neq \mu_2 \\ H_{02}: & \mu_3 = \mu_2, \quad H_{12}: \mu_3 \neq \mu_2 \\ H_{03}: & \mu_4 = \mu_2, \quad H_{13}: \mu_4 \neq \mu_2 \end{cases} \tag{5.9}$$

$$\begin{aligned} \frac{|\bar{y}_{1\cdot} - \bar{y}_{2\cdot}|}{\sqrt{\text{MSE}\left(\frac{1}{6} + \frac{1}{6}\right)}} &= \frac{13.0}{5.799} = 2.241 < 2.54 = d_{0.05,\,3,\,20} \\ \frac{|\bar{y}_{3\cdot} - \bar{y}_{2\cdot}|}{\sqrt{\text{MSE}\left(\frac{1}{6} + \frac{1}{6}\right)}} &= \frac{9.0}{5.799} = 1.551 < 2.54 = d_{0.05,\,3,\,20} \\ \frac{|\bar{y}_{4\cdot} - \bar{y}_{2\cdot}|}{\sqrt{\text{MSE}\left(\frac{1}{6} + \frac{1}{6}\right)}} &= \frac{23.0}{5.799} = 3.966 > 2.54 = d_{0.05,\,3,\,20} \end{aligned}$$

fat1과 fat3는 기존의 기름인 fat2에 비해 트랜스지방이 비슷하게 생성되었으나, fat4는 기존의 기름과 트랜스지방 생성량이 유의하게 달랐다. 아래는 `sasLM`의 `PDIFF()`를 이용해 듀넷의 검정을 수행하는 R코드이고, 그 결과는 그림 5.4이다.

```
PDIFF(Trans ~ Fat, transfat, "Fat", adj="dunnett", ref="2", PLOT=T)
```

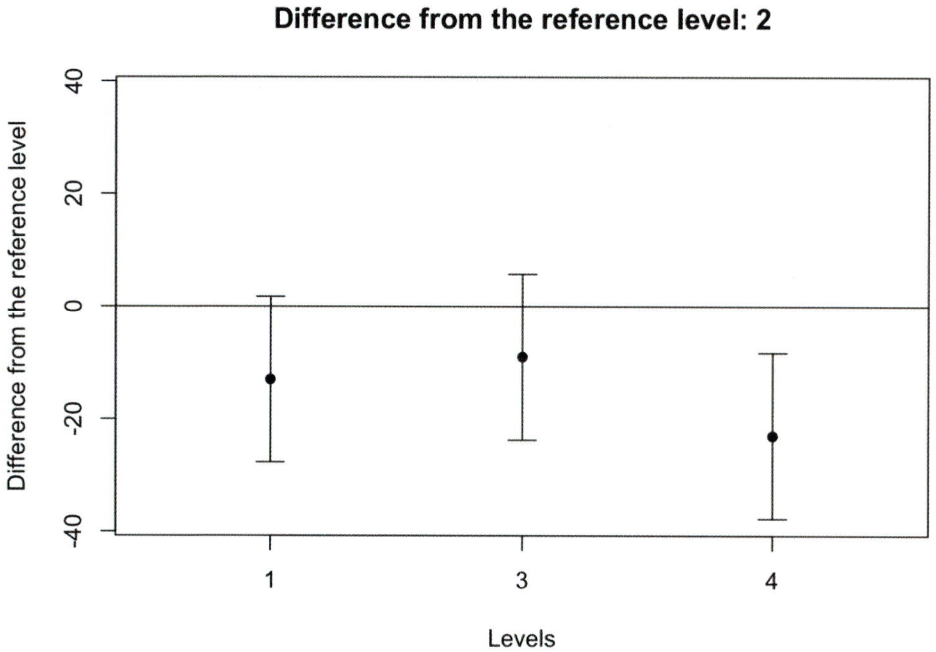


```
      Estimate Lower CL Upper CL Std. Error t value Df Pr(>|t|)
1 - 2      -13  -27.734   1.7339     5.7994 -2.2416 20  0.09091 .
3 - 2       -9  -23.734   5.7339     5.7994 -1.5519 20  0.30529
4 - 2      -23  -37.734  -8.2661     5.7994 -3.9659 20  0.00206 **
---
Signif. codes:  0 '***' 0.001 '**' 0.01 '*' 0.05 '.' 0.1 ' ' 1
```

그림 5.4: 트랜스지방 자료(`transfat`)에서 `PDIFF()`를 이용한 듀넷의 검정(fat2를 기준)

5.1.4 다중비교의 검정력

여러 다중비교의 방법 중 어느 것을 선택할지는 자료의 성격이나 사용자의 필요에 따라 다르다. 일반적으로 검정력(power)이란 "귀무가설이 거짓일 때 귀무가설을 기각할 확률"을 의미하며 이는 그룹 간 차이를 구분하는 능력이 된다. 그러나 검정력이 클수록 반대로 귀무가설이 참인데도 불구하고 기각하는 오류(제1종 오류)가 커지는 면을 고려해야 한다. 아래 표 5.1은 다중비교의 여러 검정방법을 검정력 순으로 나열한 것이다. 실험자는 분석하는 자료의 성격과 과거의 경험을 바탕으로 다중비교 중 어떤 검정을 사용할지 선택하게 된다.

높은 검정력			낮은 검정력
LSD	Duncan	Tukey/Dunnett	Scheffe
<——Bonferroni——>			

표 5.1: 다중비교의 검정력 비교

5.2 MEANS vs. LSMEANS

다중비교에서 사용되는 평균 중에 means 와 lsmeans 가 있다. 다음은 means 와 lsmeans 의 차이를 나타낸다.

> MEANS 와 LSMEANS 의 차이점
>
> - MEANS(평균): 흔히 산술평균이라고 부르는 개념으로 그룹 내 관측치의 합을 관측치 개수로 나눈 값이다.
> - LSMEANS(least squares means/최소제곱평균): 모형에 존재하는 다른 요인의 효과를 보정한 평균값으로서 반복수가 같은 균형자료(balanced data)인 경우에는 MEANS 와 값이 항상 일치한다. 특히 추후 소개할 공분산분석(ANCOVA)과 같이 공변량(covariate)이 존재할 때는 MEANS 대신 LSMEANS 를 사용한다.

Example MEANS 와 LSMEANS 의 차이는 평균을 계산할 때 실험계획 모형에 존재하는 다른 요인의 영향을 고려할 것인지 여부에 달렸다. 예를 들어, 표 5.2의 자료를 살펴보자.

저장시간과 온도에 따른 박테리아 수(Y)		온도(Temp) 20°C	온도(Temp) 30°C
시간(Time)	3 개월	2, 5	9, 12, 15
	6 개월	6, 6, 7, 7	16, 15

표 5.2: 저장시간과 온도에 대한 박테리아 수 자료(bacteria)

이 자료는 저장시간에 따른 박테리아 수를 측정한 것인데 5 개의 표본은 3 개월 간 보존되었고 나머지 6 개의 표본은 6 개월 간 보존하여 박테리아 수를 측정하였다. 그 중 일부는 온도 20°C 에서 보관하고 나머지는 온도 30°C 에서 보관한 것이다. 이 실험은 실험조건이 2 개의 요인(온도, 시간)에 의해 결정되었으므로 이원배치법(Two-Way ANOVA)이 된다. 이원배치법은 추후 자세히 배우게 될 것이므로 여기서 추가적인 설명은 생략하도록 한다.

만일 MEANS 를 사용하여 저장시간(Time)별 박테리아 수의 평균값을 계산한다면

(Time = 3 개월) 때의 mean:

$$\frac{2+5+9+12+15}{5} = 8.6 \tag{5.10}$$

(Time = 6 개월) 때의 mean:

$$\frac{6+6+7+7+16+15}{6} = 9.5 \tag{5.11}$$

가 되어 두 저장시간에 따른 박테리아 수의 평균 차이는 0.9가 된다.

그러나 만일 LSMEANS 를 사용하여 저장시간(Time)별 박테리아 수의 평균값을 계산한다면 온도(Temp)라는 요인을 추가로 고려해서

(Time = 3 개월) 때의 lsmean:

$$\frac{1}{2}\{(20^\circ\text{C 에서 3 개월 보관한 그룹평균})+(30^\circ\text{C 에서 3 개월 보관한 그룹평균})\}$$
$$= \frac{1}{2}\left\{\frac{2+5}{2} + \frac{9+12+15}{3}\right\} = 7.75 \tag{5.12}$$

(Time = 6 개월) 때의 lsmean:

$$\frac{1}{2}\{(20^\circ\text{C 에서 6 개월 보관한 그룹평균})+(30^\circ\text{C 에서 6 개월 보관한 그룹평균})\}$$
$$= \frac{1}{2}\left\{\frac{6+6+7+7}{4} + \frac{16+15}{2}\right\} = 11.0 \tag{5.13}$$

이 되어, 두 저장시간의 차이에 따른 박테리아 수의 평균 차이는 0.9가 아닌 2.25가 된다.

여기서 온도의 변화를 무시한 MEANS 보다는 온도의 변화에 따른 그룹효과를 고려한 LSMEANS 가 더 의미가 있을 것이며, 이와 같은 차이는 결국 관측치의 개수가

실험조건에 따라 변하는 불균형자료(unbalanced data)에 기인한다. 따라서 균형자료인 경우에는 MEANS 와 LSMEANS 의 결과가 일치하지만 결측값(missing data)이 발생한 불균형자료에서는 MEANS 보다 LSMEANS 를 사용할 것을 추천한다. 이 책에서는 테이블의 행과 열에 대한 평균값이 필요한 MEANS 경우는 `tsum()` 함수를 사용하고 LSMEANS 경우는 `LSM()` 함수를 사용하는데, 아래 코드(그림 5.5, 그림 5.6)는 `bacteria` 자료의 MEANS 와 LSMEANS 를 각각 계산하고 있다.

```
tsum(Y ~ Time + Temp, bacteria, e="Mean")
```

```
      Time Temp  20   30 Combined
1        3 Mean 3.5 12.0 8.600000
2        6 Mean 6.5 15.5 9.500000
3 Combined Mean 5.5 13.4 9.090909
```

그림 5.5: `tsum()` 을 이용한 박테리아 수 자료(`bacteria`)의 MEANS 결과

```
LSM(Y ~ Time + Temp, bacteria)
```

```
               LSmean   LowerCL   UpperCL        SE Df
(Intercept)  9.342105  8.125956 10.558254 0.5273838  8
Time3        7.723684  5.913996  9.533372 0.7847722  8
Time6       10.960526  9.271623 12.649429 0.7323938  8
Temp20       4.960526  3.271623  6.649429 0.7323938  8
Temp30      13.723684 11.913996 15.533372 0.7847722  8
```

그림 5.6: `LSM()` 을 이용한 박테리아 수 자료(`bacteria`)의 LSMEANS 결과

그림 5.5에서 3개월(Time=3)의 평균 박테리아 수는 8.6 이고 6개월(Time=6) 때는 9.5 가 되나, LSMEANS 를 이용하면 평균 박테리아 수는 그림 5.6같이 각각 7.7236 과 10.9605 가 되었다.[4]

5.3 Diffogram

다중비교에서 그룹 간 차이를 시각화시키는 방법으로 비슷한 그룹평균을 밑줄로 연결하는 방법이 존재하지만(식 (5.3) 참조), 그룹의 개수가 많거나 불균형자료의 경우에는 이와 같은 밑줄로 표현할 수 없는 경우가 발생한다. 이를 대신해서 제안된

[4] `LSM()` 에 사용되는 g2 일반화역행렬(g2 generalized inverse) 때문에 수치해석 오차가 발생.

방법이 평균-평균 산점도로 표현되는 'Diffogram'이다[5].

그림 5.7은 트랜스지방 자료(`transfat`)를 `PDIFF()`를 이용해 최소유의차검정으로 구한 Diffogram 이다. 만일 최소유의차검정이 아닌 튜키의 검정을 통해서 Diffogram 을 얻기 원한다면 `PDIFF()` 에서 `Tukey` 옵션을 사용할 수 있다(그림 5.8).

```
PDIFF(Trans ~ Fat, transfat, "Fat", PLOT=T,
      main="Multiple Comparison of Fat using LSD")
```

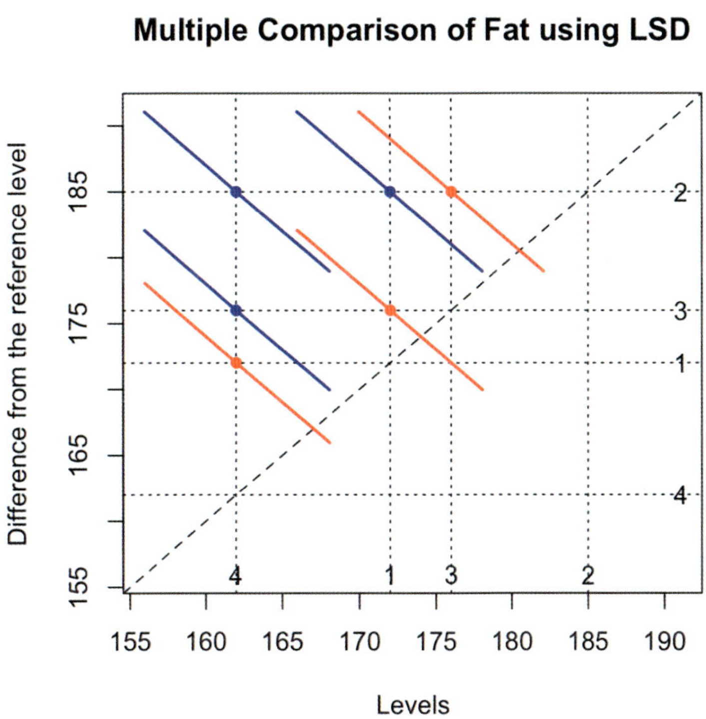

그림 5.7: 트랜스지방 자료에서 최소유의차검정을 이용한 `Fat` 에 대한 Diffogram

그림 5.7과 그림 5.8을 보면 Diffogram 의 수직축과 수평축은 각 그룹평균(LSMEANS)을 나타내고 있다. 그리고 45° 방향의 파선(dashed line)으로 이루어진 참조선은 0을 의미하며 이 참조선과 직각방향으로 형성되는 선분들은 두 그룹평균의 차이와 그 신뢰구간을 나타낸다. 따라서 만일 어떤 두 그룹평균에 대한 신뢰구간이 참조선('0')에 닿으면 두 그룹평균의 차이는 통계적으로 유의하지 않은 것이고, 신뢰구간이 참조선에 닿지 않는다면 두 그룹평균의 차이는 유의하다고 해석한다.

[5]Hsu, Jason (1996) *Multiple Comparisons Theory and Methods*, Chapman & Hall/CRC.

```
PDIFF(Trans ~ Fat, transfat, "Fat", PLOT=T,  adj="Tukey",
     main="Multiple Comparison of Fat using Tukey's Test")
```

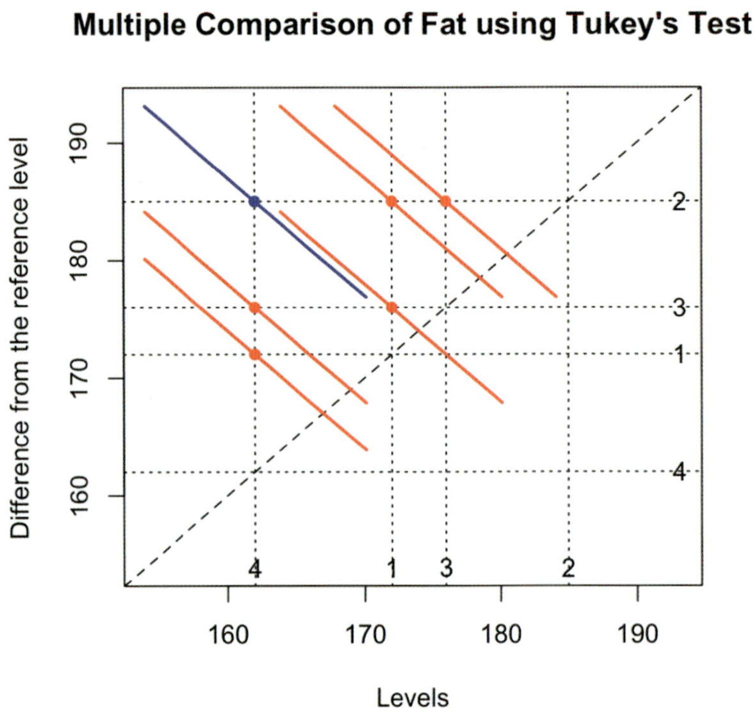

그림 5.8: 트랜스지방 자료(transfat)에서 튜키의 검정을 이용한 Fat 에 대한 Diffogram

수직축의 값을 보면 fat2 의 LSMEANS 값이 185정도이고 fat3 와 fat1 은 170에서 180 사이에 위치한다. 그림 5.7에서 (fat2 와 fat3), (fat3 과 fat1), 그리고 (fat1 과 fat4)는 신뢰구간이 참조선과 교차되므로 그 LSMEANS 차이가 유의하지 않다고 해석된다(최소유의차검정 기준으로). 또한 그림 5.7을 통해 가장 LSMEANS 차이가 큰 쌍(pair)을 찾는다면, 신뢰구간이 참조선과 가장 멀리 위치한 (fat2 와 fat4)가 될 것이다.

5.4 대비(Contrast)를 이용한 분석

분산분석표를 통해 그룹 간 차이가 유의하다고 할 때 그 차이가 어느 그룹과 어느 그룹 간에 발생하는지를 조사하는 다중비교는 실험계획의 사후분석(post hoc analysis)[6]에 중요한 역할을 하고 있다. 그러나 우리의 관심이 때때로 그룹 간 차이보다는 그룹 간 선형결합 형태에 대해 관심이 있을 수 있다. 앞선 4장에서는 추정가능함수의 신뢰구간을 구함으로써 어느 정도 이 문제를 해결하였다. 이 단원에서는 '대비(contrast)'라는 폭넓은 개념을 이용한 사후분석을 소개한다.

> **대비(contrast)**
>
> 통계학에서 '대비(contrast)'란 계수(coefficient)의 합이 0이 되는 변수나 모수 혹은 통계량의 선형결합을 의미한다. 예를 들어 $\sum_{i=1}^{p} l_i\, b_i$와 같은 형태를 대비(contrast)라고 한다($\sum_{i=1}^{p} l_i = 0$).

모형식이 $\boldsymbol{y} = X\boldsymbol{b} + \boldsymbol{\epsilon}$인 경우에 대비로 이루어진 귀무가설에 대한 검정은 다음과 같은 F 검정을 실시한다.

$$H_0: \quad c_1 = L^T\boldsymbol{b} = \sum_{i=1}^{p} l_i\, b_i = 0, \quad \left(\sum_{i=1}^{p} l_i = 0\right) \tag{5.14}$$

$$F_0 = t_0^2 = \left(\frac{L^T\hat{\boldsymbol{b}}}{\sqrt{\mathrm{MSE}(L^TX(X^TX)^-X^TL)}}\right)^2 \overset{H_0}{\sim} F_{1,\,\mathrm{df(MSE)}} \tag{5.15}$$

Example 트랜스지방 자료(`transfat`)에서, 도넛을 튀길 때 사용하는 기름의 종류(fat1, fat2, fat3, fat4) 가운데 fat1과 fat2는 동물성 기름, fat3와 fat4는 식물성 기름이다. 트랜스지방이 생성될 때, 동물성 기름과 식물성 기름 간 차이가 있는지 조사하길 원한다.

이 경우에 적합한 대비는 $\frac{1}{2}$(fat1+fat2) $-$ $\frac{1}{2}$(fat3+fat4)가 되어 귀무가설은

$$H_0: \quad c_1 = L^T\boldsymbol{b} = (0 \quad 1 \quad 1 \quad -1 \quad -1)\begin{pmatrix} \mu \\ \tau_1 \\ \tau_2 \\ \tau_3 \\ \tau_4 \end{pmatrix} = 0 \tag{5.16}$$

[6]실험계획에는 없었지만 실험 결과를 보고 추가로 수행하는 분석을 의미하며 post hoc은 라틴어로 'after this'라는 뜻이다.

이 되어 이를 위해 sasLM의 CONTR() 함수를 다음과 같이 사용할 수 있으며, 그 결과는 그림 5.9 같다. 여기에서 $F_0 = 5.3667 > 4.351 = F_{0.05,\,1,\,20}$ 이 되어 동물성 기름과 식물성 기름의 트랜스지방 생성량은 유의하게 다르다고 할 수 있다.

```
CONTR(t(c(0, 1, 1, -1, -1)), Trans ~ Fat, transfat)
```

```
  Df Sum Sq Mean Sq F value     Pr(>F)
1  1  541.5   541.5  5.3667 0.03125106
```

그림 5.9: 트랜스지방 자료(transfat)에서 CONTR() 을 이용한 한 개의 대비 검정

대비를 이용한 검정은 두 개 이상의 대비를 한꺼번에 F 검정할 수 있는데 예를 들면 다음과 같다($\sum_{i=1}^{p} l_{1i} = \sum_{i=1}^{p} l_{2i} = 0$).

$$H_0 \,:\, \boldsymbol{c} = L^T\boldsymbol{b} = \begin{pmatrix} \sum_{i=1}^{p} l_{1i}\, b_i \\ \sum_{i=1}^{p} l_{2i}\, b_i \end{pmatrix} = \begin{pmatrix} 0 \\ 0 \end{pmatrix} \tag{5.17}$$

$$F_0 = \hat{\boldsymbol{b}}^T L \left[\mathrm{MSE}(L^T X (X^T X)^- X^T L)\right]^{-1} L^T \hat{\boldsymbol{b}} \;\overset{H_0}{\sim}\; F_{2,\,\mathrm{df(MSE)}} \tag{5.18}$$

Example 철수는 fat3 의 트랜스지방 생산 양은 fat2 와 fat4 의 생산 양의 평균값에 해당하며, fat1 과 fat3 의 트랜스지방 생산 양은 같은 수준이라고 주장한다. 이때 귀무가설은

$$H_0 \,:\quad \boldsymbol{c} = L^T\boldsymbol{b} = \begin{pmatrix} 0 & 0 & 1 & -2 & 1 \\ 0 & 1 & 0 & -1 & 0 \end{pmatrix} \begin{pmatrix} \mu \\ \tau_1 \\ \tau_2 \\ \tau_3 \\ \tau_4 \end{pmatrix} = 0 \tag{5.19}$$

이 되어 이를 위한 CONTR() 함수는 다음과 같다.

그 결과, 그림 5.10의 출력을 얻게 되고, 철수의 주장은 옳다고 판단된다.

```
L1 = c(0, 0, 1, -2, 1)
L2 = c(0, 1, 0, -1, 0)
CONTR(rbind(L1, L2), Trans ~ Fat, transfat)
```

```
  Df Sum Sq Mean Sq   F value    Pr(>F)
1  2   49.5   24.75 0.2452924 0.7847954
```

그림 5.10: 트랜스지방 자료(`transfat`)에서 `CONTR()`을 이용한 두 개의 대비 검정

5.5 직교대비(Orthogonal Contrasts)와 추세

만일 두 개의 대비의 계수의 내적(inner product)이 0이 된다면 이 두 개의 대비를 '직교대비(orthogonal contrasts)'라고 한다.

> 직교대비(orthogonal contrasts)
>
> 대비 c_1, c_2에 대하여
>
> $$c_1 = \sum_{i=1}^{p} l_{1i} b_i, \quad (\sum_{i=1}^{p} l_{1i} = 0)$$
> $$c_2 = \sum_{i=1}^{p} l_{2i} b_i, \quad (\sum_{i=1}^{p} l_{2i} = 0)$$
>
> 만일 $\sum_{i=1}^{p} l_{1i} \times l_{2i} = 0$이면 c_1, c_2는 '직교대비'라고 한다.

그러면, 직교대비는 어떻게 활용되는지 살펴보자.

분산분석 후에 이루어지는 사후분석(post hoc analysis)은 우리에게 실험계획 시점에서는 알 수 없는 중요한 정보를 제공한다. 만일 온도의 변화(30°C, 60°C, 90°C)에 따른 화학 반응값의 차이가 있다면 다중비교나 대비를 통해 이 차이가 30°C와 60°C 사이에서 일어났는지, 아니면 60°C와 90°C 사이에서 일어났는지 알 수 있을 것이다. 그러나 온도(30°C, 60°C, 90°C)가 증가함에 따라 반응값이 선형추세(linear trend)로 증가했는지 아니면 이차추세(quadratic trend)로 증가했는지 알고 싶다면 적절한 직교대비를 사용함으로써 그 해답을 얻을 수 있다. 표 5.3은 그룹의 개수가 2, 3, 4, 5로 증가하면서 검정할 수 있는 여러 차수(1차, 2차, 3차, 4차)에 대한 직교대비를 정리한 것이다.

그룹 수		수준에 따른 계수(l_i) 1	2	3	4	5
2	Linear (1차)	-1	1			
3	Linear (1차)	-1	0	1		
	Quadratic (2차)	1	-2	1		
4	Linear (1차)	-3	-1	1	3	
	Quadratic (2차)	1	-1	-1	1	
	Cubic (3차)	-1	3	-3	1	
5	Linear (1차)	-2	-1	0	1	2
	Quadratic (2차)	2	-1	-2	-1	2
	Cubic (3차)	-1	2	0	-2	1
	Quartic (4차)	1	-4	6	-4	1

표 5.3: 여러 가지 추세에 대한 직교대비 계수

Example 온도(`Temp`)에 따라 제품의 반응(`Y`)을 관측하여 기록한 자료(`temptrend`)가 있다. 온도에 따른 반응값이 어떤 추세로 증가하는지 살펴보자.

`Temp`	30°C	60°C	90°C
`Y`	5	8	19
	9	12	25

표 5.4: 온도에 따른 제품의 반응값 자료(`temptrend`)

그림 5.11을 보면 온도가 증가하면서 `Y`값도 증가하는 것으로 보이며, 그 추세는 30°C에서 60°C 구간에서는 반응값이 서서히 증가하지만, 60°C에서 90°C로 이동하면서 기울기가 급하게 증가하는 2차 증가추세도 있는 것 같다. 만일 우리가 1차 추세와 2차 추세를 모두 검정하려고 하면, 다중비교(multiple comparison)에서 발생했던 집단오류율(FWER)을 염려해야 한다. 그러나 만일 직교대비를 이용한 검정이라면, 서로의 검정 결과와 관계없이 그 해석을 독립적으로 할 수 있다. 한 가지 주의할 점은 이러한 직교대비를 이용한 추세검정에서는 **독립변수의 간격이 일정해야 하고 균형설계(balanced design)이어야 한다**는 점이다. `temptrend` 자료에서, 표 5.3을 이용해 1차, 2차 추세 검정을 위한 직교대비는 다음과 같다.

그림 5.12의 출력을 살펴보면 1차 추세(linear trend)에 대해서는 유의확률이 0.0210

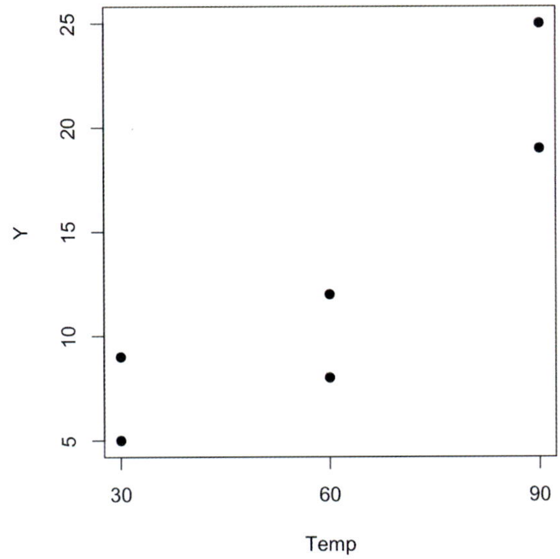

그림 5.11: 온도에 따른 반응값 추세(temptrend)

```
CONTR(t(c(-1, 0, 1)), Y ~ Temp - 1, temptrend)
```

```
  Df Sum Sq Mean Sq  F value      Pr(>F)
1  1    225     225 19.85294 0.02104249
```

```
CONTR(t(c(1, -2, 1)), Y ~ Temp - 1, temptrend)
```

```
  Df Sum Sq Mean Sq  F value     Pr(>F)
1  1     27      27 2.382353 0.2204009
```

그림 5.12: CONTR() 을 이용한 직교대비 추세 검정(temptrend)

이어서 '1차 추세는 유의한 것으로 판정된다'. 그러나 2차 추세(quadratic trend)에 대한 유의확률은 0.2204 이므로 '2차 추세는 유의하지 않다'. 아래 코드를 사용하면, 이러한 2개의 직교대비를 한 개의 분산분석표 안에 표현하는데 도움이 된다.

```
GLM(Y ~ Temp, temptrend)$ANOVA
CONTR(t(c(-1, 0, 1)), Y ~ Temp - 1, temptrend)
CONTR(t(c(1, -2, 1)), Y ~ Temp - 1, temptrend)
```

표 5.5는 R출력을 한 개의 분산분석표(ANOVA table)로 정리한 것이다. 여기서, 우리는 온도(Temp)의 변화가 반응값(Y)에 유의하게 영향을 미치고 있으며(유의확

률 0.0410), 특히 온도에 따른 반응값의 변화는 2차가 아닌 1차 증가추세임을 알게 된다(유의확률 0.0210).

Source	df	SS	MS	F_0	$Pr(> F_0)$
Temp	2	252	126.000	11.1176	0.0410
Linear	1	225	225	19.8529	0.0210
Quadratic	1	27	27	2.3824	0.2204
Error	3	34	11.333		
Total	5	286			

표 5.5: 온도에 따른 반응값 자료(temptrend)에서 분산분석표와 직교대비 검정

5.6 CONTRAST vs. ESTIMATE

CONTR() 외에 ESTM() 함수를 이용한 세부적인 사후분석을 할 수 있다.

Example 온도에 따른 반응값의 변화를 나타내는 자료(temptrend)에서 그림 5.11을 보면 30°C에서 60°C까지의 변화는 적게 나타난다. 그러면 CONTR()와 ESTM() 함수를 이용해서 30°C에서 60°C까지의 변화를 조사해 보자.

```
CONTR(t(c(0, -1, 1, 0)), Y ~ Temp, temptrend)
```

```
  Df Sum Sq Mean Sq   F value    Pr(>F)
1  1      9       9 0.7941176 0.4385094
```

```
ESTM(t(c(0, -1, 1, 0)), Y ~ Temp, temptrend)
```

```
     Estimate  Lower CL Upper CL Std. Error   t value Df  Pr(>|t|)
[1,]        3 -7.713711 13.71371   3.366502 0.8911328  3 0.4385094
attr(,"Estimability")
[1] TRUE
```

그림 5.13: CONTR()와 ESTM() 함수의 차이

CONTR()와 ESTM()은 코드 구성이나 활용면에서 크게 다르진 않지만 CONTR()는 자유도 2 이상의 대비군(contrast group)에 대한 F 검정도 가능한 반면, ESTM()는

오직 자유도 1의 t 검정만 가능하지만, 추정가능함수의 신뢰구간까지 나타낼 수 있다는 장점이 있다. 그림 5.13에서 CONTR()와 ESTM()의 유의확률은 동일하게 $0.4385 > 0.05$가 되어 온도 30°C와 60°C 차이는 유의하지 않다. 그리고 ESTM()을 이용하여 30°C와 60°C의 반응평균의 차이에 대한 95% 신뢰구간을 구해보면 $(-7.7137, 13.7137)$이 된다.

5.7 주효과 그래프(Main Effect Plot)

요인의 효과를 그래프를 이용해 시각적으로 변화를 설명하고자 할 때 사용하는 것이 바로 '주효과 그래프(main effect plot)이다. 그림 5.14에서는 temptrend 자료를 이용하여 Temp 요인에 대한 주효과 그래프를 LSM() 함수로 구현해 보았다.

```
lsm_out = LSM(Y ~ Temp, temptrend, "Temp", PLOT=T)
lsm_out
```

```
   Group LSmean    LowerCL  UpperCL       SE Df
90     A     22 14.4242625 29.57574 2.380476  3
60      B    10  2.4242625 17.57574 2.380476  3
30      B     7 -0.5757375 14.57574 2.380476  3
```

```
lines(1:3, sort(lsm_out[1:3, 2]))
```

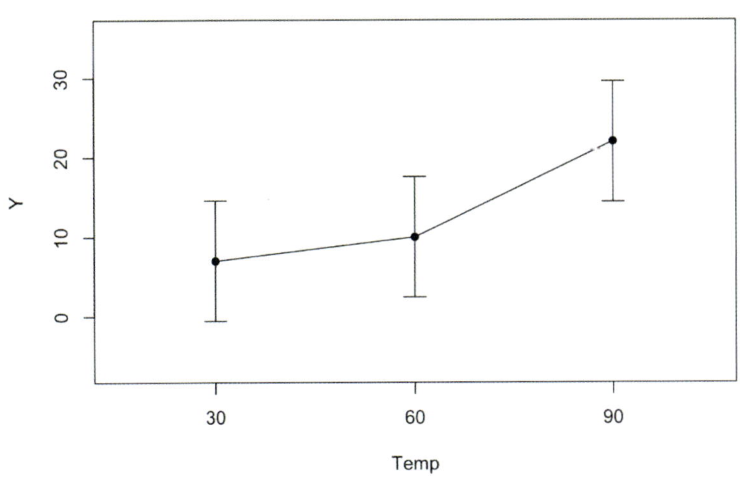

그림 5.14: 온도에 따른 반응값 자료(temptrend)에서 LSM()을 이용한 주효과 그래프

여기에서 30°C 에서 60°C 까지는 차이가 없고 90°C 에서는 다른 두 그룹과 유의하게 다르게 나타나며, 주효과 그래프에는 각 그룹평균에 대한 95% 신뢰구간도 함께 표시하고 있다.

5.8 R 프로그램 실습

	Diet			
	Low_Cal	Low_Fat	Low_Carb	Control
Change	8	2	3	2
	9	4	5	2
	6	3	4	−1
	7	5	2	0
	3	1	3	3

표 5.6: 식단(Diet)에 따른 체중감소량(Change) 자료(dietwt)

체중감소를 위해 여러 가지 식단(Diet)의 효과를 검정하려고 한다. 참가를 희망하는 대상자를 임의로 네 개 그룹에 랜덤배치한 후에, 실험 전 체중에서 8주 식단을 실시한 후의 체중의 변화를 기록했다(−는 체중증가를 의미한다).

첫 번째 그룹은 저칼로리(Low Calorie) 식단이고, 두 번째 그룹은 저지방(Low Fat) 식단, 그리고 세 번째 그룹은 저탄수화물(Low Carbohydrate)식단이며, 마지막 그룹은 대조군(Control Group)으로서 특별한 제약이 없는 식단이다.

[1] `GLM()` 이나 `aov3()` 를 사용하여 분산분석표(표 5.7)를 완성하라.

Source	df	SS	MS	F_0
Diet				
Error				
Total				

표 5.7: 식단(Diet)에 따른 체중감소량(Change) 자료(dietwt)에 대한 분산분석표

[2] 전체 자료 중에 i 번째 식단(Diet) 자료만을 사용해서, 평균 체중감소량에 대한

95% 신뢰구간을 구하면 식 (5.20)이다.

$$\left(\bar{y}_{i\cdot} - t_{0.025,\,4}\,\frac{s_i}{\sqrt{5}},\quad \bar{y}_{i\cdot} + t_{0.025,\,4}\,\frac{s_i}{\sqrt{5}}\right),\qquad i = 1,\ 2,\ 3,\ 4. \tag{5.20}$$

이를 이용해서, 각 식단별로 평균 체중감소량에 대한 신뢰구간을 구하면 그림 5.15에서 표현된 신뢰구간과 일치됨을 확인하라.

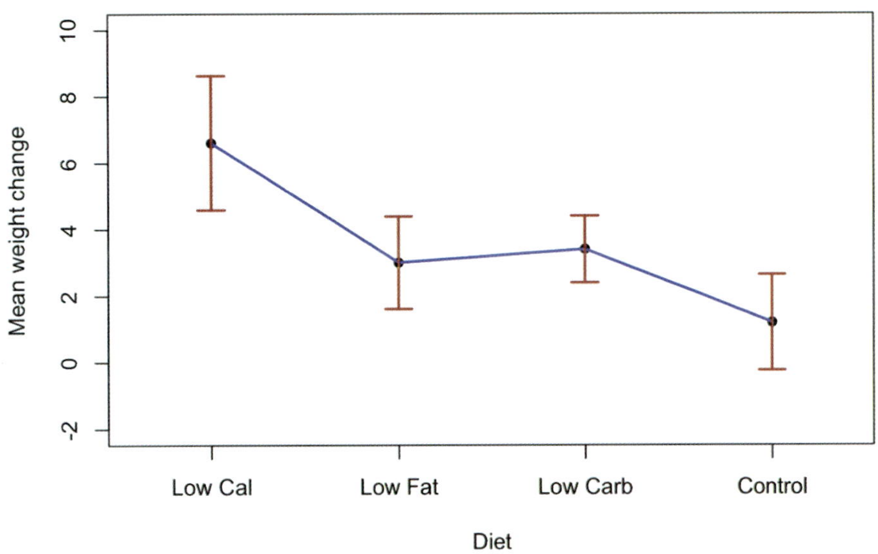

그림 5.15: 식단(`Diet`)별 평균 체중감소량의 신뢰구간

[3] `LSM()` 을 이용한 '주효과 그래프(main effect plot)'는 식 (5.21)의 공식을 사용한다. 여기서 RMSE는 `GLM()` 의 $\sqrt{\text{MSE}}$ 이다.

$$\left(\bar{y}_{i\cdot} - t_{\frac{\alpha}{2},\text{df(MSE)}}\,\frac{\text{RMSE}}{\sqrt{n_i}},\quad \bar{y}_{i\cdot} + t_{\frac{\alpha}{2},\text{df(MSE)}}\,\frac{\text{RMSE}}{\sqrt{n_i}}\right) \tag{5.21}$$

아래는 이를 위해 `LSM()` 을 이용한 R코드이다. 그림 5.16이 생성되는지 확인하고, 그림 5.15와 그림 5.16을 비교하면서 식단(`Diot`)의 영향을 조사하는 '주효과 그래프'로 그림 5.16을 사용해야 하는 이유를 서술하라.

```
lsm_out = LSM(Change ~ Diet, dietwt, "Diet", PLOT=T, descend=T)
lines(1:4, lsm_out[1:4,2])
```

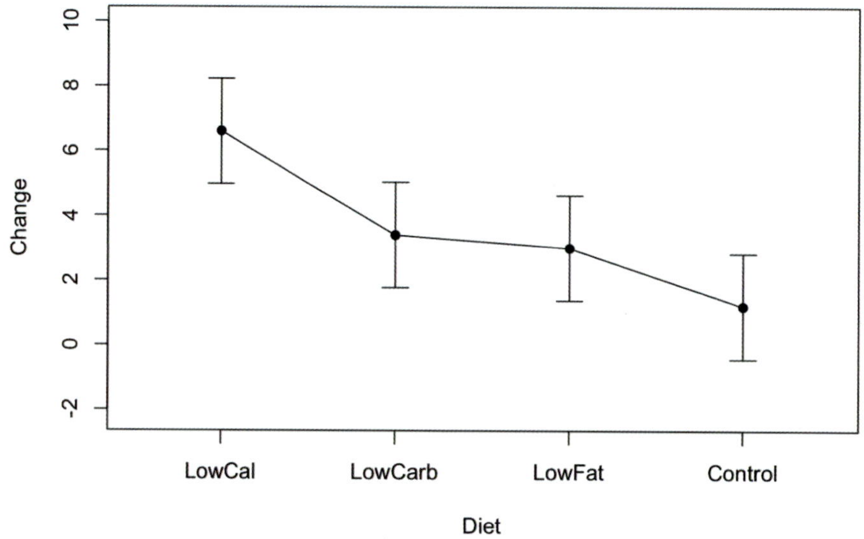

그림 5.16: LSM()을 이용한 체중감소(Change)에 미치는 식단(Diet)의 주효과 그래프

5.9 연습문제

【5.1】 양돈업자가 사료 종류(Feed)에 따른 돼지의 체중증가량(Gain)이 다른지를 알아보고자 실험을 의뢰했다. 준비된 사료 종류는 총 6개이고 실험을 위해 나이, 건강상태가 비슷한 암컷 돼지만을 선정하였으며, 각 사료마다 2마리의 돼지를 임의로 배정하여 총 12마리의 돼지가 실험에 사용되었다. 실험기간 동안에는 배정된 사료만을 먹였고, 일정기간이 지난 후 실험 전/후의 체중증가량을 측정하여 표 5.8을 얻었다.

	Feed					
	1	2	3	4	5	6
Gain	27.4	17.7	17.0	21.7	12.3	17.3
	33.6	25.8	20.4	23.0	13.4	20.8

표 5.8: 사료(Feed)에 따른 돼지의 체중증가량(Gain) 자료(pigfeed)

1) 이 자료를 이용해서 일원배치법을 실시할 때 모형식 $\boldsymbol{y} = X\boldsymbol{b} + \boldsymbol{\epsilon}$을 자료값을 이용해 완성하려고 한다. `pigfeed` 자료(표 5.8)를 이용해 $\boldsymbol{y}$, X, $\boldsymbol{b}$를 적어라.

2) `GLM()` 혹은 `aov3()`를 이용해 분산분석을 행하고 사료 종류가 돼지의 체중 증가에 영향을 미치는지 검정하라(유의수준 0.05).

3) `CONTR()` 함수를 이용해 2)번의 F 검정과 같은 결론을 얻어 보아라.

4) 최소유의차검정(LSD test)을 이용하여 6개 사료 간 체중증가량이 많은 사료와 적은 사료를 구분하라.

5) 튜키의 검정을 이용하여 다중비교를 하고 그 결과를 4)의 결과와 비교하라.

6) 쉐페의 검정을 이용하여 다중비교를 하고 그 결과를 4), 5)의 결과와 비교하라.

7) 지금까지 사용해온 사료는 feed1이다. 듀넷의 검정을 이용해서 기존 사료와 체중증가량에 차이가 있는 사료는 어느 것들인지 구분하여라.

【5.2】 지금까지 심장외과수술은 심장이 멈춰진 상태에서 수술해왔다. 그러나 최근에는 Heart-Lung 펌프를 이용하는 수술 방법으로, 심장으로 가는 혈액을 이 펌프에 우회시킴으로써 심장을 멈추지 않고 수술하는 새로운 방법을 사용하고 있다. 다음은 오하이오 주립대(Ohio State University)에서 1987년에 행해진 실험 결과인데(표 5.9), Heart-Lung 펌프의 회전속도(`Speed`)가 변하면서 펌프에 흐르는 혈액의 양(`Blood`)을 기록한 자료이다.

1) 모형식을 작성하라.

2) 기계의 회전속도에 따라 흐르는 혈액의 양이 달라지는지를 알아보는 분산분석표를 작성하되 `aov3()`를 이용하라.

3) 수평축은 '회전속도(`Speed`)', 수직축은 '혈액의 양(`Blood`)'인 상자그림을 `boxplot()`을 이용해 그려라.

실험순서(Order)	회전속도(Speed)	혈액의 양(Blood)
1	150	3.540
2	50	1.158
3	50	1.128
4	75	1.686
5	150	3.480
6	150	3.510
7	100	2.328
8	100	2.340
9	100	2.298
10	125	2.982
11	100	2.328
12	50	1.140
13	125	2.868
14	150	3.504
15	100	2.340
16	75	1.740
17	50	1.122
18	50	1.128
19	150	3.612
20	75	1.740

표 5.9: 회전속도(Speed)에 따른 혈액양(Blood)의 자료(hlpump)

4) 회전속도에 따라 혈액의 양이 유의하게 다르다고 가정할 때, 회전속도가 증가하면서 혈액양이 증가하는 추세가 1차인지, 2차인지, 아니면 몇 차식의 추세를 나타내는지 직교대비를 사용해 알아 보아라.

5) ESTM() 함수를 사용하여 회전속도가 50 일 때 혈액의 양과 회전속도가 150 일때 혈액의 양의 차이에 대한 95% 신뢰구간을 구하라.

6) ESTM() 함수를 사용하여 회전속도가 50되는 그룹평균을 추정하라. 그리고 이 값이 회전속도가 50되는 그룹의 평균값과 일치하는지 확인하라.

【5.3】 고혈압 환자들을 임의로 3그룹으로 나눈 후에 한 그룹에는 약물요법(Medication)을 실시하고 다른 그룹에는 운동요법(Exercise)을, 나머지 그룹에는 식이요법(Diet)을 실시하였다. 4주 후에 각 환자들의 혈압 감소량(`DeltaBP`)를 측정한 결과 아래와 같았다.

	`Method`		
	Medication	Exercise	Diet
`DeltaBP`	10	6	5
	12	8	9
	9	3	12
	15	0	8
	13	2	4
	평균: 11.8	평균: 3.8	평균: 7.6
	분산: 5.7	분산: 10.2	분산: 10.3

표 5.10: 여러 가지 고혈압 치료요법에 따른 혈압 감소량 자료(`BP`)

1) 서로 다른 3가지 치료요법(`Method`) 사이에 유의한 차이가 있는지를 분산분석을 통해 조사하려고 한다. 다음 모형식을 완성하라.

$$y_{ij} = \mu + \tau_i + \epsilon_{ij},$$
$$i =$$
$$j =$$

2) 아래 분산분석표를 완성하라.

요인	df	SS	MS	Fo
요법				
오차			8.73	
전체				

3) 위 분산분석표를 위한 귀무가설과 대립가설을 τ_i 를 이용하여 작성하라.

H_0 :

H_1 :

4) 운동요법(Exercise)과 식이요법(Diet) 간 효과 차이가 존재하는지 알아보기 위한 t 검정을 실시하려고 한다. 이를 위한 다음 값들을 적어라.

(i) 검정통계량: $t_0 = (\qquad\qquad)$

(ii) 기각역: $|t_0| > t_{0.025,\,\nu}$, $\nu = (\qquad\qquad)$

5) 최소유의차(Least Significant Difference) 값이 4.07 일 때, 이를 이용한 다중비교를 실시하여, 그 결과를 기록하되 같은 그룹은 같은 선으로 연결해서 표시하라.

Chapter 6

모형의 진단

6.1 모형식의 가정

실험계획의 모형식은 여러 가지 가정을 포함하고 있다. 우리가 분석하고자 하는 자료가 이 가정에 적합한지 여부는 곧 분석 결과의 신뢰도에 영향을 주게 될 것이다. 다음은 일원배치법의 모형식이다.

$$
\begin{aligned}
y_{ij} &= \mu + \tau_i + \epsilon_{ij} \\
i &= 1,\, 2,\, \cdots,\, a, \\
j &= 1,\, 2,\, \cdots,\, n_i, \\
\sum_{i=1}^{a} \tau_i &= 0, \\
\epsilon_{ij} &\overset{i.i.d.}{\sim} N(0,\, \sigma^2)
\end{aligned} \tag{6.1}
$$

여기시 우리가 진단하려는 가정은 바로 오차 ϵ_{ij} 에 대한 가정이다. 이 '오차에 대한 가정'을 다음과 같이 크게 3가지로 구분할 수 있다.

1. 등분산성(equal variance/homoscedasticity[1])

2. 정규성(normality)

3. 독립성(independence)

[1]등분산을 나타내는 단어이며, 그 반대말은 heteroscedasticity 이다.

6.2 오차와 잔차

모형식 $y_{ij} = \mu + \tau_i + \epsilon_{ij}$ 에서 y_{ij} 는 실험 관측을 통해 우리가 알 수 있는 값이다. 또한 μ 와 τ_i 도 비록 정확한 값은 모를지라도 우리는 자료를 이용해 $\hat{\mu}$, $\hat{\tau}_i$ 을 얻을 수 있다. 따라서 오차인

$$\epsilon_{ij} = y_{ij} - \mu - \tau_i \tag{6.2}$$

는 비록 모르는 값이지만 $\mu + \tau_i$ 가 추정가능함수이므로 오차의 추정량은

$$\begin{aligned}\hat{e}_{ij} &= y_{ij} - \hat{\mu} - \hat{\tau}_i \\ &= y_{ij} - (\hat{\mu} + \hat{\tau}_i)\end{aligned}$$

으로 얻을 수 있는 값이며 이것을 '잔차(residual)'라고 부른다.

> 일원배치법의 잔차(residual)
>
> 모형식 $y_{ij} = \mu + \tau_i + \epsilon_{ij}$ 에 대하여
>
> $$\begin{aligned}\hat{e}_{ij} &= y_{ij} - \hat{\mu} - \hat{\tau}_i \\ &= y_{ij} - (\hat{\mu} + \hat{\tau}_i) \\ &= y_{ij} - \bar{y}_{i\cdot} \end{aligned} \tag{6.3}$$
>
> 를 '잔차(residual)'라고 하며, 이는 오차(error) ϵ_{ij} 의 추정량이 된다.

따라서 우리는 앞으로 잔차를 사용해서 오차에 대한 가정을 진단하기로 한다.

6.3 잔차의 등분산성

일원배치법의 경우, 잔차의 모습이

$$\hat{e}_{ij} = y_{ij} - \bar{y}_{i\cdot} \tag{6.4}$$

가 되어 잔차의 산점도(scatter plot)를 그려보면 그림 6.1의 경우가 발생한다.

그림 6.1의 왼쪽 그림은 그룹별 잔차의 산포도가 일정한 형태를 이루지만 오른쪽 그림은 group1, group2, group3 로 증가하면서 잔차의 산포도는 증가하고 있다.

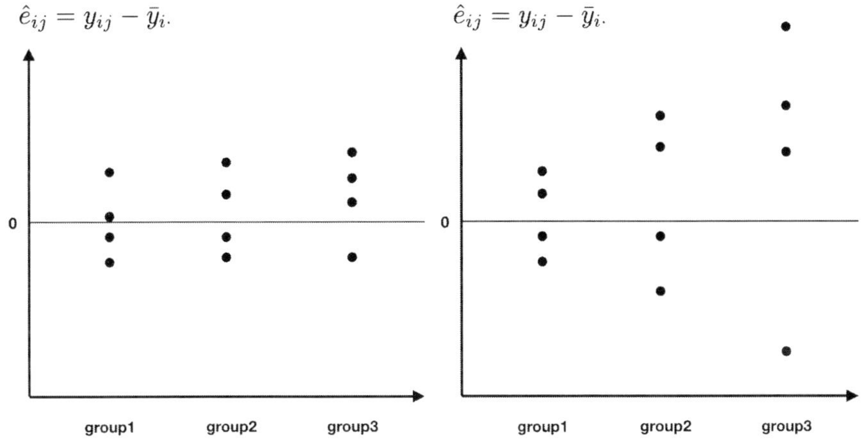

그림 6.1: 잔차의 등분산성을 따르는 경우(왼쪽)와 안 따르는 경우(오른쪽)

이는 잔차의 분산이 그룹에 따라 일정하지 않음을 보여주므로 '등분산성에 위배된다'고 추측된다. 이와 같이 등분산성에 위배되는 자료는 '박스-칵스 변환(Box-Cox transformation)'을 사용하거나, 일반화선형모형(generalized linear model)[2]을 통해 해결할 수 있다. 그러나 일반화선형모형에 대해서는 이 책 범위를 벗어나므로 자세한 언급은 하지 않기로 한다.

6.3.1 두 모집단의 등분산성 검정

기초통계학에서는 두 모집단의 분산에 대해 F 검정을 사용했다. 등분산 검정을 위한 가정과 검정절차는 다음과 같다.

$$\begin{aligned} &y_{1j} \overset{i.i.d.}{\sim} N(\mu_1,\, \sigma_1^2), \quad j = 1,\, 2,\, \cdots,\, n_1, \\ &y_{2j} \overset{i.i.d.}{\sim} N(\mu_2,\, \sigma_2^2), \quad j = 1,\, 2,\, \cdots,\, n_2, \\ &y_{1j} \text{와 } y_{2j} \text{는 서로 독립이다.} \end{aligned} \tag{6.5}$$

[2] 일반화선형모형(generalized linear model)은 일반선형모형(general linear model)보다 더 포괄적인 회귀분석 방법으로서 SAS® 에서는 `proc genmod` 에 해당된다. R에서는 `glm()` 함수를 이용하지만, 이 책에서 사용하는 `GLM()` 은 일반선형모형을 의미한다.

두 모집단 분산에 대한 F 검정

귀무가설과 대립가설이 아래와 같을 때

$$H_0 : \quad \sigma_1^2 = \sigma_2^2, \qquad \text{vs.} \qquad H_1 : \quad \sigma_1^2 \neq \sigma_2^2, \tag{6.6}$$

각 그룹의 표본분산이 s_1^2, s_2^2 이라면

$$F_0 = \frac{s_1^2}{s_2^2} \overset{H_0}{\sim} F_{n_1-1,\, n_2-1} \tag{6.7}$$

이 되어서, 만일

$$F_0 > F_{\frac{\alpha}{2},\, n_1-1,\, n_2-1} \quad \text{혹은} \quad F_0 < F_{1-\frac{\alpha}{2},\, n_1-1,\, n_2-1} \tag{6.8}$$

이면 '두 모집단의 분산은 서로 다르다'고 할 수 있다.

Q 남녀 시험성적 자료(`score1`)에서, 남녀별 시험성적의 분산이 서로 같다고 할 수 있는지를 F 검정으로 답하라(유의수준 0.05).

A 남자 5 명의 시험성적의 표본분산은 $s_1^2 = 360.001$ 이고 여자 5 명의 시험성적의 표본분산은 $s_2^2 = 321.499$ 이므로

$$F_0 = \frac{360.001}{321.499} = 1.119 \tag{6.9}$$

이므로

$$F_{0.975,\,4,\,4} = 0.104 < F_0 < 9.604 = F_{0.975,\,4,\,4} \tag{6.10}$$

가 되어 남녀 시험성적의 분산은 서로 같다고 할 수 있다.

6.3.2 바틀렛의 검정(Bartlett's Test)

F 검정이 독립인 두 모집단의 등분산 검정이라면 모집단이 세 개 이상인 경우는 어떻게 검정할 것인가? 바틀렛[3]은 카이제곱 통계량을 이용해서 이 문제를 해결하

[3]M. S. Bartlett (1910-2002), 영국의 통계학자. 시계열분석, 공간분석, 그리고 다변량분석에 많은 공헌을 했고 등분산 검정인 바틀렛의 검정으로 유명하다.

였다. 바틀렛의 검정을 위한 가정은 다음과 같다.

$$\begin{aligned}
&y_{1j} \overset{i.i.d.}{\sim} N(\mu_1, \sigma_1^2), \quad j = 1, 2, \cdots, n_1, \\
&y_{2j} \overset{i.i.d.}{\sim} N(\mu_2, \sigma_2^2), \quad j = 1, 2, \cdots, n_2, \\
&\vdots \\
&y_{aj} \overset{i.i.d.}{\sim} N(\mu_a, \sigma_a^2), \quad j = 1, 2, \cdots, n_a, \\
&y_{1j}, y_{2j}, \cdots, y_{aj} \text{ 는 서로 독립이다.}
\end{aligned} \tag{6.11}$$

바틀렛의 검정(Bartlett's Test)

귀무가설과 대립가설이 아래와 같을 때

$$\begin{aligned}
H_0 &: \quad \sigma_1^2 = \sigma_2^2 = \cdots = \sigma_a^2 \\
H_1 &: \quad \text{최소한 한 개의 } (i, j)\text{에 대하여} \quad \sigma_i^2 \neq \sigma_j^2, \quad (1 \leq i \neq j \leq a)
\end{aligned}$$

각 그룹의 표본분산이 $s_1^2, s_2^2, \cdots, s_a^2$ 이고

$$S_p^2 = \frac{\sum_{i=1}^{a}(n_i - 1)s_i^2}{\sum_{i=1}^{a}(n_i - 1)}$$

이면

$$\chi_0^2 = \frac{\sum_{i=1}^{a}(n_i - 1)\ln S_p^2 - \sum_{i=1}^{a}(n_i - 1)\ln s_i^2}{1 + \frac{1}{3(a-1)}\left(\sum_{i=1}^{a}\frac{1}{n_i - 1} - \frac{1}{\sum_{i=1}^{a}(n_i - 1)}\right)} \overset{H_0}{\sim} \chi_{a-1}^2$$

이 되어서, 만일

$$\chi_0^2 > \chi_{\alpha,\, a-1}^2 \tag{6.12}$$

이면, a 개 모집단의 분산은 모두 같다고 할 수 없다.

Q 표 4.2는 4 개의 영업교육 프로그램에 대한 판매실적 자료(edupgm)이다. 영업교육 프로그램에 따라 판매실적의 분산이 같은지/다른지를 바틀렛의 검정을 사용하여 유의수준 0.05 로 답하라.

A 각 영업교육 프로그램의 판매실적의 표본분산과 합동표본분산[4] S_p^2 을 구하면 표 6.1이다.

[4] pooled sample variance

	표본분산	합동표본분산
영업교육 프로그램1	36.796	
영업교육 프로그램2	113.188	$S_p^2 = 67.365$
영업교육 프로그램3	71.284	
영업교육 프로그램4	48.191	

표 6.1: 영업교육 프로그램별 잡지 매출 자료(edupgm)의 표본분산과 합동표본분산

그 결과 $\chi_0^2 = 1.319 < 7.814 = \chi_{0.05,\,3}^2$ 이 되어서 영업교육 프로그램별 판매실적의 분산은 동일하다고 할 수 있다.

바틀렛의 검정에서 주의할 점은 이 검정통계량이 자료의 정규성 여부에 민감하다는 것이다. 따라서 관측치가 정규분포를 따르지 않는다면 바틀렛의 검정보다는 다른 방법[5]을 선택할 것을 추천한다.

6.4 잔차의 정규성

어떤 자료가 정규분포를 따르는지 여부를 조사하는 방법은 다음과 같다.

1. 히스토그램(histogram)이 산 모양(mountain shape)[6]을 나타내는가?
2. 상자그림(box plot)에서 자료가 좌우 대칭이며 평균값과 중위수가 거의 일치하고, 이상점(outlier)의 수가 적게 나타나는가?
3. 정규확률지(normal probability plot)에 자료가 직선으로 표현되는가?

정규확률지(normal probability plot)란 자료가 정규분포를 따르는지를 시각적으로 판단할 수 있게 도와주는 그림인데 일반적으로 수평축은 자료의 관측값, 수직축은 자료의 순서통계량에 대한 표준정규분포의 분위수(quantile)로 구성된다. 다음은 i 번째 순서통계량에 대한 표준정규분포의 분위수를 구하는 공식이다. 따라서 만일 자료가 정규분포를 따르면 정규확률지의 좌표점은 일직선을 이룰 것이다.

$$z_i = \Phi^{-1}\left(\frac{i-c}{n+1-2c}\right), \quad i = 1, 2, \cdots, n$$
$$c = \frac{3}{8} \quad (n \le 10) \quad \text{혹은} \quad 0.5 \quad (n > 10) \tag{6.13}$$

[5]정규성에 덜 민감한 등분산 검정으로 '레빈의 검정(Levene's test)'이 있다.
[6]서양에서는 정규분포의 모습을 종모양(bell shape)이라고 표현한다.

Example 남녀 시험성적 자료(표 1.1: `score1`)의 값들이 정규분포를 따르는지 정규확률지를 이용해 답해 보자.

자료의 개수가 10개 보다 많으므로 아래와 같은 R코드를 사용한다. 그 결과 그림 6.2의 정규확률지가 생성되며, 시험성적 자료의 잔차는 정규분포를 따른다고 할 수 있다.

```
n = length(score1$Y)
z = qnorm((1:n - 0.5)/n)
plot(z ~ sort(score1$Y), xlab="Y")
```

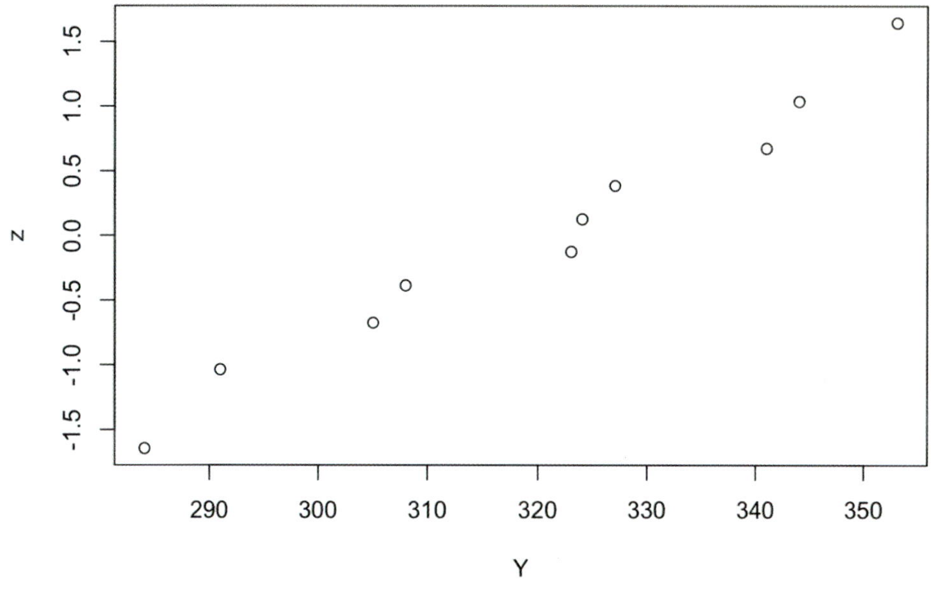

그림 6.2: 남녀 시험성적 자료(`score1`)에 대한 정규확률지

그러나, 엄밀히 말하자면 남녀 시험성적 자료(표 1.1: `score1`)의 값들은 남학생 분포와 여학생 분포를 합쳐 분석한 것이라서 두 분포의 평균값이 서로 다를 경우, 각각은 정규분포일지라도 합친 자료는 봉우리가 2개인 '이봉형 분포(bimodal distribution)'일 수도 있다. 따라서 반응값인 y_{ij} 보다는 그 잔차 $\hat{e}_{ij} = y_{ij} - \bar{y}_{i\cdot}$ 를 구해서 정규확률지에 표시할 필요가 있다. 이를 위해 `GLM()` 의 `Resid` 옵션으로 잔차를 생성하였고, 잔차의 정규확률지를 생성시켰다(그림 6.3). 다행히, 잔차의 정규확률지에서도 정규성이 의심되는 증거는 찾지 못했다.

```
n = length(score1$Y)
z = qnorm((1:n - 0.5)/n)
glm_out = GLM(Y ~ X, score1, Resid=T)
plot(z ~ sort(glm_out$Resid), xlab="Residual")
```

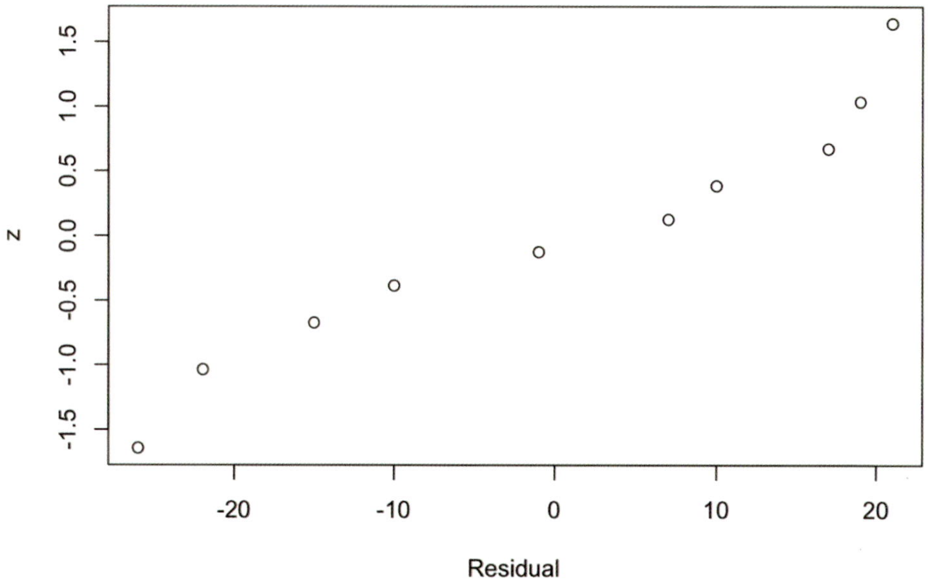

그림 6.3: 남녀 시험성적 자료(score1)에 대한 잔차의 정규확률지

정규확률지와 비슷한 개념으로 '분위수-분위수 그림(Q-Q plot[7])'이라는 것이 있다. 이는 수평축을 '이론적 분위수(theoretical quantile)', 수직축은 '경험적 분위수(empirical quantile)'로 한 것인데, 자료의 분위수가 이론적 분위수와 비슷하면 좌표값들이 직선을 이루게 된다. R에서는 qqnorm() 함수로 정규분포의 Q-Q plot 을 만들 수 있다. 그림 6.4는 거의 직선을 나타내고 있으므로 잔차는 정규성을 만족한다고 할 수 있다. 여기서 qqline() 함수는 제1사분위수와 제3사분위수를 연결한 직선이다.

Remark 정규확률지나 분위수-분위수 그림같이 시각적으로 정규성을 판단하는 방법 외에, 수치적으로 정규성을 판단하는 검정통계량도 사용되고 있다. 샤피로-윌크 검정(Shapiro-Wilk test), 콜모고로프-스미르노프 검정(Kolmogorov-Smirnov test), 크래머-폰미제스 검정(Cramer-von Mises test), 앤더슨-달링 검정(Anderson-

[7] Quantile-Quantile plot 의 준말

```
glm_out = GLM(Y ~ X, score1, Resid=T)
qqnorm(glm_out$Resid)
qqline(glm_out$Resid, col=2)
```

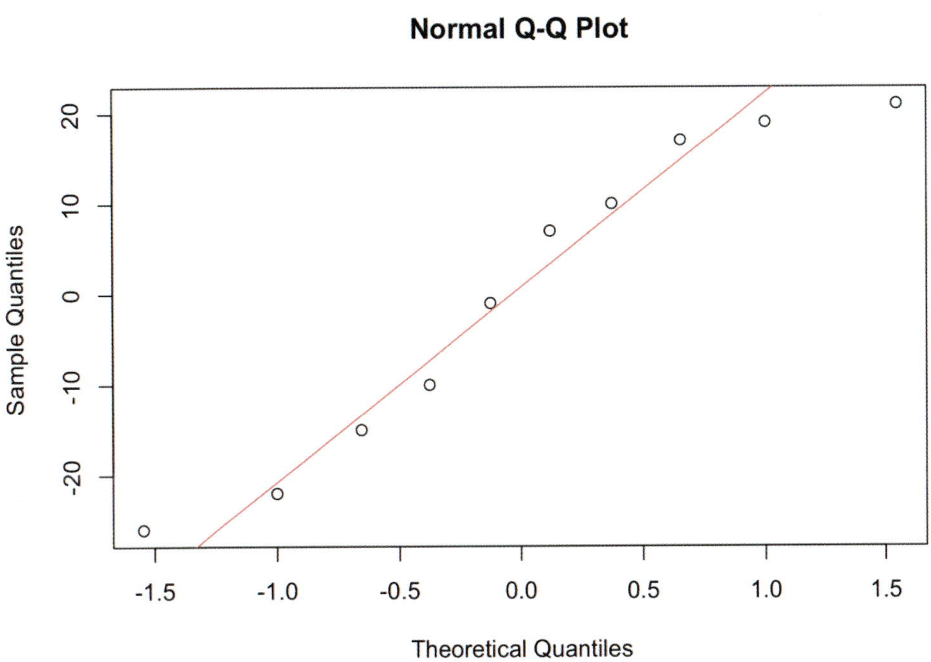

그림 6.4: 남녀 시험성적 자료(score1)에서 qqnorm() 을 이용한 잔차의 Q-Q plot

Darling test) 등이 존재한다. 일반적으로 샤피로-윌크 검정/앤더슨-달링 검정이 검정력이 높고, 콜모고로프-스미르노프 검정이 검정력이 낮은 것으로 알려져 있다.

6.5 잔차의 독립성

잔차의 독립성을 검정하는 것은 현재 거의 불가능하다. 그러나 독립여부를 검정할 순 없어도, i 번째 관측치와 $i+1$ 번째 관측치의 상관관계를 나타내는 '자기상관계수(autocorrelation coefficient)'가 0인지 아닌지를 검정하는 것은 가능하다. 물론 이를 위해선 관측치를 관측순서대로 나열해야 한다. 따라서 이 단원에서는 지금까지 사용한 잔차 $\hat{e}_{ij}$ 대신 시점 t 의 잔차를 나타내는 $\hat{e}_t$ 을 사용한다.

자기상관계수(autocorrelation coefficient)

시점 t 의 잔차 $\hat{e}_t$ 에 대하여

$$\begin{aligned} &\hat{e}_t = \rho\,\hat{e}_{t-1} + \delta_t, \quad \delta_t \overset{i.i.d.}{\sim} N(0,\,\sigma^2), \quad (t = 1,\,2,\,\cdots,\,N) \\ &|\rho| < 1 \\ &\hat{e}_{t-1} \text{ 과 } \delta_t \text{ 는 서로 독립} \end{aligned} \tag{6.14}$$

임을 가정할 때 '$\hat{e}_t$ 은 AR(1)모형을 따른다'고 하며, 이때 ρ를 잔차의 '1차 자기상관계수(1st order autocorrelation coefficient)'라고 한다.

다시 말하면

$$\rho = \mathrm{Corr}(\hat{e}_t,\,\hat{e}_{t-1}) \tag{6.15}$$

이 된다(참고로 2차 자기상관계수는 $\mathrm{Corr}(\hat{e}_t,\,\hat{e}_{t-2})$ 이다).

Q $\hat{e}_{ij}$ 가 AR(1) 모형[8]을 따른다고 할 때, 식 (6.15)를 증명하라.

A AR(1)의 성질에 따라 우리는

$$\mathrm{V}(\hat{e}_t) = \mathrm{V}(\hat{e}_{t-1}) = \frac{\sigma^2}{1-\rho^2} \tag{6.16}$$

임을 알고 있다(연습문제 참조). 따라서 상관계수의 정의에 따라

$$\begin{aligned} \mathrm{Corr}(\hat{e}_t,\,\hat{e}_{t-1}) &= \frac{\mathrm{Cov}(\hat{e}_t,\,\hat{e}_{t-1})}{\sqrt{\mathrm{V}(\hat{e}_t)}\sqrt{\mathrm{V}(\hat{e}_{t-1})}} = \frac{\rho\,\mathrm{Cov}(\hat{e}_{t-1},\,\hat{e}_{t-1}) + \mathrm{Cov}(\delta_t,\,\hat{e}_{t-1})}{\sqrt{\mathrm{V}(\hat{e}_t)}\sqrt{\mathrm{V}(\hat{e}_{t-1})}} \\ &= \rho \end{aligned} \tag{6.17}$$

임이 증명된다.

그렇다면 자기상관계수가 양수인 것과 음수인 것은 시각적으로 어떻게 구분할 수 있을까? 이를 살펴보기 위해 식 (6.14)의 AR(1)모형의 난수를 생성시켜 보았다 ($\rho = 0.7$ 인 경우와 $\rho = -0.7$ 인 경우).

[8]AR: Autoregressive Model (자기회귀모형)

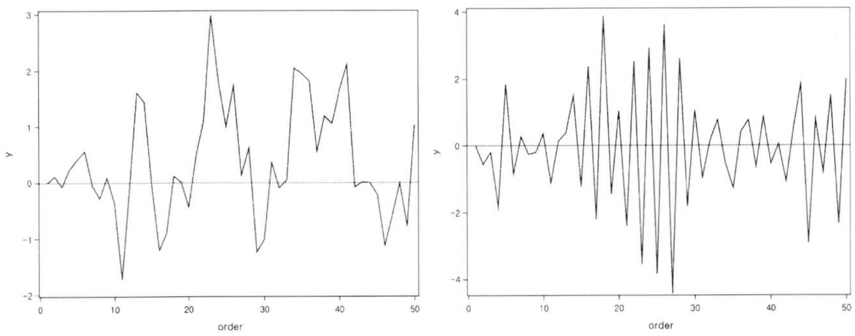

그림 6.5: 자기상관계수가 $\rho = 0.7$ (왼쪽)인 경우와 $\rho = -0.7$ (오른쪽)인 경우

그림 6.5의 왼쪽은 자기상관계수가 0.7 인 잔차의 산점도이다. 잔차가 양수가 되는 순간부터 얼마동안 양수의 잔차가 발생하고, 음수가 되면 다음 잔차도 음수가 되는 현상을 볼 수 있다. 오른쪽 잔차의 산점도는 자기상관계수가 -0.7 인데 잔차가 양수이면 다음 시점의 잔차는 음수가 되고 그 다음은 다시 양수가 되는 경향을 볼 수 있다. 따라서 만일 이와 같은 현상들이 발생하지 않는 잔차의 산점도라면 잔차가 독립이라고 진단해도 무방할 것이다. 그렇다면 잔차의 독립성을 점검하기 위해서 주관적 판단에 의지하는 산점도 외에 객관적 수치에 의한 유의성검정이 가능할까?

1차 자기상관계수를 검정하는 방법으로 '더빈-왓슨 검정(Durbin-Watson test)'이 있는데 이는 회귀분석에서 사용했던 것과 동일하며 다음과 같이 검정통계량이 정의된다.

$$D = \frac{\sum_{t=2}^{N} (\hat{e}_t - \hat{e}_{t-1})^2}{\sum_{t=1}^{N} \hat{e}_t^2} \tag{6.18}$$

더빈-왓슨 검정통계량 D를 자세히 살펴보면 $\hat{e}_t \approx \hat{e}_{t-1}$ 이면 $D \approx 0$ 이 되고, $\hat{e}_t \approx -\hat{e}_{t-1}$ 이면 $D \approx 4$ 가 된다.

1. $\rho \approx 1$ 이면 $D \approx 0$ 이다.
2. $\rho \approx 0$ 이면 $D \approx 2$ 이다.
3. $\rho \approx -1$ 이면 $D \approx 4$ 이다.

더빈-왓슨 검정(Durbin-Watson test)

더빈-왓슨 검정통계량 D를 아래와 같이 정의할 때.

$$D = \frac{\sum_{t=2}^{N}(\hat{e}_t - \hat{e}_{t-1})^2}{\sum_{t=1}^{N}\hat{e}_t^2} \tag{6.19}$$

$H_0 : \rho = 0, \quad \text{vs.} \quad H_1 : \rho > 0$에 대하여

1. $D < D_L$ 이면 $\rho > 0$ 이고
2. $D > D_U$ 이면 $\rho = 0$ 이며
3. $D_L \leq D \leq D_U$ 이면 결정하기 힘든 상황이다.

   (D_L 과 D_U 는 더빈-왓슨 표(Appendix 2)를 참조)

한편 $\rho < 0$에 대한 검정은 D 대신 $D' = 4 - D$를 이용하며 다음과 같다.

$H_0 : \rho = 0, \quad \text{vs.} \quad H_1 : \rho < 0$에 대하여

1. $D' < D_L$ 이면 $\rho < 0$ 이고
2. $D' > D_U$ 이면 $\rho = 0$ 이며
3. $D_L \leq D' \leq D_U$ 이면 결정하기 힘든 상황이다.

또한 $\rho \neq 0$에 대한 검정은 유의수준 α 대신 $\frac{\alpha}{2}$를 이용하여 다음과 같이 검정한다.

$H_0 : \rho = 0, \quad \text{vs.} \quad H_1 : \rho \neq 0$에 대하여

1. $D < D_L$ 이거나 혹은 $D' < D_L$ 이면 $\rho \neq 0$ 이고
2. $D > D_U$ 이면서 $D' > D_U$ 이면 $\rho = 0$ 이며
3. 나머지 경우라면 결정하기 힘든 상황이다.

Remark 더빈-왓슨 검정은 오직 1차 자기상관계수에 대해 검정하는 것이지 2차, 혹은 3차 자기상관계수는 검정 할 수 없다. 그러므로 더빈-왓슨 검정은 완전한 의미의 독립성 검정이 될 수 없을 것이다. 실험자는 독립성 검정을 위해 더빈-왓슨 검정 외에 자료의 성격과 실험수행 과정을 면밀히 살펴봄으로써 잔차의 독립성여부를 조사할 필요가 있다.

Example 자료 `hlpump`(표 5.9)는 Heart-Lung 펌프의 회전속도(`Speed`)에 따른 혈액양(`Blood`)이고 변수 `Order`는 실험순서다. 이 자료에서 구한 잔차를 실험순서대로 정렬하고 더빈-왓슨 검정을 이용해서 잔차의 독립성 검정을 수행하는 R 코드를 살펴보자.

```
res = GLM(Blood ~ Speed, hlpump, Resid=T)$Resid
n = length(res)
acf(res, 1, plot=F)
```

```
Autocorrelations of series 'res', by lag

   0    1
1.00 0.14
```

```
DW = sum((res[2:n] - res[1:(n - 1)])^2)/sum(res^2); DW
```

```
[1] 1.698463
```

그림 6.6: Heart-Lung 펌프 자료(`hlpump`)에서 잔차의 더빈-왓슨 검정 결과

그림 6.6을 보면 자기상관계수는 `acf()` 함수에 의해 0.14 로서 0에 근사하고 있고, 더빈-왓슨 통계량은 $1.698 \approx 2$ 이기 때문에 잔차들의 독립성 가정에는 문제가 없어 보인다. 이를 위한 유의성검정을 실시하면,

$$H_0 : \rho = 0, \quad \text{vs.} \quad H_1 : \rho \neq 0,$$

에 대해 Appendix 1 의 더빈-왓슨 표에 의하면 $D_L = 0.79$ 이고 $D_U = 1.70$ 인데 $(K = 4, N = 20)$, $D = 1.698$ 과 $D' = 2.302$ 이므로

$$D_L < D < D_U,$$

$$D_L < D_U < D'$$

가 되어 $\rho = 0$이라는 유의한 증거도, $\rho \neq 0$이라는 유의한 증거도 없다. 이를 그래프로 나타내면 다음과 같다.

```
plot(res ~ hlpump$Order, type="l", xlab="Order")
abline(h=0)
```

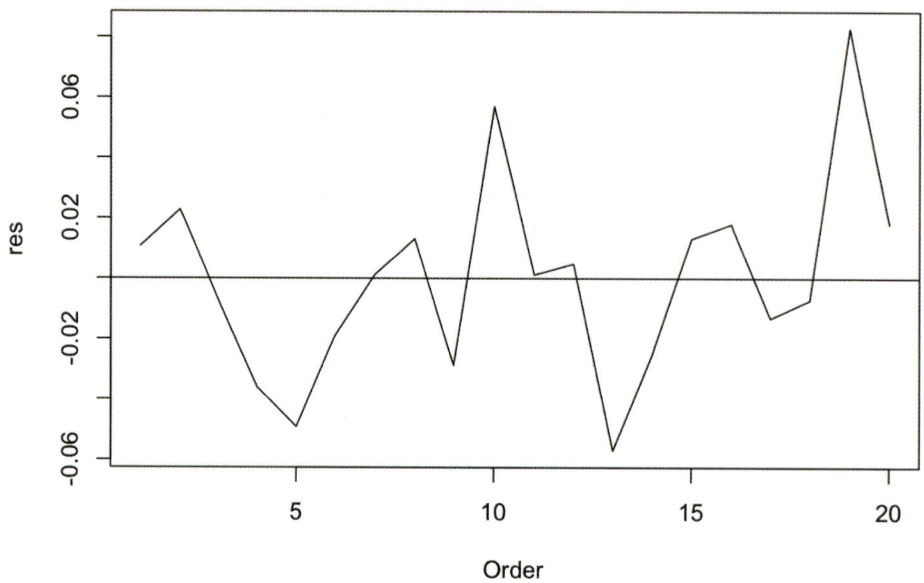

그림 6.7: Heart-Lung 펌프 자료(`hlpump`)에서 실험순서에 따른 잔차 그림

6.6 박스-칵스 변환(Box-Cox Transformation)

이 단원에서는 반응변수 y에 함수변환 $g(y)$를 함으로써 정규성이나 등분산성, 혹은 독립성을 만족시키는 방법을 소개하고자 한다. 실제로 경제/경영분야의 사회과학 자료에서는 관측값이 증가하면서 분산이 증가하는 경우가 흔히 있는데 이때 로그변환(log transformation)을 통해 등분산 가정을 만족시키고 있다.

박스(Box[9])와 칵스(Cox[10])는 1964년에 관측값 y에 멱변환(power transformation)

[9] George E. P. Box (1919-2013) 영국의 통계학자. 품질관리, 시계열분석, 실험계획법과 베이지안 통계학에 많은 공헌을 하였다.

[10] David Cox (1924-2022) 영국의 통계학자. 로지스틱 회귀분석, 생존분석에 많은 공헌을 하였으며

인 y^{λ} 를 함으로써 정규성-등분산성-독립성을 만족시키는 방법을 제안하였다. 이를 정리하면 다음과 같다.

박스-칵스 변환 (Box-Cox transformation)

관측치의 기하평균이

$$\tilde{y} = \left(\Pi_{i=1}^{a}\Pi_{j=1}^{n_i} y_{ij}\right)^{\frac{1}{N}}, \quad N = \sum_{i=1}^{a} n_i \tag{6.20}$$

라고 정의되면

$\lambda \neq 0$ 이면

$$y'_{ij} = \frac{y_{ij}^{\lambda} - 1}{\lambda\,\tilde{y}^{\lambda-1}} \tag{6.21}$$

$\lambda = 0$ 이면

$$y'_{ij} = \tilde{y}\ln y_{ij} \tag{6.22}$$

라고 하고 y'_{ij} 의 최소제곱추정량을 $\hat{y}'_{ij}$ 이라고 했을 때

$$\text{SSE} = \sum_{i=1}^{a}\sum_{j=1}^{n_i}\left(y'_{ij} - \hat{y}'_{ij}\right)^2 \tag{6.23}$$

을 최소화시키는 $\hat{\lambda}$ 을 구하면 된다.

Remark 박스-칵스 변환을 통해 구한 $\hat{\lambda}$ 은 y'_{ij} 이 등분산이고 독립인 정규분포를 따른다는 가정에서 가능도(likelihood)를 최대화하는 최대가능도추정량[11]($\hat{\lambda}_{MLE}$) 과 일치한다.

이렇게 얻은 $\hat{\lambda}$ 을 가지고 편의상

1) $\hat{\lambda} \neq 0$ 이면

$$y^{*}_{ij} = \frac{y_{ij}^{\hat{\lambda}} - 1}{\hat{\lambda}} \tag{6.24}$$

비례위험모형(Cox's proportional hazard model)을 개발하였다.

[11]Maximum Likelihood Estimator: MLE

2) $\hat{\lambda} = 0$ 이면

$$y_{ij}^* = \ln y_{ij} \tag{6.25}$$

로 변환하면 된다.

Remark 박스-칵스 변환으로 구한 $\hat{\lambda}$는 정규성-등분산성-독립성 가정하에 SSE를 최소화하는 값이지, 이렇게 구한 $\hat{\lambda}$가 반드시 이 세 가지 가정을 만족시킨다는 보장은 없다. 따라서 박스-칵스 변환한 자료를 가지고 분산분석을 한 후에도 반드시 다시 잔차를 살펴봐야 한다.

Example Heart-Lung 펌프 자료(`hlpump`)에서 잔차가 정규성-등분산성-독립성을 갖기 위해 어떤 박스-칵스 변환이 필요한지를 살펴보고 적당한 변환을 해 보자. R의 `MASS` 패키지 안에 있는 `boxcox()` 함수는 λ가 변함에 따른 로그-가능도함수 값을 보여준다.

```
library(MASS)
boxcox(Blood ~ Speed, data = hlpump)
```

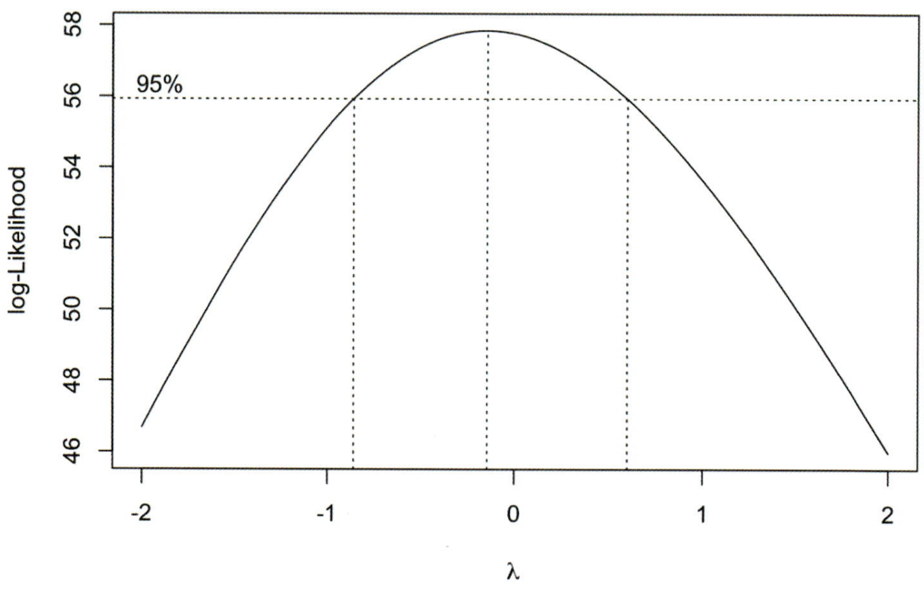

그림 6.8: Heart-Lung 펌프 자료(`hlpump`)에서 `boxcox()` 를 이용한 λ 의 로그-가능도함수

그 결과 그림 6.8의 로그-가능도함수(log-likelihood function)를 최대로 하는 λ의 95% 신뢰구간에는 0이 포함되어서 hlpump 자료를 일원배치법으로 분석할 경우는 로그변환($\ln y$)을 추천하게 된다.

6.7 R 프로그램 실습

[1] 남녀 시험성적 자료(표 1.1: score1)에서, 두 그룹의 분산이 서로 같다고 할 수 있는지를 아래 R코드를 이용해 검정할 때 F_0 값이 식 (6.9)와 일치하는지 확인하라.

```
var.test(Y ~ X, score1, alternative = "two.sided")
```

[2] 영업교육 프로그램과 판매실적 자료(표 4.2: edupgm)에서 각 프로그램별 판매실적의 분산이 같은지/다른지 바틀렛의 검정을 행하되, 아래 R 코드를 이용하고 χ_0^2 값이 표 6.1에서 나온 1.319가 되는지 확인하라.

```
bartlett.test(Sales ~ Program, edupgm)
```

[3] 그림 6.4는 남녀별 시험성적 자료(score1)의 잔차가 정규분포를 따르는지 알아보기 위한 분위수-분위수 그림(Q-Q plot)이다. R을 이용해서 시험성적이 정규분포를 따르는지 검정하길 원한다.

이를 위해, R에서 goftest 라는 패키지를 설치하고, 이를 이용해서 샤피로-윌크 검정, 콜모고로프-스미르노프 검정, 크래머-폰미제스 검정, 앤더슨-달링 검정의 검정통계량이 얼마인지 답하고 각 검정의 결과를 유의수준 0.05 로 답하라.

```
library(goftest)
res = GLM(Y ~ X, score1, Resid=T)$Resid
shapiro.test(res)
ks.test(res, "pnorm", mean=0, sd=sd(res))
cvm.test(res, "pnorm", mean=0, sd=sd(res))
ad.test(res, "pnorm", mean=0, sd=sd(res))
```

[4] Heart-Lung 펌프 자료(표 5.9: hlpump)에서 실험순서에 따른 잔차의 자기상관

계수가 양수인지를 아래 R코드의 더빈-왓슨 검정으로 답하라(유의수준 0.05).

$$H_0 : \rho = 0, \quad \text{vs.} \quad H_1 : \rho > 0 \tag{6.26}$$

```
library(car)
hlpump_o = hlpump[order(hlpump$Order),]
durbinWatsonTest(lm(Blood ~ Speed, hlpump_o), alternative = "positive")
```

[5] Heart-Lung 펌프 자료(`hlpump`)를 일원배치법으로 분석할 때, 박스-칵스 변환에 의한 로그변환을 추천하였다(그림 6.8). 로그변환 후의 잔차가 변환 전의 잔차보다 더 정규분포에 근사하다고 할 수 있는지 아래 `hist()`를 실행하고 답하라.

```
before = GLM(Blood ~ Speed, hlpump, Resid=T)$Resid
after = GLM(log(Blood) ~ Speed, hlpump, Resid=T)$Resid
oPar = par(mfrow = c(1, 2))
hist(before)
hist(after); par(oPar)
```

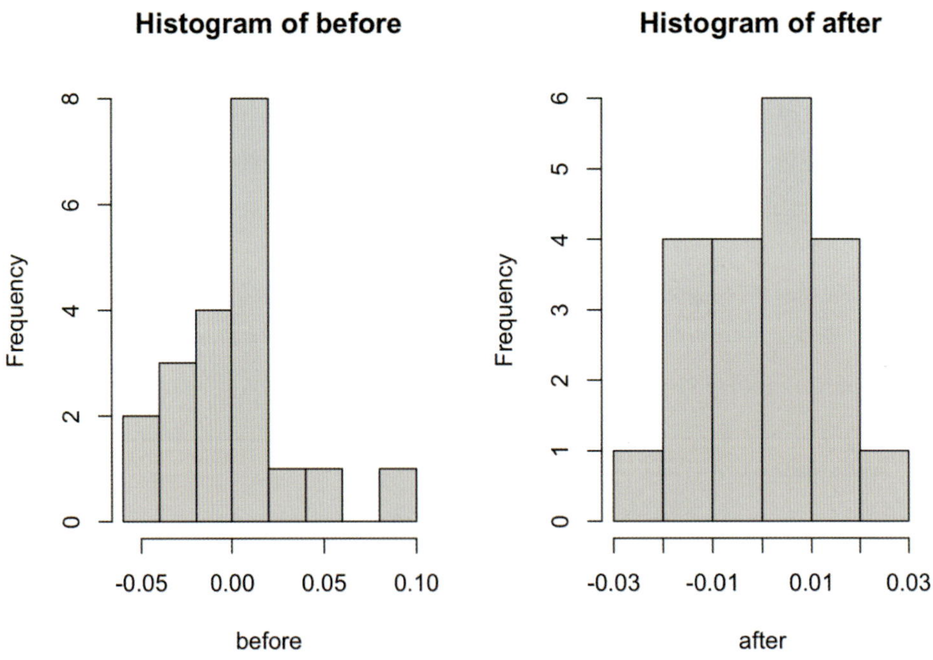

[6] Heart-Lung 펌프 자료(`hlpump`)를 일원배치법으로 분석하지말고, 설명변수 Speed

를 연속형 변수로 간주하여

$$\text{Blood}_i = \beta_0 + \beta_1 \,\text{Speed}_i + \epsilon_i, \quad i = 1, 2, \cdots, 20. \tag{6.27}$$

같은 선형회귀분석을 실시하려고 한다. R코드를 이용해 어떤 박스-칵스 변환을 추천할 것인지 `boxcox()` 출력을 근거로 답하라.

6.8 연습문제

【6.1】 더빈-왓슨 통계량(식 (6.18))에서 만일 잔차의 자기상관계수가 0이면 $D \approx 2$ 임을 증명하라.

【6.2】 담배 브랜드와 타르함량 자료(표 4.6: `brandtar`)에서 R의 `GLM()` 을 이용해 일원배치법에 의한 잔차

$$\hat{e}_{ij} = y_{ij} - \hat{y}_{ij} = y_{ij} - \bar{y}_{i\cdot} \tag{6.28}$$

를 구하여 다음을 유의수준 0.05 로 수행하라.

1) 잔차의 히스토그램을 그려라.

2) 잔차의 산점도(수직축은 잔차이고 수평축은 담배 브랜드).

3) 바틀렛의 검정을 이용한 등분산성을 검정하라.

4) 잔차를 분위수-분위수 그림을 그려서 정규성을 진단하고 앤더슨-달링 검정의 검정통계량이 얼마인지 답하고 각 검정의 결과를 유의수준 0.05 로 답하라.

【6.3】 일원배치법 모형식

$$\begin{aligned} y_{ij} &= \mu + \tau_i + \epsilon_{ij}, \\ i &= 1, 2, \cdots, a, \\ j &= 1, 2, \cdots, n, \end{aligned} \tag{6.29}$$

에서 잔차들의 합

$$\sum_{i=1}^{a}\sum_{j=1}^{n}\hat{e}_{ij}=0 \tag{6.30}$$

임을 증명하라.

【6.4】 윗 문제 【6.2】 에서 잔차를 GLM() 으로 출력시킨 후, 모든 잔차를 더해서 0 이 되는지 확인하라.

【6.5】 다음은 박스-칵스(Box-Cox) 변환에 대한 설명이다. 괄호 안에 맞으면 T, 틀리면 F를 적어라.

1) Box 와 Cox 는 모두 통계학자 이름이다. ( )

2) SSE 를 최대화시키는 λ 를 사용하는 방법이다. ( )

3) 로그-가능도함수를 최대화시키는 λ 를 사용하는 방법이다. ( )

4) 오차의 독립성은 해결할 수 없다. ( )

5) 흔히 멱변환(power transformation)이라고도 한다. ( )

6) 독립성, 정규성, 등분산성 중 적어도 하나는 만족시킨다. ( )

【6.6】 아래는 set.seed() 함수를 이용해 40개의 일원배치법의 자료를 항상 동일하게 생성하는 R코드다. 여기서 af() 함수는 treat 라는 변수를 명목화시키고 있다. 다음 질문에 답하라.

```
set.seed(123)
treat = c(rep(-1,20), rep(1,20))
y = exp(3 + 1*rnorm(40)) + treat
df = as.data.frame(cbind(treat,y));
df2 = af(df, "treat")
boxplot(y ~ treat, df2)
```

1) GLM(y ~ treat, df2, ...) 을 이용해 일원배치법의 잔차를 구해서

- 상자그림
- 히스토그램

- 정규확률지
- 정규분포의 분위수-분위수 그림
- 샤피로-윌크 검정
- 앤더슨-달링 검정

을 행함으로써 오차의 정규성 가정에 대해 논하라.

2) 박스-칵스 변환을 통해 이 자료의 경우 어떤 변환이 적당한지 답하라.

3) 변환된 자료를 가지고 1)번의 과정을 반복함으로써 변환자료의 정규성 가정에 대해 논해 보아라.

【6.7】 잔차, $\hat{e}_t$ 이 아래와 같은 AR(1) 모형을 따른다고 가정하자.

$$\hat{e}_t = \rho\,\hat{e}_{t-1} + \delta_t, \quad \delta_t \overset{i.i.d.}{\sim} N(0,\, \sigma^2), \quad (t = 1,\, 2,\, \cdots,\, N)$$

$$|\rho| < 1,$$

$\hat{e}_{t-1}$ 과 δ_t 는 서로 독립이다.

$\hat{e}_t$ 와 $\hat{e}_{t-1}$ 의 분산이 아래와 같음을 증명하라.

$$\mathrm{V}(\hat{e}_t) = \mathrm{V}(\hat{e}_{t-1}) = \frac{\sigma^2}{1-\rho^2}$$

Chapter 7

상호작용과 이원배치법

7.1 처리와 처리조합

지금까지, 일원배치법에서 사용한 a개의 그룹(혹은 처리수준[1])은 한 개의 요인(factor)에 의해 생성되었다. 예를 들어 네 종류의 비료에 의한 곡식의 수확량 차이를 알아보는 실험이 있다고 가정했을 때, 4개의 그룹(혹은 처리수준)을 결정하는 것은 바로 '비료의 종류'라는 한 개의 요인이다.

$$
\begin{aligned}
y_{ij} &= \mu + \tau_i + \epsilon_{ij}, \quad i = 1, 2, 3, 4, \\
\tau_1 &= \text{'비료1'의 효과} \\
\tau_2 &= \text{'비료2'의 효과} \\
\tau_3 &= \text{'비료3'의 효과} \\
\tau_4 &= \text{'비료4'의 효과}
\end{aligned} \tag{7.1}
$$

그러나 만일 우리가 수확량의 차이를 조사하는데 필요한 요인이 '비료의 종류' 외에 '농약의 종류'가 있다면 어떻게 될 것인가?

통계학에선 이와 같이 처리수준이 두 개의 요인에 의한 조합(combination)으로 구성될 때 이를 '이원배치법(Two-way classification)' 혹은 'Two-Way ANOVA'라고 한다. 다음은 수확량에 대한 비료와 농약에 의한 처리조합[2]을 보여준다.

[1] treatment level

[2] treatment combination

$$
\begin{aligned}
y_{ij} = \mu + \tau_i + \epsilon_{ij}, \quad i = 1,\, 2,\, 3,\, 4,& \\
\tau_1 = (\text{비료1, 농약1})\text{의 효과}& \\
\tau_2 = (\text{비료1, 농약2})\text{의 효과}& \\
\tau_3 = (\text{비료2, 농약1})\text{의 효과}& \\
\tau_4 = (\text{비료2, 농약2})\text{의 효과}& \qquad (7.2)
\end{aligned}
$$

처리수준과 처리조합

- 처리수준(treatment level): 한 개의 요인에 의해 결정되는 실험조건
- 처리조합(treatment combination): 두 개 이상의 요인 조합에 의해 결정되는 실험조건

7.2 이원배치법의 가법모형(Additive Model)

비료와 농약의 처리조합에 대한 분산분석표(ANOVA table)에서 식 (7.2)의 모형식으로는

$$H_0 : \tau_1 = \tau_2 = \tau_3 = \tau_4 = 0 \qquad (7.3)$$

에 대한 검정은 가능하지만

$$H_0 : \text{비료의 효과} = 0, \quad \text{혹은} \quad H_0 : \text{농약의 효과} = 0 \qquad (7.4)$$

과 같은 검정은 분산분석표에서 얻을 수 없다.

이런 단점을 보완하기 위해 다음과 같은 모형식을 고려할 수 있다.

$$
\begin{aligned}
y_{ijk} = \mu + \alpha_i + \beta_j + \epsilon_{ijk},& \\
i = 1,\, 2,\, \cdots,\, a,& \\
j = 1,\, 2,\, \cdots,\, b,& \\
k = 1,\, 2,\, \cdots,\, n.& \qquad (7.5)
\end{aligned}
$$

여기서 y_{ijk}는 i번째 비료와 j번째 농약으로 구성된 그룹의 k번째 수확량을 의미하며 α_i는 i번째 비료효과, β_j는 j번째 농약효과를 나타낸다. 이것을 식 (7.2)와 연결해 살펴보면 다음과 같다.

$$y_{ijk} = \mu + \underbrace{\alpha_i + \beta_j}_{\tau_{ij}=\text{'처리효과'}} + \epsilon_{ijk} \tag{7.6}$$

이와 같이 '처리효과'가 '비료효과'와 '농약효과'의 합(addition)으로 표현 가능한 모형을 '가법모형(additive model)[3]'이라고 한다.

> **이원배치법의 가법모형**
>
> 처리조합에 의한 처리효과가 아래와 같이 두 요인 효과(α_i, β_j)의 산술합으로 표현되는 모형을 '가법모형'이라고 한다.
>
> $$\begin{aligned} y_{ijk} &= \mu + \alpha_i + \beta_j + \epsilon_{ijk}, \\ i &= 1, 2, \cdots, a, \\ j &= 1, 2, \cdots, b, \\ k &= 1, 2, \cdots, n. \end{aligned}$$

Remark 이원배치법의 가법모형은 이원배치법에서 가장 간단하면서 많이 사용되는 모형이다. 이와 반대되는 개념의 모형을 '상호작용모형(interaction model)'이라고 한다.

7.3 주효과와 상호작용효과

비료와 농약의 종류를 달리하여 실험한 후 농작물의 평균 수확량을 비교했더니 표 7.1을 얻었다.

---

[3] 회귀분식에서 가법보형은 $y = \beta_0 + \beta_1 X_1 + \beta_2 X_2 + \epsilon$ 같이 교차항($\beta_{12} X_1 X_2$)이 없는 모형을 의미한다.

평균 수확량	농약1	농약2	행 평균
비료1	15	5	10
비료2	25	18	21.5
열 평균	20	11.5	

표 7.1: 비료와 농약 종류에 따른 평균 수확량 자료-1(fertpest1)

비료1과 비료2에 대한 수확량 평균값은 각각 10과 21.5가 되므로 '비료의 주효과 그래프'는 그림 7.1의 왼쪽 그래프와 같다. 여기서 비료1보다 비료2를 사용했을 때 수확량이 증가하는 현상을 보여준다. 반면 농약1과 농약2의 수확량 평균값은 20과 11.5가 되는데 '농약의 주효과 그래프'를 작성하면 그림 7.1의 오른쪽 그래프가 되어 농약2보다 농약1을 사용했을 때 수확량이 증가하고 있다.

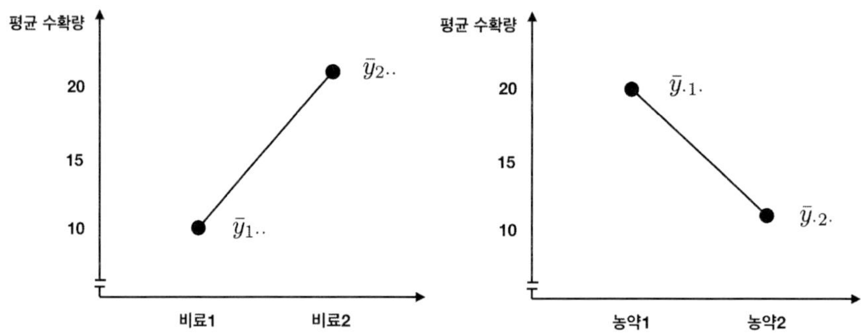

그림 7.1: 수확량에 대한 비료의 주효과 그래프(왼쪽)와 농약의 주효과 그래프(오른쪽)

이와 같이 처리수준에 따른 평균값의 차이를 주효과(main effect)라고 하며, 처리수준이 바뀌면서 평균값이 유의하게 변하면 '주효과가 존재한다'고 한다.

실험계획에서 '상호작용효과(interaction effect)'란 '한 요인의 효과가 다른 요인의 처리수준에 따라 달라지는 것'을 의미한다. 예를 들어 고혈압약의 효능이 환자의 당뇨병약 복용 유/무에 따라 달라진다면 고혈압약과 당뇨병약 사이에는 상호작용효과가 존재한다고 볼 수 있다.

비료와 농약의 예로 다시 돌아오면, 비료와 농약의 조합별 평균 수확량을 그래프로 작성하면 그림 7.2가 되는데 이 경우 비료1에서 비료2로 바뀌면서 발생하는 수확량의 증가는 농약1인 경우보다 농약2일 때 더 많이 증가하는 것으로 보인다. 같은 방법으로 농약의 효과도 마찬가지인데 농약1에서 농약2로 바뀌면서 수확량이 감소하는데 비료2보다는 비료1에서 더 많은 수확량의 감소가 나타난다. 이와 같이 '비료의 효과'가 농약의 종류에 따라 달라지며, '농약의 효과'가 비료의 종류에 따라 달라지므로 '두 요인 간 상호작용효과가 존재한다'고 한다. 다시 말하면 만일 두 요인 간 상호작용이 존재하지 않는다면 상호작용효과 그래프는 간격이 일정한 평행선이 될 것이다.

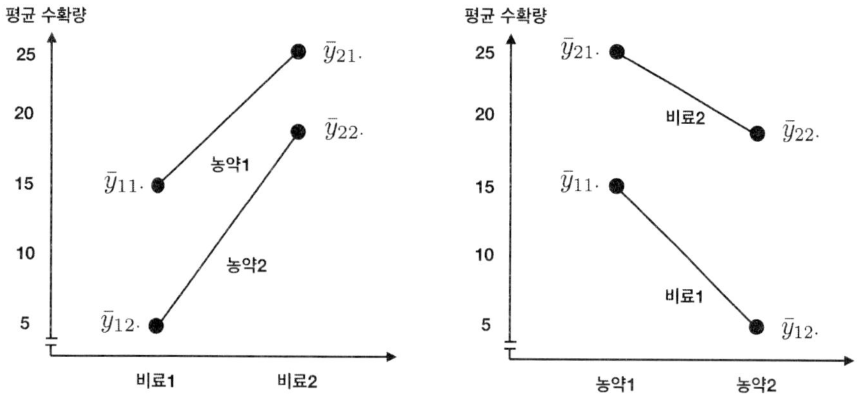

그림 7.2: 수확량에 대한 비료와 농약의 상호작용효과 그래프

> **주효과와 상호작용효과**
>
> - 주효과(main effect): 요인의 수준이 변하면서 기댓값이 변하는 현상
> - 상호작용효과(interaction effect): 어느 요인의 효과가 다른 요인의 수준에 따라 달라지는 현상

Q 다음 표 7.2의 자료를 이용하여 상호작용효과 그래프를 그려보고 A, B 요인 간 상호작용효과가 존재하는지 시각적으로 판단하여라.

A 각 처리조합별 표본평균을 구해서 상호작용효과 그래프를 구하면 그림 7.3이다.

y_{ijk}	A1	A2
B1	$5, 8$	$10, 14$
B2	$8, 10$	$3, 4$

표 7.2: 상호작용효과 그래프를 위한 자료(fertpest2)

이는 두 직선이 평행을 이룬다고 보기 어렵기 때문에 A, B 요인 간 상호작용효과가 존재하는 것으로 추측된다.

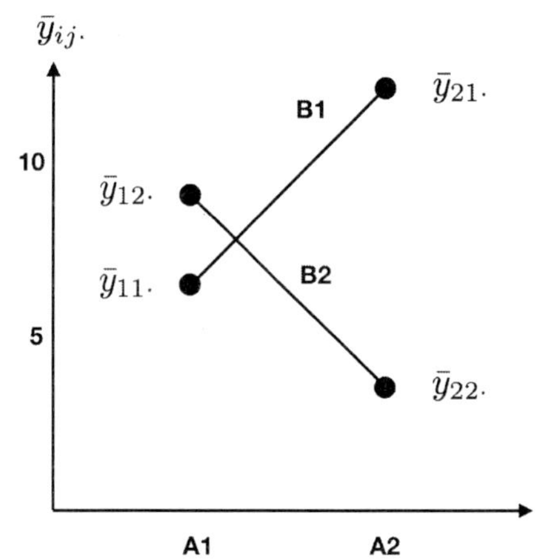

그림 7.3: A, B 요인의 상호작용효과 그래프(fertpest1)

Remark 만일 상호작용효과가 유의하다면 주효과에 대한 검정이나 그래프 해석을 맹목적으로 수행하면 안 된다. 예를 들어 표 7.2의 자료에서 상호작용효과가 유의하게 나왔지만 만일 주효과 그래프를 그린다면 그림 7.4가 될 것이므로, 이는 A요인의 효과가 유의하지 않다는 것을 의미하게 된다. 그러나 그림 7.3의 상호작용효과 그래프에서 보았듯이 A1에서 A2로 바뀌면서 방향은 다를지라도 반응값의 차이는 분명히 존재하고 있다. 따라서 상호작용효과가 존재할 때 우리는 'A요인의 주효과'를 언급하지말고 'B1(혹은 B2)이 주어진 경우에 A요인의 조건부 주효과[4]'를 언급해야 할 것이다.

[4]conditional main effect

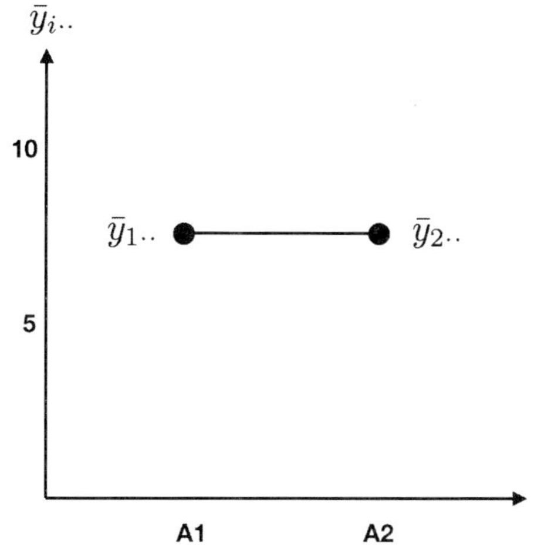

그림 7.4: 상호작용이 있는 자료(`fertpest2`)에서 A요인의 주효과 그래프

7.4 상호작용모형(Ineraction Model)

이원배치법에서 가법모형은

$$y_{ijk} = \mu + \alpha_i + \beta_j + \epsilon_{ijk} \tag{7.7}$$

로 소개되었으나 이와 같은 가법모형을 사용하면 요인 간 상호작용효과를 표현할 수 없다. 예를 들어 B1 인 경우에 A의 조건부 주효과는

$$\begin{aligned} E(\bar{y}_{21\cdot}) - E(\bar{y}_{11\cdot}) &= \alpha_2 + \beta_1 - \alpha_1 - \beta_1 \\ &= \alpha_2 - \alpha_1 \end{aligned} \tag{7.8}$$

이고, B2 인 경우에 A의 조건부 주효과는

$$\begin{aligned} E(\bar{y}_{22\cdot}) - E(\bar{y}_{12\cdot}) &= \alpha_2 + \beta_2 - \alpha_1 - \beta_2 \\ &= \alpha_2 - \alpha_1 \end{aligned} \tag{7.9}$$

이 되어 B1, B2 에 관계없이 A요인의 효과는 일정하게 되어서 AB 상호작용효과[5]는 존재하지 않는다. 따라서 이원배치법에서 상호작용효과가 존재할 것으로 생각된다면 가법모형대신 다음같은 '상호작용모형(interaction model)'을 사용해야 한다.

[5]'A×B 상호작용효과'라고도 한다.

이원배치법의 상호작용모형

주효과 α_i, β_j 외에 상호작용효과 $(\alpha\beta)_{ij}$를 포함하는 모형을 '상호작용모형(interaction model)'이라고 한다.

$$y_{ijk} = \mu + \alpha_i + \beta_j + (\alpha\beta)_{ij} + \epsilon_{ijk}, \quad i = 1, 2, \cdots, a, \quad j = 1, 2, \cdots, b, \quad k = 1, 2, \cdots, n. \tag{7.10}$$

Q 식 (7.10)을 이용하면 상호작용효과가 정의될 수 있는지를 B1(혹은 B2)이 주어질 때, A요인에 대한 기댓값 차이를 구해서 확인하라.

A B1 인 경우에 A의 조건부 주효과는

$$\begin{aligned} \mathrm{E}(\bar{y}_{21\cdot}) - \mathrm{E}(\bar{y}_{11\cdot}) &= \alpha_2 + \beta_1 + (\alpha\beta)_{21} - \alpha_1 - \beta_1 - (\alpha\beta)_{11} \\ &= \alpha_2 - \alpha_1 + \{(\alpha\beta)_{21} - (\alpha\beta)_{11}\} \end{aligned} \tag{7.11}$$

이고, B2 인 경우에 A의 조건부 주효과는

$$\begin{aligned} \mathrm{E}(\bar{y}_{22\cdot}) - \mathrm{E}(\bar{y}_{12\cdot}) &= \alpha_2 + \beta_2 + (\alpha\beta)_{22} - \alpha_1 - \beta_2 - (\alpha\beta)_{12} \\ &= \alpha_2 - \alpha_1 + \{(\alpha\beta)_{22} - (\alpha\beta)_{12}\} \end{aligned} \tag{7.12}$$

가 되어 B1 일 때 A요인의 효과와 B2 일 때 A요인의 효과는 다를 수 있어서 식 (7.10)을 상호작용모형으로 정의할 수 있다.

이제 이원배치법의 모형식은 (i) 상호작용이 없는 이원배치법(가법모형)과 (ii) 상호작용이 있는 이원배치법(상호작용모형)으로 나눌 수 있으며, 이를 정리하면 다음과 같다.

상호작용이 없는 이원배치법(가법모형)의 모형식

$$
\begin{aligned}
& y_{ijk} = \mu + \alpha_i + \beta_j + \epsilon_{ijk}, \\
& \quad i = 1,\, 2,\, \cdots,\, a, \\
& \quad j = 1,\, 2,\, \cdots,\, b, \\
& \quad k = 1,\, 2,\, \cdots,\, n_{ij}, \\
& \quad \sum_{i=1}^{a} \alpha_i = 0, \quad \sum_{j=1}^{b} \beta_j = 0, \\
& \quad \epsilon_{ijk} \overset{i.i.d.}{\sim} N(0,\, \sigma^2).
\end{aligned}
\tag{7.13}
$$

상호작용이 있는 이원배치법(상호작용모형)의 모형식

$$
\begin{aligned}
& y_{ijk} = \mu + \alpha_i + \beta_j + (\alpha\beta)_{ij} + \epsilon_{ijk}, \\
& \quad i = 1,\, 2,\, \cdots,\, a, \\
& \quad j = 1,\, 2,\, \cdots,\, b, \\
& \quad k = 1,\, 2,\, \cdots,\, n_{ij} \\
& \quad \sum_{i=1}^{a} \alpha_i = 0, \quad \sum_{j=1}^{b} \beta_j = 0, \\
& \quad \sum_{i=1}^{a} (\alpha\beta)_{ij} = 0, \quad j = 1,\, 2,\, \cdots,\, b, \\
& \quad \sum_{j=1}^{b} (\alpha\beta)_{ij} = 0, \quad i = 1,\, 2,\, \cdots,\, a, \\
& \quad \epsilon_{ijk} \overset{i.i.d.}{\sim} N(0,\, \sigma^2).
\end{aligned}
\tag{7.14}
$$

Q 상호작용이 있는 이원배치법 모형식에서 $\sum_{i=1}^{a}(\alpha\beta)_{ij} = \sum_{j=1}^{b}(\alpha\beta)_{ij} = 0$ 임을 증명하라.

Q $\mu_{ij} = \mu + \alpha_i + \beta_j + (\alpha\beta)_{ij}$ 라고 가정하면

$$\frac{1}{b}\sum_{j=1}^{b}\mu_{ij} = \mu + \alpha_i$$
$$\frac{1}{a}\sum_{i=1}^{a}\mu_{ij} = \mu + \beta_j$$
$$\frac{1}{ab}\sum_{i=1}^{a}\sum_{j=1}^{b}\mu_{ij} = \mu \tag{7.15}$$

임을 이용하면 $\sum_{i=1}^{a}(\alpha\beta)_{ij} = \sum_{j=1}^{b}(\alpha\beta)_{ij} = 0$ 임을 증명할 수 있다.

7.5 총제곱합의 분할과 자유도

A, B 요인으로 구성되는 상호작용이 없는 이원배치법의 모형식에서 총제곱합은

$$\begin{aligned}
\text{SST} &= \sum_{i=1}^{a}\sum_{j=1}^{b}\sum_{k=1}^{n}(y_{ijk} - \bar{y}_{\cdots})^2 \\
&= \sum_{i=1}^{a}\sum_{j=1}^{b}\sum_{k=1}^{n}(\bar{y}_{i\cdot\cdot} - \bar{y}_{\cdots} + \bar{y}_{\cdot j\cdot} - \bar{y}_{\cdots} + y_{ijk} - \bar{y}_{i\cdot\cdot} - \bar{y}_{\cdot j\cdot} + \bar{y}_{\cdots})^2 \\
&= \underbrace{\sum_{i=1}^{a}\sum_{j=1}^{b}\sum_{k=1}^{n}(\bar{y}_{i\cdot\cdot} - \bar{y}_{\cdots})^2}_{\text{SSA}} + \underbrace{\sum_{i=1}^{a}\sum_{j=1}^{b}\sum_{k=1}^{n}(\bar{y}_{\cdot j\cdot} - \bar{y}_{\cdots})^2}_{\text{SSB}} \\
&\quad + \underbrace{\sum_{i=1}^{a}\sum_{j=1}^{b}\sum_{k=1}^{n}(y_{ijk} - \bar{y}_{i\cdot\cdot} - \bar{y}_{\cdot j\cdot} + \bar{y}_{\cdots})^2}_{\text{SSE}}
\end{aligned} \tag{7.16}$$

이 되어

$$\text{SST} = \text{SSA} + \text{SSB} + \text{SSE} \tag{7.17}$$

로 분할된다.

또한 상호작용이 있는 이원배치법의 모형식에선 총제곱합이

$$\begin{aligned}
\text{SST} &= \sum_{i=1}^{a}\sum_{j=1}^{b}\sum_{k=1}^{n}(y_{ijk} - \bar{y}_{\cdots})^2 \\
&= \sum_{i=1}^{a}\sum_{j=1}^{b}\sum_{k=1}^{n}(\bar{y}_{i\cdot\cdot} - \bar{y}_{\cdots} + \bar{y}_{\cdot j\cdot} - \bar{y}_{\cdots} + \bar{y}_{ij\cdot} - \bar{y}_{i\cdot\cdot} - \bar{y}_{\cdot j\cdot} + \bar{y}_{\cdots} + y_{ijk} - \bar{y}_{ij\cdot})^2
\end{aligned}$$

$$= \underbrace{\sum_{i=1}^{a}\sum_{j=1}^{b}\sum_{k=1}^{n}(\bar{y}_{i\cdot\cdot} - \bar{y}_{\cdot\cdot\cdot})^2}_{\text{SSA}} + \underbrace{\sum_{i=1}^{a}\sum_{j=1}^{b}\sum_{k=1}^{n}(\bar{y}_{\cdot j\cdot} - \bar{y}_{\cdot\cdot\cdot})^2}_{\text{SSB}}$$

$$+ \underbrace{\sum_{i=1}^{a}\sum_{j=1}^{b}\sum_{k=1}^{n}(\bar{y}_{ij\cdot} - \bar{y}_{i\cdot\cdot} - \bar{y}_{\cdot j\cdot} + \bar{y}_{\cdot\cdot\cdot})^2}_{\text{SSAB}} + \underbrace{\sum_{i=1}^{a}\sum_{j=1}^{b}\sum_{k=1}^{n}(y_{ijk} - \bar{y}_{ij\cdot})^2}_{\text{SSE}} \quad (7.18)$$

가 되어

$$\text{SST} = \text{SSA} + \text{SSB} + \text{SSAB} + \text{SSE} \quad (7.19)$$

로 분할된다. 여기서, 가법모형의 SSE와 상호작용모형의 SSE의 공식이 다름에 주의하라.

또한 계산을 간편하기 위해 균형자료($n_{11} = n_{12} = \cdots = n_{ab} = n$)를 가정해서 제곱합의 자유도를 계산하면

$$\underbrace{(abn-1)}_{\text{df(SST)}} = \underbrace{(a-1)}_{\text{df(SSA)}} + \underbrace{(b-1)}_{\text{df(SSB)}} + \underbrace{(a-1)(b-1)}_{\text{df(SSAB)}} + \underbrace{ab(n-1)}_{\text{df(SSE)}} \quad (7.20)$$

가 되어 코크란의 정리 중 조건 1), 2)를 모두 만족하게 된다(연습문제 참조).

상호작용이 있는 이원배치법에서 제곱합의 간편한 공식

$$\text{SST} = \sum_{i=1}^{a}\sum_{j=1}^{b}\sum_{k=1}^{n} y_{ijk}^2 - \text{CT}, \qquad \text{CT} = \frac{y_{\cdot\cdot\cdot}^2}{abn} \quad (7.21)$$

$$\text{SSA} = \sum_{i=1}^{a} \frac{y_{i\cdot\cdot}^2}{bn} - \text{CT}, \quad (7.22)$$

$$\text{SSB} = \sum_{j=1}^{b} \frac{y_{\cdot j\cdot}^2}{an} - \text{CT}, \quad (7.23)$$

$$\text{SSAB} = \sum_{i=1}^{a}\sum_{j=1}^{b} \frac{y_{ij\cdot}^2}{n} - \sum_{i=1}^{a} \frac{y_{i\cdot\cdot}^2}{bn} - \sum_{j=1}^{b} \frac{y_{\cdot j\cdot}^2}{an} + \text{CT}, \quad (7.24)$$

$$\text{SSE} = \sum_{i=1}^{a}\sum_{j=1}^{b}\sum_{k=1}^{n} y_{ijk}^2 - \sum_{i=1}^{a}\sum_{j=1}^{b} \frac{y_{ij\cdot}^2}{n} \quad (7.25)$$

7.6 기대평균제곱(EMS) 계산

일원배치법의 분산분석표와 같이 이원배치법에서도 F 검정을 사용하기 위해서 코크란의 정리에 필요한 조건 1), 2), 3)을 만족시켜야 한다. 다행히 이전 단원에서 이미 조건 1)과 2)를 만족했으므로 이 단원에서는 이원배치법의 기대평균제곱(EMS)을 계산해 보자.

상호작용이 있는 이원배치법의 모형식인 식 (7.14)를 가정하고 SSA의 간편한 공식인 식 (7.22)를 이용해서 E(MSA)를 구하는 과정은 다음과 같다.

$$\begin{aligned} y_{i\cdot\cdot}^2 &= (bn\mu + bn\alpha_i + \epsilon_{i\cdot\cdot})^2 \\ &= b^2n^2\mu^2 + b^2n^2\alpha_i^2 + \epsilon_{i\cdot\cdot}^2 + 2b^2n^2\mu\alpha_i + 2bn\mu\epsilon_{i\cdot\cdot} + 2bn\alpha_i\epsilon_{i\cdot\cdot} \end{aligned} \tag{7.26}$$

$$\begin{aligned} \text{CT} &= \frac{1}{abn}y_{\cdot\cdot\cdot}^2 \\ &= \frac{1}{abn}(abn\mu + \epsilon_{\cdot\cdot\cdot})^2 \\ &= \frac{1}{abn}(a^2b^2n^2\mu^2 + \epsilon_{\cdot\cdot\cdot}^2 + 2abn\mu\epsilon_{\cdot\cdot\cdot}) \end{aligned} \tag{7.27}$$

그러므로

$$\begin{aligned} \text{E(MSA)} &= \frac{1}{a-1}\,\text{E(SSA)} = \frac{1}{a-1}\left\{\frac{\text{E}\left(\sum_{i=1}^a y_{i\cdot\cdot}^2\right)}{bn} - \text{E(CT)}\right\} \\ &= \frac{1}{a-1}\left(abn\mu^2 + bn\sum_{i=1}^a \alpha_i^2 + a\sigma^2 - abn\mu^2 - \sigma^2\right) \\ &= \sigma^2 + \frac{bn}{a-1}\sum_{i=1}^a \alpha_i^2 \end{aligned} \tag{7.28}$$

이 된다.

같은 방법으로 MSB, MSAB, MSE에 대한 기대평균제곱을 구하면 다음과 같다.

$$\text{E(MSB)} = \sigma^2 + \frac{an}{b-1}\sum_{j=1}^b \beta_j^2 \tag{7.29}$$

$$\text{E(MSAB)} = \sigma^2 + \frac{n}{(a-1)(b-1)}\sum_{i=1}^a\sum_{j=1}^b (\alpha\beta)_{ij}^2 \tag{7.30}$$

$$\text{E(MSE)} = \sigma^2 \tag{7.31}$$

이를 이용해 분산분석표를 구하면 다음과 같다(F_0 대신 기대평균제곱을 포함시킴).

Source	df	SS	MS	E(MS)
A	$a-1$	SSA	MSA	$\sigma^2 + \frac{bn}{a-1}\sum_{i=1}^{a}\alpha_i^2$
B	$b-1$	SSB	MSB	$\sigma^2 + \frac{an}{b-1}\sum_{j=1}^{b}\beta_j^2$
AB	$(a-1)(b-1)$	SSAB	MSAB	$\sigma^2 + \frac{n}{(a-1)(b-1)}\sum_{i=1}^{a}\sum_{j=1}^{b}(\alpha\beta)_{ij}^2$
Error	$ab(n-1)$	SSE	MSE	σ^2
Total	$abn-1$	SST		

코크란의 정리에 의해 A요인의 효과에 대한 가설에서

$$\begin{aligned} &H_0 : \alpha_1 = \alpha_2 = \cdots = \alpha_a = 0 \\ &H_1 : \exists\, \alpha_i \quad \text{s.t.} \quad \alpha_i \neq 0, \quad (i = 1, 2, \cdots, a) \end{aligned} \tag{7.32}$$

만일

$$F_0 = \frac{\text{MSA}}{\text{MSE}} > F_{0.05,\,(a-1),\,ab(n-1)} \tag{7.33}$$

이면 'A요인의 효과가 유의하다'고 판단된다.

B요인 효과에 대한 검정은

$$\begin{aligned} &H_0 : \beta_1 = \beta_2 = \cdots = \beta_b = 0 \\ &H_1 : \exists\, \beta_j \quad \text{s.t.} \quad \beta_j \neq 0 \quad (j = 1, 2, \cdots, b) \end{aligned} \tag{7.34}$$

가 되어, 만일

$$F_0 = \frac{\text{MSB}}{\text{MSE}} > F_{0.05,\,(b-1),\,ab(n-1)} \tag{7.35}$$

이면 'B요인의 효과가 유의하다'고 판단된다.

마지막으로 AB상호작용효과에 대한 검정은

$$\begin{aligned} &H_0 : (\alpha\beta)_{11} = (\alpha\beta)_{12} = \cdots = (\alpha\beta)_{ab} = 0 \\ &H_1 : \exists\, (\alpha\beta)_{ij} \quad \text{s.t.} \quad (\alpha\beta)_{ij} \neq 0, \quad (i = 1, 2, \cdots, a,\ j = 1, 2, \cdots, b) \end{aligned} \tag{7.36}$$

가 되어, 만일

$$F_0 = \frac{\text{MSAB}}{\text{MSE}} > F_{0.05,\,(a-1)(b-1),\,ab(n-1)} \tag{7.37}$$

이면 'AB상호작용효과가 유의하다'고 판단된다.

Example 공장에서 생산되는 제품의 불량품 개수에 영향을 끼치는 요인이 무엇인지 알아보려고 한다. 공장에서 사용하는 기계(`Machine`)효과와, 작업자(`Employee`) 효과를 이용한 이원배치법을 생각하고 있다. 따라서 현재 사용하는 기계 3개(Machine1, Machine2, Machine3)와 작업자 2명(Employee1, Employee2)에 대하여 전체 6개의 처리조합을 생성하고 각 처리조합에서 생성되는 3개의 배치[6]에 걸쳐 불량품 개수(`Defects`)를 기록하였다. 분산분석을 행하여 불량품에 영향을 주는 요인을 규명하라(유의수준 0.05).

		Employee	
		1	2
Machine	1	20, 18, 14	19, 20, 20
	2	14, 18, 14	12, 12, 9
	3	13, 16, 13	9, 4, 4

표 7.3: 기계와 작업자에 따른 불량품 개수 자료(`defect1`)

y_{ijk}를 'i번째 기계에서 j번째 작업자가 작업한 k번째 배치의 불량품 개수'라고 한다면 다음과 같은 모형식이 성립한다.

$$\begin{aligned} y_{ijk} &= \mu + \alpha_i + \beta_j + (\alpha\beta)_{ij} + \epsilon_{ijk}, \\ & i = 1,\ 2,\ 3, \\ & j = 1,\ 2, \\ & k = 1,\ 2,\ 3, \\ & \sum_{i=1}^{3} \alpha_i = 0, \quad \sum_{j=1}^{2} \beta_j = 0, \\ & \sum_{i=1}^{3} (\alpha\beta)_{ij} = 0, \quad j = 1,\ 2, \\ & \sum_{j=1}^{2} (\alpha\beta)_{ij} = 0, \quad i = 1,\ 2,\ 3, \\ & \epsilon_{ijk} \overset{i.i.d.}{\sim} N(0,\ \sigma^2). \end{aligned} \tag{7.38}$$

[6]batch: 동일 조건에서 생산되는 제품군으로 '로트(lot)'라고도 한다.

제곱합을 계산하면

$$\text{SST} = \sum_{i=1}^{3}\sum_{j=1}^{2}\sum_{k=1}^{3} y_{ijk}^2 - \frac{y_{\cdot\cdot\cdot}^2}{18} = 428.500$$

$$\text{SS(Mach)} = \sum_{i=1}^{3} \frac{y_{i\cdot\cdot}^2}{6} - \frac{y_{\cdot\cdot\cdot}^2}{18} = 229.333$$

$$\text{SS(Empl)} = \sum_{j=1}^{2} \frac{y_{\cdot j\cdot}^2}{9} - \frac{y_{\cdot\cdot\cdot}^2}{18} = 53.388$$

$$\text{SS(Machi*Empl)} = \sum_{i=1}^{3}\sum_{j=1}^{2} \frac{y_{ij\cdot}^2}{3} - \sum_{i=1}^{3} \frac{y_{i\cdot\cdot}^2}{6} - \sum_{j=1}^{2} \frac{y_{\cdot j\cdot}^2}{9} + \frac{y_{\cdot\cdot\cdot}^2}{18} = 87.111$$

$$\text{SSE} = \text{SST} - \text{SS(Mach)} - \text{SS(Empl)} - \text{SS(Mach*Empl)} = 58.666$$

이를 이용하여 분산분석표(ANOVA table)를 구하면 표 7.4가 되며 Mach*Empl 상호작용효과가 유의하게 나왔으므로 제품의 품질에 영향을 끼치는 요인은 기계와 작업자 모두 해당되며 자세한 분석은 조건부 주효과를 살펴봐야 한다.

Source	df	SS	MS	F_0	$\Pr(> F_0)$
Machine	2	229.333	114.666	$\frac{114.666}{4.888} = 23.45$	0.0001
Employee	1	53.388	53.388	$\frac{53.388}{4.888} = 10.92$	0.0063
Mach*Empl	2	87.111	43.555	$\frac{43.555}{4.888} = 8.91$	0.0042
Error	12	58.666	4.888		
Total	17	428.500			

표 7.4: 기계와 작업자에 따른 불량품 개수 자료(defect1)의 분산분석표

이 자료를 R의 aov3() 로 분석하려면 아래와 같다.

```
aov3(Defects ~ Machine*Employee, defect1)
```

그 결과, 표 7.4의 분산분석표는 그림 7.5와 일치한다. 그리고, 상호작용효과 그래프는 interaction.plot() 와 points() 를 이용했다.

```
Response : Defects
                   Df Sum Sq Mean Sq F value    Pr(>F)
MODEL               5 369.83  73.967 15.1295 8.010e-05 ***
 Machine            2 229.33 114.667 23.4545 7.145e-05 ***
 Employee           1  53.39  53.389 10.9205  0.006287 **
 Machine:Employee   2  87.11  43.556  8.9091  0.004248 **
RESIDUALS          12  58.67   4.889
CORRECTED TOTAL    17 428.50
---
Signif. codes:  0 '***' 0.001 '**' 0.01 '*' 0.05 '.' 0.1 ' ' 1
```

그림 7.5: 기계와 작업자에 따른 불량품 개수 자료(defect1)의 aov3() 출력

```
with(defect1, interaction.plot(Machine, Employee, Defects, bty="l",
          ylim=c(4, 20), ylab="No. of Defects", col=c("black","red")))
points(Defects ~ Machine, col=Employee, pch = 19, defect1)
```

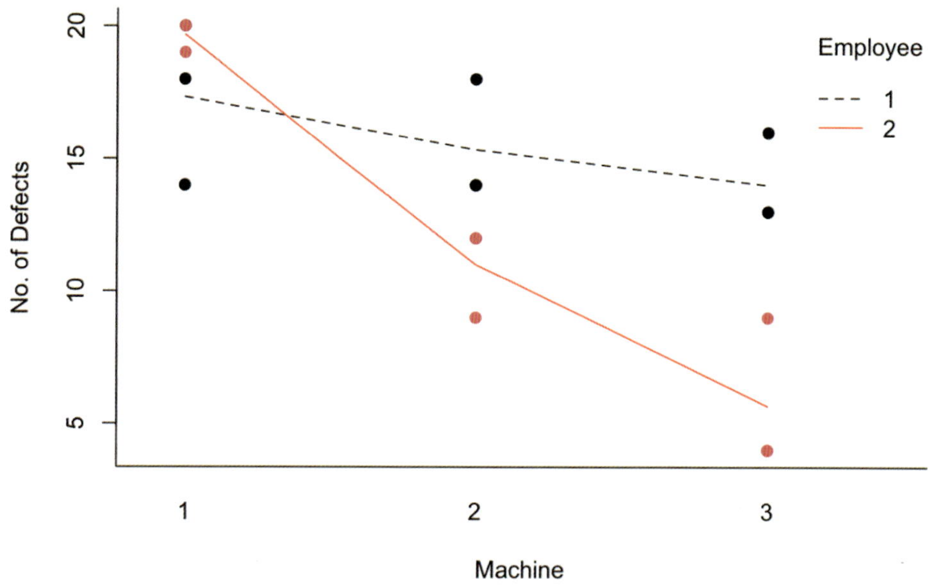

그림 7.6: interaction.plot() 함수와 points() 함수를 이용한 상호작용효과 그래프

그 결과, 그림 7.6은 기계(Machine)와 작업자(employee) 간 상호작용효과를 보여주고 있다. 전체적으로는 Machine1 에서 불량품 개수가 많이 발생하였으며, 조건부 주효과를 살펴보면 작업자가 Employee2 일 경우는 Machine1 보다는 Machine2 와

Machine3 에서 불량품 개수가 줄어드는 현상을 보여주고 있으나 Emplyee1 에게는 차이가 없어보인다. 이에 대한 유의성검정을 위해 SLICE() 함수를 사용하였다 (그림 7.7 참조).

```
SLICE(Defects ~ Machine*Employee, defect1, "Machine", "Employee")
```

```
  Df  Sum Sq Mean Sq F value    Pr(>F)
1  2  16.889   8.444  1.7273    0.2192
2  2 299.556 149.778 30.6364 1.929e-05 ***
---
Signif. codes:  0 '***' 0.001 '**' 0.01 '*' 0.05 '.' 0.1 ' ' 1
```

그림 7.7: SLICE() 를 이용한 유의성검정(각 Emplyee 에 대한 Machine 간 차이)

```
SLICE(Defects ~ Machine*Employee, defect1, "Employee", "Machine")
```

```
  Df  Sum Sq Mean Sq F value    Pr(>F)
1  1   8.167   8.167  1.6705 0.2205309
2  1  28.167  28.167  5.7614 0.0335013 *
3  1 104.167 104.167 21.3068 0.0005944 ***
---
Signif. codes:  0 '***' 0.001 '**' 0.01 '*' 0.05 '.' 0.1 ' ' 1
```

그림 7.8: SLICE() 를 이용한 유의성검정(각 Machine 에 대한 Emplyee 간 차이)

그림 7.7의 출력을 보면 Employee1 일 때 Machine 간 차이는 유의하지 않으나 (p-value: 0.2192), Employee2 에 대해서는 Machine 간 차이는 유의하다(p-value< 0.0001). 결론적으로 말하면, 작업자 Employee1 에게는 기계가 바뀌어도 불량품 개수 차이는 변하지 않고, Employee2 에게는 기계가 바뀜에 따라 불량품 개수의 차이가 발생한다. 같은 방법으로 순서를 바꿔서 Machine 에 대해서 SLICE() 함수를 사용하면, 그림 7.8에서 보듯이 기계 Machine2 와 Machine3 를 사용할 때는 Employee 가 누구인가에 따라 불량품의 개수 차이가 유의하지만(p-value: 0.0335, 0.0006), Machine1 을 사용할 때는 Employee 간 차이는 유의하지 않다(p-value: 0.2205).

7.7 $2^k \times 3^l$ 요인배치법

실험계획을 구분할 때 크게 두 가지 방법으로 구분한다. 한 가지 방법은 실험단위의 랜덤화 과정에 의한 분류인데, 앞서 소개한 완전임의화설계(CRD)나, 앞으로 소개할 RCBD, 라틴방격법 등이 **실험단위를 실험조건에 배정하는 방법**에 의한 구분이다. 다른 하나는 **실험조건을 구성하는 처리조합**에 의한 구분인데, 실험조건이 한 개의 요인에 의한 것이면 일원배치법, 두 개의 요인에 의한 것이면 이원배치법, 세 개의 요인이라면 삼원배치법이 된다. 이를 통틀어 '요인배치법(factorial design)'이라고 한다.

따라서 실험계획을 설명하면서 'CRD를 이용한 이원배치법'이라면 실험단위가 각 그룹에 배정될 확률은 모두 동일한 '완전임의화설계(CRD)'이면서 각 처리그룹은 2개 요인으로 구성된 요인배치법을 사용한다는 의미가 된다.

특히 요인배치법의 경우 각 요인의 수준수를 나타내는 표현방법을 사용하기도 하는데, 예를 들어 A요인이 2개의 수준(높음, 낮음), B요인이 3개의 수준(대, 중, 소)이라면 '이원배치법'대신 '2×3 요인배치법'이라는 표현을 사용하기도 한다. 만일 삼원배치법의 요인수준이 각각 2, 3, 3개라면 '$2 \times 3 \times 3$ 요인배치법' 혹은 '2×3^2 요인배치법'이라고 부르기도 한다.

Q $2^k \times 3^l$ 요인배치법은 몇 개의 요인으로 구성되는가?

A $2^k \times 3^l = \underbrace{2 \times 2 \times \cdots \times 2}_{k\text{개}} \times \underbrace{3 \times 3 \times \cdots \times 3}_{l\text{개}}$ 이므로 $(k+l)$개 요인으로 구성된다.

7.8 고정효과 vs. 임의효과

처리수준이나 처리조합을 결정하는 요인(factor) 가운데 우리의 관심이 실험에 사용된 특정 실험조건에만 국한되는 경우도 있지만, 그 실험조건이 속한 임의의 모집단 전체에 대하여 실험결과를 적용시키고 싶은 경우도 발생한다. 예를 들어 실험에 사용된 비료가 A1, A2, A3 세 종류라고 가정했을 때 우리의 관심은 이 세 가지 비료 종류에 따른 수확량 차이에 있었다. 그러나 어떤 이는 A1, A2, A3 세 종류의 비료 뿐 아니라 이 세 종류 비료가 속한 전체 모집단(예: 시중에 판매되는 화학비료 전체 집단)에 관심이 있을 수 있다. 이 경우 A1, A2, A3라는 세 가지 화학비료는 전체 모집단에서 임의로 추출된 처리수준이라고 가정하게 되며, 이와 같은 요인의 효과를 '임의효과(random effect)'라 한다. 만일 우리가 실험에 사용된 A1, A2, A3, 세 화학비료의 수확량 차이에만 관심이 있다면 비료의 효과는 '고정효과(fixed effect)'가 된다. 다시 말해서 우리가 실험결과를 실험에 사용된 수준에 관심있는지 아니면 이 수준이 속한 모집단에 관심이 있는지에 따라서 이를 '고정효과' 혹은 '임의효과'로 구분한다.

고정효과와 임의효과

- 고정효과(fixed effect): 우리의 관심이 실험에서 사용된 처리수준에만 국한된 요인의 효과
- 임의효과(random effect): 실험에서 사용된 요인의 처리수준이 어떤 모집단에서 임의추출된 것으로 가정하고 우리의 관심이 그 모집단에 속한 모든 처리수준에 있는 요인의 효과

	고정효과	임의효과
구분	'성별'같이 고유한 성질을 가지고 있으며 변하지 않는 효과. '치료방법'같이 사람의 의지에 의해 정할 수 있는 효과.	상당히 많은 수준이 존재해서 고정효과로 하기엔 모수의 수가 너무 많아지는 경우. 수준이 임의로(randomly) 선택되지 않아도 무관.
예	치료법, 성별, 인종, 계절요인, 비교적 오래 사용해야 하는 몇 대 안되는 기계, 고용상태가 변화할 것 같지 않은 몇 명 안되는 직원	환자, 입원일, 치료시작일, 수술일, 투약일, 약병 번호, 생산 번호, 원료/재료, 많은 기계, 많은 직원

표 7.5: 고정효과와 임의효과 구분 방법과 예

Q 다음 요인 중에서 고정효과와 임의효과를 구분하라.

- 성별(남, 여)
- 온도(30°C, 60°C, 90°C)
- 승용차 구동시스템(전륜구동, 후륜구동, 4륜구동)

[A] 성별과 승용차 구동시스템은 고정효과이나 온도는 고정효과/임의효과이다. 만일 실험목적이 30°C, 60°C, 90°C 에만 있다면 고정효과이지만 10°C – 100°C 중에 편의상 선택된 온도라면 임의효과로 간주함이 옳다.

Remark 지금까지 우리는 일원배치법이나 이원배치법의 모든 요인을 모두 '고정효과(fixed effect)'로 간주하였다. 따라서 지금까지 사용된 모형식인 식 (4.11)과 식 (7.14)는 모두 고정효과에 대한 모형식이라고 할 수 있다.

7.8.1 임의효과의 일원배치법

요인이 임의효과인 경우에 일원배치법의 모형식은 다음과 같다.

임의효과의 일원배치법

$$
\begin{aligned}
&y_{ij} = \mu + \tau_i + \epsilon_{ij}, \quad i = 1, 2, \cdots, a, \quad j = 1, 2, \cdots, n_i, \\
&\quad \tau_i \overset{i.i.d.}{\sim} N(0, \sigma_\tau^2), \\
&\quad \epsilon_{ij} \overset{i.i.d.}{\sim} N(0, \sigma^2), \\
&\quad \tau_i \text{ 와 } \epsilon_{ij} \text{ 는 서로 독립이다.}
\end{aligned} \tag{7.39}
$$

임의효과의 일원배치법 모형식에서 $n_1 = n_2 = \cdots = n_a = n$ 인 경우에 기대평균제곱을 구하면

$$\mathrm{E(MStreat)} = \sigma^2 + n\sigma_\tau^2 \tag{7.40}$$

$$\mathrm{E(MSE)} = \sigma^2 \tag{7.41}$$

이며 해당 귀무가설과 대립가설은 아래와 같다.

$$H_0: \ \sigma_\tau^2 = 0 \quad \text{vs.} \quad H_1: \ \sigma_\tau^2 > 0 \tag{7.42}$$

이를 이용한 분산분석표를 정리하면 표 7.6이 된다.

임의효과의 일원배치법에 사용된 분산의 종류는 σ_τ^2과 σ^2이다. 이를 '분산성분(variance component)'이라고 한다. 위에서는 우리의 관심있는 분산성분이 0인지, 아닌지를 검정하는 F 검정을 소개하였다. 그러나 요인의 효과 유무도 중요하지만, 그 효과가 얼마나 큰지를 추정하는 것도 의미있는 분석과정이다. 이와

Source	df	SS	MS	F_0
Treatment	$a-1$	SStreat	MStreat	$\frac{\text{MStreat}}{\text{MSE}}$
Error	$a(n-1)$	SSE	MSE	
Total	$an-1$	SST		

표 7.6: 임의효과의 일원배치법의 분산분석표

같이 $\hat{\sigma}_\tau^2$과 $\hat{\sigma}^2$ 같은 추정량을 통해 임의효과의 크기를 추정하는 방법을 '분산성분추정(variance component estimation)'이라고 한다.

분산성분추정에는 여러 가지 방법이 존재한다. 이 단원에서는 직관적이면서 제일 계산하기 쉬운 적률추정법(method of moments)을 이용한 분산성분추정방법을 소개한다. 먼저 임의효과의 일원배치법에서 식 (7.40)과 식 (7.41)에서 적률추정법에 의해 다음과 같은 식을 얻을 수 있다.

$$\text{MStreat} = \hat{\sigma}^2 + n\hat{\sigma}_\tau^2 \tag{7.43}$$

$$\text{MSE} = \hat{\sigma}^2 \tag{7.44}$$

그러므로 분산성분추정량은

$$\hat{\sigma}^2 = MSE \tag{7.45}$$

$$\hat{\sigma}_\tau^2 = \frac{\text{MStreat} - \text{MSE}}{n} \tag{7.46}$$

가 된다. 이때 만일 추정치가 음수가 되면 음수대신 '0'으로 값을 대치한다.

또한 분산성분추정량의 비율을 통해 처리효과가 얼마나 큰지를 가늠할 수 있다. 예를 들어 $y_{ij} = \mu + \tau + \epsilon_{ij}$ 이므로

$$\frac{\hat{\sigma}_\tau^2}{\hat{\text{V}}(y)} = \frac{\hat{\sigma}_\tau^2}{\hat{\sigma}_\tau^2 + \hat{\sigma}^2}$$

이 전체분산(total variance) 중 처리분산(treatment variance)이 차지하는 비율을 나타낸다.

7.8.2 임의효과의 이원배치법

두 요인이 모두 임의효과인 경우에 이원배치법의 모형식은 다음과 같다.

임의효과의 이원배치법

$$
\begin{aligned}
& y_{ijk} = \mu + \alpha_i + \beta_j + (\alpha\beta)_{ij} + \epsilon_{ijk}, \\
& \quad i = 1, 2, \cdots, a, \quad j = 1, 2, \cdots, b, \\
& \quad k = 1, 2, \cdots, n_{ij}, \\
& \quad \alpha_i \overset{i.i.d.}{\sim} N(0, \sigma_\alpha^2), \\
& \quad \beta_j \overset{i.i.d.}{\sim} N(0, \sigma_\beta^2), \\
& \quad (\alpha\beta)_{ij} \overset{i.i.d.}{\sim} N(0, \sigma_{\alpha\beta}^2), \\
& \quad \epsilon_{ijk} \overset{i.i.d.}{\sim} N(0, \sigma^2), \\
& \quad \alpha_i, \beta_j, (\alpha\beta)_{ij}, \epsilon_{ijk} \text{ 는 서로 독립이다.}
\end{aligned} \tag{7.47}
$$

임의효과의 이원배치법 모형식에서 $n_{11} = n_{12} = \cdots = n_{ab} = n$ 인 경우에 기대평균제곱을 구하면

$$\mathrm{E(MSA)} = \sigma^2 + n\sigma_{\alpha\beta}^2 + bn\sigma_\alpha^2 \tag{7.48}$$

$$\mathrm{E(MSB)} = \sigma^2 + n\sigma_{\alpha\beta}^2 + an\sigma_\beta^2 \tag{7.49}$$

$$\mathrm{E(MSAB)} = \sigma^2 + n\sigma_{\alpha\beta}^2 \tag{7.50}$$

$$\mathrm{E(MSE)} = \sigma^2 \tag{7.51}$$

이며 코크란의 정리에 의하면 다음과 같은 가설검정이 가능하다.

(1) **A요인 효과 검정**

$$H_0: \ \sigma_\alpha^2 = 0 \quad \text{vs.} \quad H_1: \ \sigma_\alpha^2 > 0 \tag{7.52}$$

코크란의 정리에 의하면 $H_0: \sigma_\alpha^2 = 0$ 을 검정하기 위해서는 분모가 MSE 가 아닌 MSAB 이어야 하므로 만일

$$F_0 = \frac{\mathrm{MSA}}{\mathrm{MSAB}} > F_{0.05,\, a-1,\, (a-1)(b-1)} \tag{7.53}$$

이면, 귀무가설 $H_0 : \sigma_\alpha^2 = 0$을 기각한다.

(2) **B요인 효과 검정**

$$H_0 : \ \sigma_\beta^2 = 0 \quad \text{vs.} \quad H_1 : \ \sigma_\beta^2 > 0 \tag{7.54}$$

마찬가지로 $H_0 : \sigma_\beta^2 = 0$을 검정하기 위해선 분모가 MSE가 아닌 MSAB이어야 하므로 만일

$$F_0 = \frac{\text{MSB}}{\text{MSAB}} > F_{0.05,\, b-1,\, (a-1)(b-1)} \tag{7.55}$$

이면, 귀무가설 $H_0 : \sigma_\beta^2 = 0$을 기각한다.

(3) **AB 상호작용효과 검정**

$$H_0 : \ \sigma_{\alpha\beta}^2 = 0 \quad \text{vs.} \quad H_1 : \ \sigma_{\alpha\beta}^2 > 0 \tag{7.56}$$

귀무가설 $H_0 : \sigma_{\alpha\beta}^2 = 0$을 검정하기 위해선 분모가 MSE이어야 하므로 만일

$$F_0 = \frac{\text{MSAB}}{\text{MSE}} > F_{0.05,\, (a-1)(b-1),\, ab(n-1)} \tag{7.57}$$

이면, 귀무가설 $H_0 : \sigma_{\alpha\beta}^2 = 0$을 기각한다.

이를 이용한 분산분석표를 정리하면 표 7.7이 된다.

Source	df	SS	MS	F_0
A	$a-1$	SSA	MSA	$\frac{\text{MSA}}{\text{MSAB}}$
B	$b-1$	SSB	MSB	$\frac{\text{MSB}}{\text{MSAB}}$
AB	$(a-1)(b-1)$	SSAB	MSAB	$\frac{\text{MSAB}}{\text{MSE}}$
Error	$ab(n-1)$	SSE	MSE	
Total	$abn-1$	SST		

표 7.7: 임의효과이 이원배치법의 분산분석표

7.8.3 혼합효과의 이원배치법

이원배치법의 두 요인 중 하나는 고정효과이고 나머지 하나는 임의효과인 경우를 '혼합모형(mixed model)'이라고 한다. 여기서는 A요인은 고정효과, B요인은 임의효과인 경우를 살펴본다. 이 경우 AB 상호작용효과는 자동으로 임의효과로 간주한다.

혼합효과의 이원배치법

$$\begin{aligned} & y_{ijk} = \mu + \alpha_i + \beta_j + (\alpha\beta)_{ij} + \epsilon_{ijk}, \\ & \quad i = 1, 2, \cdots, a, \quad j = 1, 2, \cdots, b, \\ & \quad k = 1, 2, \cdots, n_{ij}, \\ & \quad \sum_{i=1}^{a} \alpha_i = 0, \\ & \quad \beta_j \overset{i.i.d.}{\sim} N(0, \sigma_\beta^2), \\ & \quad (\alpha\beta)_{ij} \overset{i.i.d.}{\sim} N(0, \sigma_{\alpha\beta}^2), \\ & \quad \epsilon_{ijk} \overset{i.i.d.}{\sim} N(0, \sigma^2) \\ & \quad \beta_j, (\alpha\beta)_{ij}, \epsilon_{ijk} \text{ 는 서로 독립이다.} \end{aligned} \tag{7.58}$$

혼합효과의 이원배치법 모형식에서 $n_{11} = n_{12} = \cdots = n_{ab} = n$ 인 경우에 기대평균제곱을 구하면(어렵진 않지만 지겨운 과정을 거쳐서..)

$$\text{E(MSA)} = \sigma^2 + n\sigma_{\alpha\beta}^2 + \frac{bn}{a-1}\sum_{i=1}^{a}\alpha_i^2 \tag{7.59}$$

$$\text{E(MSB)} = \sigma^2 + n\sigma_{\alpha\beta}^2 + an\sigma_\beta^2 \tag{7.60}$$

$$\text{E(MSAB)} = \sigma^2 + n\sigma_{\alpha\beta}^2 \tag{7.61}$$

$$\text{E(MSE)} = \sigma^2 \tag{7.62}$$

이며 코크란의 정리에 의하면 다음과 같은 가설검정이 가능하다.

(1) **A요인 효과 검정**

$$H_0 : \alpha_1 = \alpha_2 = \cdots = \alpha_a = 0,$$

$$H_1 : \exists\, \alpha_i \quad \text{s.t.} \quad \alpha_i \neq 0\,, \quad (i = 1,\, 2,\, \cdots\,,\, a) \tag{7.63}$$

이를 검정하기 위해선 분모가 MSE 가 아닌 MSAB 이어야 하므로 만일

$$F_0 = \frac{\text{MSA}}{\text{MSAB}} > F_{0.05,\, a-1,\, (a-1)(b-1)} \tag{7.64}$$

이면, 귀무가설 $H_0 : \alpha_1 = \alpha_2 = \cdots = \alpha_a = 0$ 을 기각한다.

(2) **B요인 효과 검정**

$$H_0 : \ \sigma^2_\beta = 0 \quad \text{vs.} \quad H_1 : \ \sigma^2_\beta > 0 \tag{7.65}$$

이 가설을 검정하기 위해서는 검정통계량의 분모가 MSE 가 아닌 MSAB 이어야 하므로 만일

$$F_0 = \frac{\text{MSB}}{\text{MSAB}} > F_{0.05,\, b-1,\, (a-1)(b-1)} \tag{7.66}$$

이면, 귀무가설 $H_0 : \sigma^2_\beta = 0$ 을 기각한다.

(3) **AB 상호작용효과 검정**

$$H_0 : \ \sigma^2_{\alpha\beta} = 0 \quad \text{vs.} \quad H_1 : \ \sigma^2_{\alpha\beta} > 0 \tag{7.67}$$

귀무가설 $H_0 : \sigma^2_{\alpha\beta} = 0$ 을 검정하기 위해선 분모가 MSE 이어야 하므로 만일

$$F_0 = \frac{\text{MSAB}}{\text{MSE}} > F_{0.05,\, (a-1)(b-1),\, ab(n-1)} \tag{7.68}$$

이면, 귀무가설 $H_0 : \sigma^2_{\alpha\beta} = 0$ 을 기각한다.

이를 이용한 분산분석표를 정리하면 표 7.8이 된다.

Example 기계와 작업자에 따른 불량품 개수 자료(표 7.3: `defect1`)에서 2 명의 작업자(`Employee`)를 공장에서 일하는 작업자 가운데서 임의로 선택한 것이라고 가정하면 작업자요인은 임의효과로 간주해야 한다. 만일 실험계획에 임의효과가

Source	df	SS	MS	F_0
A	$a-1$	SSA	MSA	$\frac{\text{MSA}}{\text{MSAB}}$
B	$b-1$	SSB	MSB	$\frac{\text{MSB}}{\text{MSAB}}$
AB	$(a-1)(b-1)$	SSAB	MSAB	$\frac{\text{MSAB}}{\text{MSE}}$
Error	$ab(n-1)$	SSE	MSE	
Total	$abn-1$	SST		

표 7.8: 혼합효과의 이원배치법의 분산분석표

포함되었다면, R에서는 `GLM()` 외에 `sasLM`에 있는 `RanTest()`를 추가해서 올바른 F-검정을 실행한다. 그림 7.9는 작업자(Employee)를 임의효과로 간주한 R코드와 출력이다.

```
RanTest(Defects ~ Machine*Employee, defect1, Random = "Employee")
```

```
$Machine
Error: 1*Machine:Employee + 0*MSE
        Df  Sum Sq Mean Sq F value Pr(>F)
Machine  2 229.333 114.667  2.6327 0.2753
Error    2  87.111  43.556

$Employee
Error: 1*Machine:Employee + 0*MSE
         Df Sum Sq Mean Sq F value Pr(>F)
Employee  1 53.389  53.389  1.2258 0.3836
Error     2 87.111  43.556

$`The Rest Terms`
                 Df Sum Sq Mean Sq F value   Pr(>F)
Machine:Employee  2 87.111  43.556  8.9091 0.004248 **
RESIDUALS        12 58.667   4.889
---
Signif. codes:  0 '***' 0.001 '**' 0.01 '*' 0.05 '.' 0.1 ' ' 1

$EMS
                 Machine Employee Machine:Employee eps
Machine                Q                         3   1
Employee                        9                3   1
Machine:Employee                                 3   1
```

그림 7.9: `Employee`를 임의효과로 간주한 불량품 개수 자료(`defect1`)의 `RanTest()` 결과

그 결과, 출력의 `$EMS` 부분을 이용하면 식 (7.69)의 기대평균제곱을 구할 수 있다.

$$\begin{aligned}
&\text{E(MS_Machine)} = \sigma^2 + 3\,\sigma^2_{ME} + Q(M) \\
&\text{E(MS_Employee)} = \sigma^2 + 3\,\sigma^2_{ME} + 9\,\sigma^2_{E} \\
&\text{E(MS_Mach*Empl)} = \sigma^2 + 3\,\sigma^2_{ME} \\
&\text{E(MSE)} = \sigma^2
\end{aligned} \tag{7.69}$$

그림 7.9의 출력내용을 요약해서 혼합모형의 분산분석표를 완성하면 표 7.9와 같고 이는 모두 고정효과로 간주한 표 7.4의 분산분석표와 다르다.

Source	df	SS	MS	F_0	p-value
Machine	2	229.333	114.667	$\frac{114.667}{43.556} = 2.6327$	0.2753
Employee	1	53.389	53.389	$\frac{53.389}{43.556} = 1.2258$	0.3836
Mach*Empl	2	87.111	43.556	$\frac{43.556}{4.889} = 8.9091$	0.0042
Error	12	58.666	4.888		
Total	17	428.500			

표 7.9: 작업자(Employee)를 임의효과로 보았을 때 불량품 개수 자료의 분산분석표

이와같이 `RanTest()` 함수의 `Random` 옵션을 이용하면 어느 요인이 임의효과인지를 선언함으로써 기대평균제곱(EMS)을 자동으로 출력하여, 우리가 손으로 계산해야 되는 수고를 덜어주면서 이에 따른 적절한 F 검정을 자동으로 실시한다.

결론적으로, 표 7.9의 분산분석표에서는 기계(`Machine`)효과와 작업자(`Employee`) 효과는 유의하지 않으나 상호작용효과가 유의하기(p-value: 0.0042) 때문에, 주효과보단 '조건부 주효과'를 자세히 살펴봐야 할 것이다.

7.9 이원배치법의 다중비교

일원배치법처럼 이원배치법도 분산분석표의 F 검정이 유의하다면 그 유의한 차이가 어디에서 발생하는지 조사하는 다중비교를 추가적으로 하게 된다. 그러나 일원배치법과 달리 이원배치법의 분산분석표 안에는 3개의 F 검정이 존재하므로 그 결과에 따라 어떤 요인에 대한 다중비교를 할 것인지를 결정해야 한다.

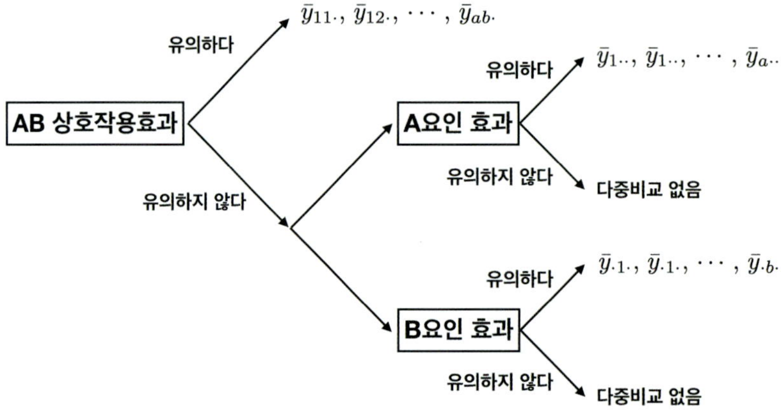

그림 7.10: 이원배치법 F 검정에 따른 다중비교 영역

그림 7.10은 AB 상호작용효과의 유무에 따라 어떤 다중비교가 가능할 것인지를 보여준다. 만약 분산분석표에서 AB 상호작용효과가 유의하다고 판정되면 A요인이나 B요인의 다중비교는 의미가 없다. 그 이유는 상호작용효과가 유의하면 주효과보다 조건부 주효과에 대한 분석이 중요하기 때문이다.

그러나, AB 상호작용효과가 유의하지 않지만 A요인 효과가 유의하다면, A요인의 수준 간 다중비교를 하고, A요인 효과가 유의하지 않다면 더 이상 다중비교를 할 이유는 없다. 그리고 만일 AB상호작용이 유의하다면 AB 처리조합 간 다중비교가 의미가 있을 것이다.

Example 기계와 작업자에 따른 불량품 개수 자료(defect1)에서, 기계와 작업자를 모두 고정효과로 간주하면 분산분석표(표 7.4)에서 상호작용효과는 유의한 것으로 판정된다(p-value: 0.0042). 이에 대한 다중비교 R코드는 다음과 같다.

```
formlr = Defects ~ Machine*Employee
LSM(formlr, defect1, "Machine:Employee", adj="Tukey", PLOT=T)
```

```
PDIFF(formlr, defect1, "Machine:Employee", PLOT=T, adj="Tukey",
     main="Machin:Employee Multiple Comparison by Tukey")
```

그 결과 그림 7.11-그림 7.12에서 Machine3-Employee2 의 조합에서 평균 불량품 개수가 제일 적고 Machine1-Employee2 일 때 평균 불량품 개수가 제일 많은 것으로 판단된다. 따라서 불량품 개수가 적은 그룹은 (3:2)와 (2:2)로 구성된다.

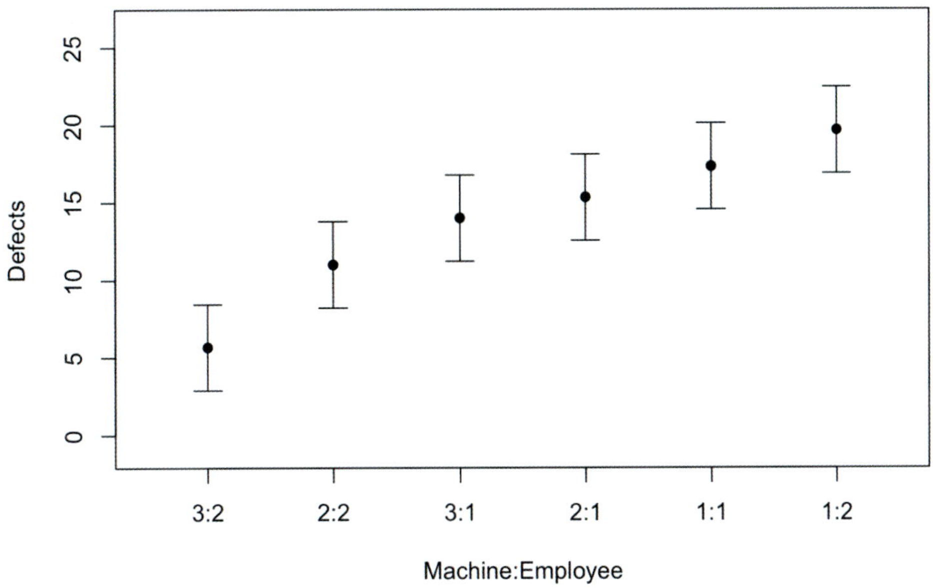

	Group	LSmean	LowerCL	UpperCL	SE	Df
1:2	A	19.666667	16.885261	22.448073	1.276569	12
1:1	A	17.333333	14.551927	20.114739	1.276569	12
2:1	AB	15.333333	12.551927	18.114739	1.276569	12
3:1	AB	14.000000	11.218594	16.781406	1.276569	12
2:2	BC	11.000000	8.218594	13.781406	1.276569	12
3:2	C	5.666667	2.885261	8.448073	1.276569	12

그림 7.11: 불량품 개수 자료(`defect1`)에서 `LSM()` 을 이용한 `Machine*Employee` 다중비교

7.10 오차의 합동(Pooling)

상호작용이 유의하지 않다고 결론이 나왔을 때, 분산분석표의 상호작용항을 오차항에 합치는 작업을 통해서 오차에 대한 자유도를 증가시키는 경우가 있는데, 이를 '오차의 합동(pooling)'이라고 한다.

이러한 풀링(pooling)은 다음과 같은 이점이 있다. 상호작용효과가 유의하지 않으면 상호작용의 제곱합(SSAB)이 작아서, 오차의 합동에 의한 오차제곱합(SSE)의 증가량은 작은데 비해 오차 자유도의 증가는 상대적으로 클 수 있어서, 이것이 MSE의 감소로 이어진다면 ANOVA의 F 검정의 검정력은 오차의 합동 전보다 증가하게 된다. 이런 목적으로 오차의 합동을 선호하는 사람들이 있지만 반대로 오차의 합동을 반대하는 사람들도 있다. 이와 같은 다양한 의견을 정리하면 다음과

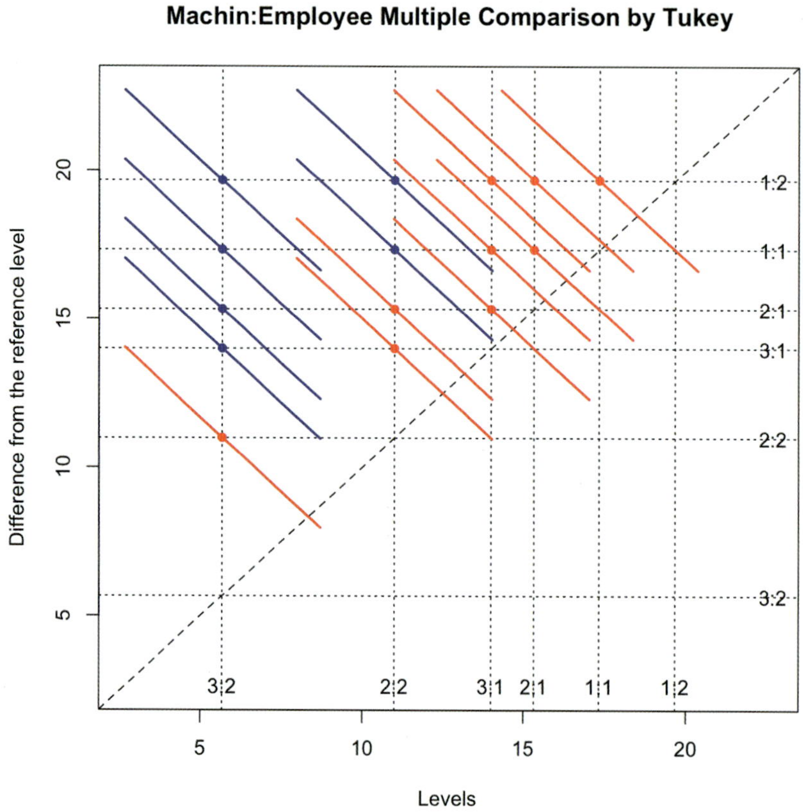

그림 7.12: 불량품 개수 자료(`defect1`)에서 `PDIFF()` 을 이용한 Diffogram

Source	df	SS
A	$a-1$	SSA
B	$b-1$	SSB
AB	$(a-1)(b-1)$	SSAB
Error	$ab(n-1)$	SSE
Total	$abn-1$	SST

Source	df	SS
A	$a-1$	SSA
B	$b-1$	SSB
Error	$abn-a-b+1$	SSE
Total	$abn-1$	SST

표 7.10: 오차의 합동 전/후의 분산분석표

같다.

(견해1) 절대로 오차의 합동을 실시하지 않는다.

(견해2) 상호작용이 유의하지 않으면 무조건 오차의 합동을 실시한다(유의수준 0.25 를 사용함).

(견해3) 자료와 실험의 과거기록이나 내용을 살펴보아서 상호작용효과가 없다는 확신이 들면 오차의 합동을 실시한다.

(견해4) 오차의 합동으로 신뢰구간이 좁아지면 합동한다.

라고 정리할 수 있다. 쉐페[7]는 견해3)을 주장하면서 오차의 자유도가 20~30 가량 되면 오차의 합동을 실시할 필요가 없다고 하였다.

7.11 연습문제

【7.1】 상호작용이 없는 이원배치법에서 SST의 분할이 다음과 같게 됨을 증명하라.

$$\mathrm{SST} = \mathrm{SSA} + \mathrm{SSB} + \mathrm{SSE} \tag{7.70}$$

【7.2】 상호작용이 있는 이원배치법에서 SST의 분할이 다음과 같게 됨을 증명하라.

$$\mathrm{SST} = \mathrm{SSA} + \mathrm{SSB} + \mathrm{SSAB} + \mathrm{SSE} \tag{7.71}$$

【7.3】 상호작용이 있는 이원배치법에서 반복수가 n 으로 동일한 경우

$$\underbrace{(abn-1)}_{\mathrm{df(SST)}} = \underbrace{(a-1)}_{\mathrm{df(SSA)}} + \underbrace{(b-1)}_{\mathrm{df(SSB)}} + \underbrace{(a-1)(b-1)}_{\mathrm{df(SSAB)}} + \underbrace{ab(n-1)}_{\mathrm{df(SSE)}} \tag{7.72}$$

가 됨을 증명하라.

【7.4】 다음의 제곱합에 대한 간편한 공식을 증명하라.

$$\mathrm{SST} = \sum_{i=1}^{a}\sum_{j=1}^{b}\sum_{k=1}^{n} y_{ijk}^2 - \mathrm{CT}, \qquad \mathrm{CT} = \frac{y_{\cdots}^2}{abn} \tag{7.73}$$

$$\mathrm{SSA} = \sum_{i=1}^{a}\frac{y_{i\cdot\cdot}^2}{bn} - \mathrm{CT}, \qquad \mathrm{SSB} = \sum_{j=1}^{b}\frac{y_{\cdot j\cdot}^2}{an} - \mathrm{CT}, \tag{7.74}$$

$$\mathrm{SSAB} = \sum_{i=1}^{a}\sum_{j=1}^{b}\frac{y_{ij\cdot}^2}{n} - \sum_{i=1}^{a}\frac{y_{i\cdot\cdot}^2}{bn} - \sum_{j=1}^{b}\frac{y_{\cdot j\cdot}^2}{an} + \mathrm{CT}, \tag{7.75}$$

$$\mathrm{SSE} = \sum_{i=1}^{a}\sum_{j=1}^{b}\sum_{k=1}^{n} y_{ijk}^2 - \sum_{i=1}^{a}\sum_{j=1}^{b}\frac{y_{ij\cdot}^2}{n} \tag{7.76}$$

[7]Scheffe, H (1959) "The Analysis of Variance", Wiley, New York.

【7.5】 고정효과로 이루어진 상호작용이 있는 이원배치법에서 기대평균제곱이 다음과 같음을 증명하라.

$$\mathrm{E(MSB)} = \sigma^2 + \frac{an}{b-1}\sum_{j=1}^{b}\beta_j^2$$

$$\mathrm{E(MSAB)} = \sigma^2 + \frac{n}{(a-1)(b-1)}\sum_{i=1}^{a}\sum_{j=1}^{b}(\alpha\beta)_{ij}^2$$

$$\mathrm{E(MSE)} = \sigma^2$$

【7.6】 임의효과로 이루어진 일원배치법에서 식 (7.39)에서 $n_1 = n_2 = \cdots = n_a = n$을 가정할 때 기대평균제곱이 다음과 같음을 증명하라.

$$\mathrm{E(MStreat)} = \sigma^2 + n\sigma_\tau^2 \tag{7.77}$$

$$\mathrm{E(MSE)} = \sigma^2 \tag{7.78}$$

【7.7】 기계(Machine)와 작업자(Employee)에 따른 불량품 개수 자료(표 7.3: defect1)에서 기계와 작업자 모두를 임의효과로 간주할 때, 아래 R코드를 실행하여 생성된 출력을 가지고 분산분석표를 작성하고 결론을 적어라.

```
formlr = Defects ~ Machine*Employee
aov3(formlr, defect1)
RanTest(formlr, defect1, Random = c("Machine", "Employee"))
```

【7.8】 한 기술자는 가공선반의 도구(tool)의 수명(Lifetime)은 절삭속도(A), 도구의 모양(B), 절삭각도(C)의 영향을 받을 것이라고 생각하고 있다. 자신의 생각이 옳은지를 판단하기 위해 자신이 사용하는 가공선반에 조건을 바꿔가면서 작업을 했다. 각 요인(A, B, C)에 대하여 2가지의 수준(빠르다/느리다, 모양1/모양2, 예리하다/둔하다)을 결정해서 3회 반복실험을 한 결과 표 7.11의 도구 수명이 측정되었다.

1) 세 요인을 모두 고정효과로 간주하고 3요인 상호작용은 무시한 모형식을 작성하여라.

tool			Lifetime		
A	B	C			
1	1	1	22	31	25
2	1	1	32	43	29
1	2	1	35	34	50
2	2	1	55	47	46
1	1	2	44	45	38
2	1	2	40	37	36
1	2	2	60	50	54
2	2	2	39	41	47

표 7.11: 선반 도구(A, B, C)의 수명(Lifetime) 자료(toollife)

2) 위 1)번의 손으로 계산해서 분산분석표를 작성하고(유의수준 0.05) 각 요인의 효과에 대하여 논하라.

3) 위 2)번의 분산분석표(모두 고정효과 가정)를 `aov3()` 를 이용하여 값이 일치함을 확인하라.

4) 고정효과를 가정한 분산분석표에서 AC 상호작용이 유의하다고 가정하고, 이에 대한 다중비교를 튜키의 검정으로 실시하라.

7.12 프로젝트(자전거로 오르막길 오르기)

일정한 거리의 오르막길을 자전거로 도착하는 실험을 계획할 때, 다음의 실험 요인을 고려해 본다.

- 안장(seat) 높이: (seat_up, seat_dw)
- 손잡이(handle) 높이: (handle_up, handle_dw)
- 기어(gear) 변속: (gear_hi, gear_lo)

[1] 실험순서는 랜덤하게 각 실험조건에 대해 2회 반복하여 시간(초)을 기록한다.

[2] 3요인 상호작용까지 모든 요인을 고정효과로 간주하고 분산분석표를 완성한다.

[3] 3요인 상호작용을 오차에 합동시킨 모형에서 주효과(S, H, G) 그래프를 그림 5.16같이 `LSM()` 을 이용해 작성한 후에 이를 해석한다.

[4] 2요인 상호작용(SH, SG, HG) 중에 유의한 상호작용효과가 있으면 상호작용효과 그래프를 작성하고 이를 해석한다.

[5] 위 [4]에서 유의한 2요인 상호작용이 있으면, 이에 대한 `LSMEANS` 를 튜키의 검정으로 실시하여 가장 빠른 시간에 오르막길을 오르는 그룹을 선정하여 그 요인 조합을 구한다.

프로젝트 Worksheet (이름 :)

[1] 실험순서를 랜덤화하여 도달시간을 기록한다.

Seat	Handle	Gear	시간(초)	시간(초)
seat_up	handle_up	gear_hi		
seat_up	handle_up	gear_lo		
seat_up	handle_dw	gear_hi		
seat_up	handle_dw	gear_lo		
seat_dw	handle_up	gear_hi		
seat_dw	handle_up	gear_lo		
seat_dw	handle_dw	gear_hi		
seat_dw	handle_dw	gear_lo		

표 7.12: 자전거로 언덕을 오르는데 걸린 시간

[2] 모든 요인을 고정효과로 간주하고 분산분석표 작성.

Source	df	SS	MS	Fo
Seat/S				
Handle/H				
Gear/G				
S*H				
S*G				
H*G				
S*H*G				
Error				
Total				

표 7.13: 3요인 상호작용이 포함된 자전거 자료의 분산분석표

유의한 요인 (유의수준 0.05):

[3] 3요인 상호작용을 오차에 합동시키고, S, H, G에 대한 주효과 그래프를 그림 5.14같이 아래 LSM() 을 이용해 작성하고 주효과를 해석.

```
formlr = 
mt = LSM(formlr,        ,  "  ",  PLOT=T)
lines(  1: ,  sort(mt[1: ,2]))
```

주효과 그래프 해석:

[4] 위 [3]의 모형에서 2요인 상호작용에 대한 상호작용효과 그래프를 그림 7.6같이 interaction.plot() 과 points() 함수를 이용해 작성.

```
formlr = 
with(        , interaction.plot( , ,          , bty="l",
           ylim=c(    ,    ), ylab="         ", col=c("black","red")))
points(        ~  , col=  , pch = 19,          )
```

[5] 위 [4]의 2요인 상호작용에 대해 그림 7.11-7.12같이 LSM() 과 PDIFF() 를 이용해 튜키(Tukey)의 검정으로 자전거로 가장 빠르게 오르막길을 오르는 요인수준을 구함.

```
formlr = 
LSM(formlr,         , " : ", adj="tukey", PLOT=T)
```

```
PDIFF(formlr,         , " : ", PLOT=T, adj="Tukey",
     main=" :  multiple comparison by Tukey")
```

요인수준을 선택:
(seat_up, seat_dw) (handle_up, handle_dw)
(gear_hi, gear_lo)

Chapter 8

내포요인이 있는 이원배치법

8.1 교차요인과 내포요인(Nested Factor)

요인배치법(factorial design)에서 처리조합을 '한 요인의 수준이 다른 요인의 수준에 관계없이 일정한 성질을 유지'하면 이 두 요인은 교차(crossed)되었다고 한다. 예를 들어 두 요인 A, B가 있을 때(예: A=비료의 종류, B=농약의 종류), 비료 A1은 농약 B1을 쓰든 B2를 쓰든 관계없이 비료 A1의 성분은 동일하다. 이때 A요인과 B요인은 '교차요인(crossed factor)'이라고 한다. 교차요인의 처리조합은 표 8.1같이 표현할 수 있다.

	B1	B2
A1	(A1, B1)	(A1, B2)
A2	(A2, B1)	(A2, B2)

표 8.1: 교차요인의 처리조합

그러나, B요인의 성질이 A1 혹은 A2에 따라 달라진다면 'B요인은 A요인에 내포되었다(factor B is nested within factor A)'라고 하고, B요인은 '내포요인(nested factor)'이며 B대신 B(A)로 표기한다. 두 요인의 관계는 그림 8.1로 나타난다.

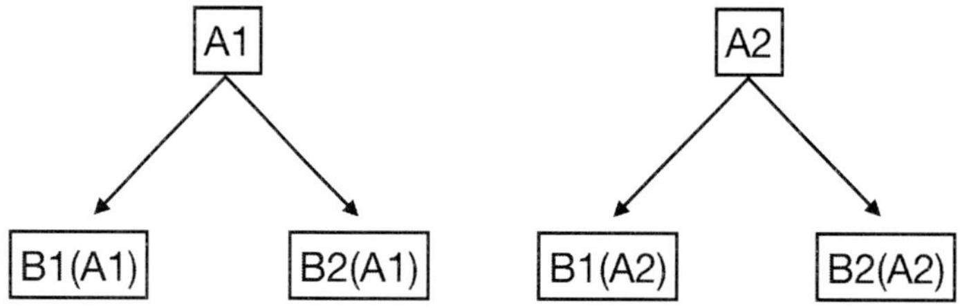

그림 8.1: A요인과 내포요인 B(A)의 관계

교차요인과 내포요인

한 요인이 다른 요인의 수준에 관계없이 그 성질을 유지하면 두 요인은 '교차(crossed)'되었다고 하며, B요인의 성질이 A요인의 수준에 따라 달라진다면 B요인은 A요인에 '내포(nested)'되었다고 하며 B대신 B(A)로 표기한다.

내포요인은 자료를 습득하는 표본추출 과정에서 많이 일어나고 있다. 예를 들어 돼지 사육자가 돼지 사료의 종류에 따라 아기 돼지의 체중증가량이 변하는지 알아보고 싶다고 가정하자. 돼지 사료의 종류가 A1, A2이고, A1 사료를 주는 돼지 사육장을 두 군데 선정하여 B1, B2라 하고, A2사료를 주는 사육장을 두 군데 선정하여 B1, B2라고 하자. 이 경우 두 군데 사육장을 B1, B2라고 표기했지만 사실 A1사료를 사용하는 첫 번째 사육장 B1과 A2사료를 사용하는 첫 번째 사육장 B1은 서로 다른 사육장이고 편의상 B1으로 같게 표기한 것이다. 따라서 실험에 참가한 4개 사육장은 실제로는 B1(A1), B2(A1), B1(A2), B2(A2)가 되어 사육장의 종류(B요인)는 사료의 종류(A요인)에 내포(nested)된 형태가 된다.

이렇게 내포요인을 가진 실험계획을 '내포설계(nested design)[1]'라고 하고, 내포요인을 포함한 모형을 '내포모형(nested model)'이라고 한다. 주의할 점은 내포요인(예: 사육장)과 이를 정의하는 요인(예: 사료의 종류) 간 상호작용은 정의상 존재할 수 없다. 그러므로 내포요인의 제곱합은 자신의 제곱합과 상호작용의 제곱합을 더한 값이 된다(다음 단원에 자세히 설명).

[1]나무가지 모양을 했다고 해서 지분(枝分)설계라고도 한다.

내포요인의 제곱합과 자유도

- SSB(A) = SSB + SSAB
- $\underbrace{a(b-1)}_{\text{df(SSB(A))}} = \underbrace{(b-1)}_{\text{df(SSB)}} + \underbrace{(a-1)(b-1)}_{\text{df(SSAB)}}$

Remark 일원배치법 $y_{ij} = \mu + \tau_i + \epsilon_{ij}$ 의 오차항 ϵ_{ij} 에서 반복수를 나타내는 j 는 $j = 1, 2, \cdots, n$ 이지만 오차의 독립성 성질상 ϵ_{1j} 의 j 수준이 ϵ_{2j} 의 j 수준과 같은 성질은 아니다. 따라서 실험계획에서 오차항 ϵ_{ij} 에서 반복수를 나타내는 j 는 사실상 처리수준 i 에 내포된 것으로 $\epsilon_{j(i)}$ 로 표기하기도 한다.

Remark 표본조사에서 다단계추출(multi-stage sampling)은 내포모형의 대표적인 예다. 예를 들어 전국의 대학 중 5개 대학(A1, A2, A3, A4, A5)을 선정한 후에 선정된 대학에서 5개의 학과(B1, B2, B3, B4, B5)를 선정할 경우에 학과요인(B)는 자연스럽게 대학요인(A)에 내포된다.

이원배치법에서 내포요인이 포함된 내포모형의 모형식은 다음과 같다.

내포모형의 모형식

$$
\begin{aligned}
& y_{ijk} = \mu + \alpha_i + \beta_{j(i)} + \epsilon_{ijk}, \\
& \quad i = 1, 2, \cdots, a, \\
& \quad j = 1, 2, \cdots, b, \\
& \quad k = 1, 2, \cdots, n_{ij}, \\
& \quad \sum_{i=1}^{a} \alpha_i = 0 \quad \text{혹은} \quad \alpha_i \overset{i.i.d.}{\sim} N(0, \sigma_\alpha^2), \\
& \quad \sum_{j=1}^{b} \beta_{j(i)} = 0 \quad \text{혹은} \quad \beta_{j(i)} \overset{i.i.d.}{\sim} N(0, \sigma_\beta^2), \\
& \quad \epsilon_{ijk} \overset{i.i.d.}{\sim} N(0, \sigma^2), \\
& \quad \alpha_i, \beta_{j(i)}, \epsilon_{ijk} \text{ 는 서로 독립이다.}
\end{aligned}
\tag{8.1}
$$

8.2 내포모형의 분산분석표

내포요인을 포함한 이원배치법의 경우도 고정효과/임의효과 정의에 따라 F 검정 통계량이 달라지므로 주의해야 한다. 두 요인 모두 고정효과인 내포모형의 분산분석표는 그림 8.2 같다(연습문제 참조).

Source	df	SS	MS	F_0
A	$a-1$	SSA	MSA	$\frac{\text{MSA}}{\text{MSE}}$
B(A)	$a(b-1)$	SSB(A)	MSB(A)	$\frac{\text{MSB(A)}}{\text{MSE}}$
Error	$ab(n-1)$	SSE	MSE	
Total	$abn-1$	SST		

표 8.2: 내포모형의 이원배치법 분산분석표(두 요인 모두 고정효과인 경우)

그러나 두 요인이 모두 임의효과인 내포모형의 분산분석표는 그림 8.3이 된다(연습문제 참조).

Source	df	SS	MS	F_0
A	$a-1$	SSA	MSA	$\frac{\text{MSA}}{\text{MSB(A)}}$
B(A)	$a(b-1)$	SSB(A)	MSB(A)	$\frac{\text{MSB(A)}}{\text{MSE}}$
Error	$ab(n-1)$	SSE	MSE	
Total	$abn-1$	SST		

표 8.3: 내포모형의 이원배치법 분산분석표(두 요인 모두 임의효과인 경우)

다음의 `aov3()`, `RanTest()` 함수를 사용한 R코드는 B요인을 내포요인으로 정의하면서 A와 B(A)를 모두 임의효과로 정의하고 있다.

```
formlr = Y ~ A + A:B
aov3(formlr, df)
RanTest(formlr, df, Random = c("A","B"))
```

여기서, 내포모형을 정의하는 모형식 `formlr` 부분은 다음 중 하나로 바꿔쓸 수 있다.

```
formlr = Y ~ A + A/B
formlr = Y ~ A/B
formlr = Y ~ A + B %in% A
```

Example 학교나 담임선생님에 따라 학생들의 모의고사 성적이 차이가 나는지 알아보기 위해, 임의로 3개의 학교(School)를 선정하고(A1, A2, A3), 각 학교에서 임의로 2개의 반(Class)을 선정하였다(B1, B2). 모의고사 후 각 반에서 3명의 학생에 대한 성적(Y)을 조사한 결과 다음의 표 8.4를 얻게 되었다.

A	1		2		3	
B	1	2	1	2	1	2
Y	20	19	14	12	13	9
	18	20	18	12	16	4
	14	20	14	9	13	4

표 8.4: 학교(A)-학급(B)별 모의고사 성적 자료(score2)

이 자료에서 B1반, B2반은 그 학급이 속해있는 학교에 따라 학급의 성질이 정해진다. 왜냐하면 A1학교의 B1반이 A2학교의 B1반과 같은 성질을 갖고 있다고 말하기는 힘들다. 그러므로 B요인은 A요인에 내포되었다. 또한 이 경우, 두 요인 모두 임의효과로 가정함이 적당하다.

제곱합을 계산하면

$$\text{SST} = \sum_{i=1}^{3}\sum_{j=1}^{2}\sum_{k=1}^{3} y_{ijk}^2 - \frac{y_{\cdot\cdot\cdot}^2}{18} = 428.500$$

$$\text{SSA} = \sum_{i=1}^{3} \frac{y_{i\cdot\cdot}^2}{6} - \frac{y_{\cdot\cdot\cdot}^2}{18} = 229.333$$

$$\text{SSB} = \sum_{j=1}^{2} \frac{y_{\cdot j\cdot}^2}{9} - \frac{y_{\cdot\cdot\cdot}^2}{18} = 53.388$$

$$\text{SSAB} = \sum_{i=1}^{3}\sum_{j=1}^{2} \frac{y_{ij\cdot}^2}{3} - \sum_{i=1}^{3} \frac{y_{i\cdot\cdot}^2}{6} - \sum_{j=1}^{2} \frac{y_{\cdot j\cdot}^2}{9} + \frac{y_{\cdot\cdot\cdot}^2}{18} = 87.111$$

$$\text{SSE} = \text{SST} - \text{SSA} - \text{SSB} - \text{SSAB} = 58.666$$

이 되는데

$$SSB(A) = SSB + SSAB = 140.500 \tag{8.2}$$

이다. 두 요인 모두 임의효과(random effect)이므로, 분산분석표는 표 8.5가 된다.

Source	df	SS	MS	F_0
School	2	229.333	114.666	2.448
Class(School)	3	140.500	46.833	9.58 **
Error	12	58.666	4.888	
Total	17	428.500		

표 8.5: 임의효과모형일 때, 학교-학급별 모의고사 성적 자료(score2)에 대한 분산분석표

이 분산분석표에 의하면 학교와 학교 간 모의고사 성적차이는 유의하지 않았고 (유의수준 0.05) 학급 간 모의고사 성적차이는 유의한 것으로 판단된다.

이제 다중비교를 통해 모의고사 성적이 높은 그룹을 선정해 보자. 이에 대한 LSM() 과 PDIFF() 함수는 다음과 같다.

```
formlr = Y ~ School/Class
aov3(formlr, score2)
RanTest(formlr, score2, Random = c("School", "Class"))
LSM(formlr, score2, "School:Class", adj = "Tukey", PLOT=T)
```

```
PDIFF(formlr, score2, "School:Class", adj = "Tukey", PLOT=T,
      main="School:Class Multiple Comparison by Tukey")
```

RanTest() 의 출력(그림 8.2)의 $EMS 에서 식 (8.3)의 내포모형의 기대평균제곱(EMS)을 구할 수 있으며, 그 F 검정결과는 표 8.5의 ANOVA 와 일치하고 있다.

$$\begin{aligned} E(\text{MS School}) &= \sigma^2 + 3\,\sigma_\beta^2 + 6\,\sigma_\alpha^2 \\ E(\text{MS Class(School)}) &= \sigma^2 + 3\,\sigma_\beta^2 \\ E(\text{MSE}) &= \sigma^2 \end{aligned} \tag{8.3}$$

또한, 그림 8.3-8.4는 LSM() 과 PDIFF() 를 통한 다중비교의 결과와 Diffogram이다.

```
$School
Error: 1*School:Class + 0*MSE
       Df Sum Sq Mean Sq F value Pr(>F)
School  2 229.33 114.667  2.4484 0.2342
Error   3 140.50  46.833

$`The Rest Terms`
             Df  Sum Sq Mean Sq F value   Pr(>F)
School:Class  3 140.500  46.833  9.5795 0.001656 **
RESIDUALS    12  58.667   4.889
---
Signif. codes:  0 '***' 0.001 '**' 0.01 '*' 0.05 '.' 0.1 ' ' 1

$EMS
             School School:Class eps
School            6            3   1
School:Class                   3   1
```

그림 8.2: 학교-학급별 성적 자료에 대한 내포모형의 기대평균제곱과 F-검정

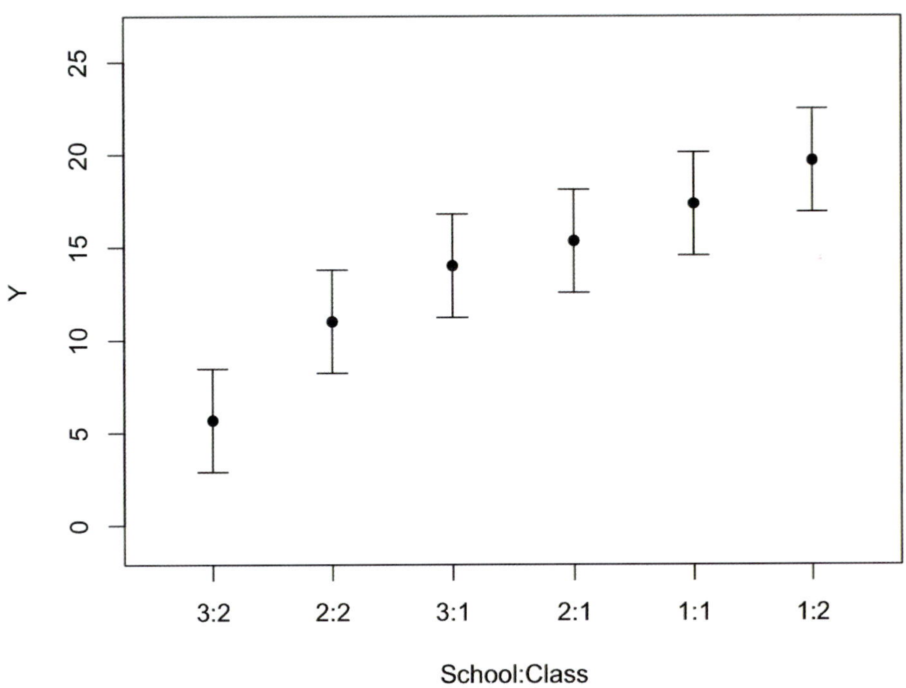

그림 8.3: Class(School) 의 LSM() 함수의 다중비교(튜키의 검정) 그래프

이를 통해 모의고사 성적이 가장 높은 그룹은 A1 학교의 두 학급(B1, B2)과 A2 학교의 B1, 그리고 A3 학교의 B1 학급이라고 할 수 있다.

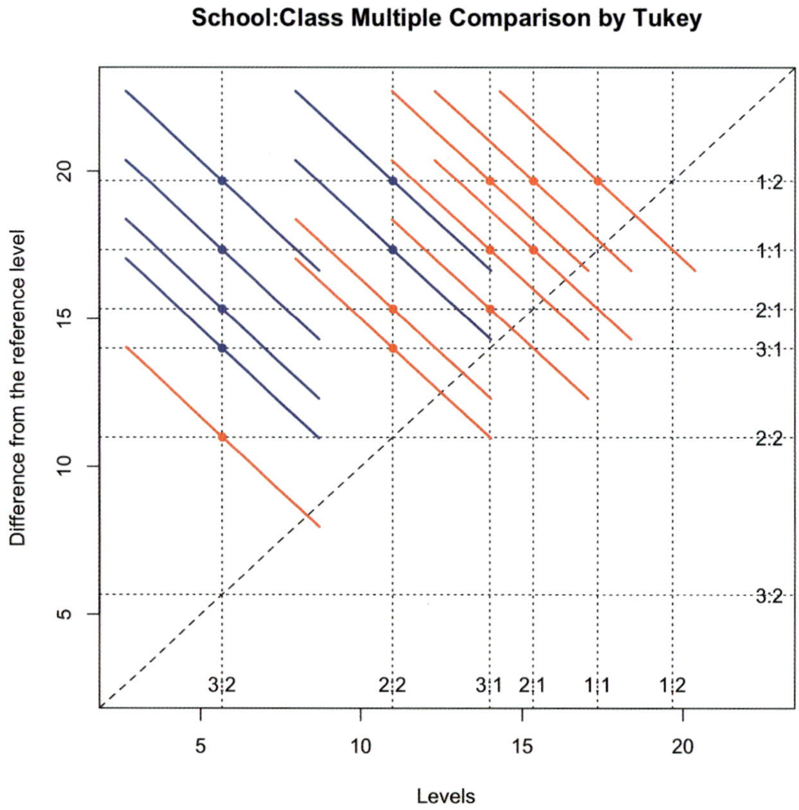

그림 8.4: Class(School) 의 PDIFF() 함수의 다중비교(튜키의 검정) Diffogram

8.3 내포모형의 분산성분추정

임의효과로 이루어진 일원배치법의 경우 분산성분추정량이

$$\hat{\sigma}^2 = MSE \tag{8.4}$$

$$\hat{\sigma}_\tau^2 = \frac{\text{MStreat} - \text{MSE}}{n} \tag{8.5}$$

로 이루어짐을 배웠다.

또한 임의효과로 구성된 내포모형의 이원배치법에서 분산성분(variance component)은 σ_α^2, σ_β^2, σ^2 으로 구성되는데, 학교-학급에 따른 모의고사 성적 자료에서 모두 임의효과인 경우 식 (8.3)을 얻었다. 이를 이용하여 표 8.5의 분산분석표에 적용하면

$$\hat{\sigma}^2 = 4.888$$

$$\hat{\sigma}^2_\beta = \frac{46.833 - 4.888}{3} = 13.981$$
$$\hat{\sigma}^2_\alpha = \frac{114.666 - 46.833}{6} = 11.305 \tag{8.6}$$

가 되어,

$$\frac{\hat{\sigma}^2_\alpha}{\hat{\sigma}^2 + \hat{\sigma}^2_\beta + \hat{\sigma}^2_\alpha} \times 100 = 37.4\%$$
$$\frac{\hat{\sigma}^2_\beta}{\hat{\sigma}^2 + \hat{\sigma}^2_\beta + \hat{\sigma}^2_\alpha} \times 100 = 46.3\% \tag{8.7}$$

이므로 학교와 학교 사이의 모의고사 성적 분산은 전체의 37.4%이지만 학급과 학급 사이의 모의고사 성적 분산은 전체의 46.3%나 됨을 알 수 있다.

8.4 부표본(Subsample)과 내포모형

실험계획에서 실험조건(혹은 처리)이 주어지는 단위를 '실험단위(experimental unit)'라고 한다. 분산분석은 이 실험단위에서 생성되는 관측값을 가지고 분석을 하게 되는데 때로는 한 개의 실험단위에 여러 개의 관측이 이루어지는 경우가 있다. 이런 관측값은 평균값을 계산해서 분석에 사용하기도 하고 여러 개의 관측값을 그대로 분석에 사용하기도 한다. 이와 같이 한 개의 실험단위에서 이루어지는 여러 개의 관측을 '부표본(subsample)'이라고 하는데 다음은 부표본이 사용되는 경우이다.

- 실험단위에 대한 측정치의 변화가 심한 경우(예: 측정오차가 심한 경우)
- 실험 중에 결측치(missing value)가 발생할 경우에 대비하기 위해서
- 측정오차를 정확히 추정하기 위해서

예를 들어 비료 종류가 사과 수확량에 끼치는 영향을 일원배치법으로 조사한다고 하자. 이를 위해 a 종류의 비료를 준비하고, n 개 동일 면적의 지역(plot)에 같은 종류의 비료를 주고 수확량을 비교하는 실험을 하였다. 이 경우 실험단위는 '지역(plot)'이 되고 관측값 y_{ij} 는 'i 비료를 준 j 지역(plot)의 사과 수확량'이 될 것이다. 그러나 만일 수확량 측정을 한 지역(plot)의 사과 수확량으로 하지 않고, 그 지역(plot) 안에 있는 s 개 사과나무를 선택하여 각 나무에서 얻은 수확량을 사용한다면 관측값은 y_{ijk} 가 되어 'i 비료를 준 j 지역의 k 번째 나무의 수확량'이 된다. 이를

모형식으로 표현하면

$$
\begin{aligned}
y_{ijk} = \mu + \tau_i + \epsilon_{j(i)} + \delta_{k(ij)}, \\
& i = 1,\,2,\,\cdots,\,a, \quad j = 1,\,2,\,\cdots,\,n, \\
& k = 1,\,2,\,\cdots,\,s, \\
& \tau_i \overset{i.i.d.}{\sim} N(0,\,\sigma_\tau^2), \\
& \epsilon_{j(i)} \overset{i.i.d.}{\sim} N(0,\,\sigma^2), \\
& \delta_{k(ij)} \overset{i.i.d.}{\sim} N(0,\,\sigma_\delta^2), \\
& \tau_i,\,\epsilon_{j(i)},\,\delta_{k(ij)} \text{ 는 서로 독립.}
\end{aligned}
\tag{8.8}
$$

이 된다. 이 경우 $\epsilon_{j(i)}$ 는 실험오차(experimental error)[2]이며 $\delta_{k(ij)}$ 는 부표본오차(subsampling error)에 해당되고 이 두 오차는 모두 내포요인으로 간주된다.

이에 대한 분산분석표의 기대평균제곱(EMS)을 구하면 표 8.6같이 정리된다.

Source	df	MS	E(MS)	F_0
trt	$a-1$	MStrt	$\sigma_\delta^2 + s\,\sigma^2 + ns\,\sigma_\tau^2$	$\frac{\text{MStrt}}{\text{MSpl(trt)}}$
pl(trt)	$a(n-1)$	MSpl(trt)	$\sigma_\delta^2 + s\,\sigma^2$	$\frac{\text{MSpl(trt)}}{\text{MSsub(trt}\times\text{pl)}}$
sub(trt×pl)	$an(s-1)$	MSsub(trt×pl)	σ_δ^2	
Total	$ans-1$			

표 8.6: 사과 수확량에 대한 부표본을 사용한 일원배치법 분산분석표

이를 위한 R코드는 다음과 같다.

```
formlr = y ~ trt/pl
aov3(formlr, df)
RanTest(formlr, df, Random = c("trt", "pl"))
```

Example 장미재배에 있어서 점박이응애(spider mite)는 장미의 잎에서 엽록소를 빨아먹는 가장 경계해야할 해충이다. 종합해충관리시스템(IPM: Integrated Pest

[2]실험단위 간 발생하는 오차를 의미하며 부표본이 없을 경우는 측정오차에 해당된다.

Management)에서는 장미의 어느 부위에 점박이응애의 밀도가 높은지 알아보기 위해 다음과 같은 표본추출을 시도해 보았다. 현재 온실에 있는 장미나무 가운데 3그루를 임의로 추출하고 각 나무(`Tree`)의 부위(`Pos`)를 수직방향으로 상(Upper), 중(Middle), 하(Lower) 부위에서 2 개의 5장소엽(`Leaf`: 5 개 작은 잎사귀로 이루어진 한 잎)을 임의로 추출하여 그 5장소엽에 있는 단위면적당 해충의 마리수(`Mite`)를 두 번에 걸쳐서 기록하였다. 관측단위는 단위면적당 마릿수이다.

Pos	Upper		Middle		Lower	
	Leaf 1	Leaf 2	Leaf 1	Leaf 2	Leaf 1	Leaf 2
Tree 1	15	20	8	5	25	19
	18	14	17	3	18	23
	Leaf 1	Leaf 2	Leaf 1	Leaf 2	Leaf 1	Leaf 2
Tree 2	12	20	9	10	22	17
	10	25	16	9	10	19
	Leaf 1	Leaf 2	Leaf 1	Leaf 2	Leaf 1	Leaf 2
Tree 3	9	10	20	5	18	19
	11	15	25	10	22	16

표 8.7: 장미나무의 위치에 따른 점박이응애 밀도 자료(`rosemite`)

여기서 우리의 관심은 점박이응애의 밀도가 수직적 위치에 따라 차이가 있는지와 5장소엽 간 점박이응애의 밀도차이는 유의한지, 그리고 나무와 나무 간 점박이응애 밀도차이는 어떠한지에 있다. 특히 주목할 것은 실험단위가 5장소엽이지만 같은 실험단위에 대해 두 번의 측정이 이루어지기 때문에 이를 부표본으로 간주할 수 있다는 점이다. 다음은 이 자료의 모형식을 나타낸다.

$$
\begin{aligned}
y_{ijk} &= \mu + \alpha_i + \beta_j + (\alpha\beta)_{ij} + \gamma_{k(ij)} + \delta_{l(ijk)}, \\
&\quad i = 1,\, 2,\, 3, \quad j = 1,\, 2,\, 3, \quad k = 1,\, 2, \quad l = 1,\, 2, \\
&\quad \alpha_i \overset{i.i.d.}{\sim} N(0,\, \sigma_\alpha^2), \\
&\quad \sum_{j=1}^{2} \beta_j = 0, \\
&\quad (\alpha\beta)_{ij} \overset{i.i.d.}{\sim} N(0,\, \sigma_{\alpha\beta}^2), \\
&\quad \gamma_{k(ij)} \overset{i.i.d.}{\sim} N(0,\, \sigma_\gamma^2),
\end{aligned}
$$

$$\delta_{l(ijk)} \overset{i.i.d.}{\sim} N(0,\, \sigma_\delta^2),$$
$$\alpha_i,\ (\alpha\beta)_{ij},\ \gamma_{k(ij)},\ \delta_{l(ijk)} \text{ 는 서로 독립이다.} \quad (8.9)$$

이를 분석하기 위한 R코드는 아래와 같다.

```
formlr = Mite ~ Tree*Pos + Leaf %in% Tree:Pos
aov3(formlr, rosemite)
RanTest(formlr, rosemite, Random = c("Tree", "Leaf"))
```

그 결과 그림 8.5 출력에서 식 (8.10)의 기대평균제곱(EMS)을 얻게 되는데, 나무 (Tree) 간 변동에 대한 F 검정과 수직적 위치(Pos)에 대한 F 검정통계량의 분모는 MS_tree*pos 를 사용하고, 상호작용인 tree*pos 에 대한 F 검정통계량의 분모는 MS_leaf(tree*pos) 를 사용해야 한다.

```
              Tree Pos Tree:Pos Tree:Pos:Leaf eps
Tree            12            4             2   1
Pos                  Q        4             2   1
Tree:Pos                      4             2   1
Tree:Pos:Leaf                               2   1
```

그림 8.5: 점박이응애 밀도 자료(rosemite)에 대한 기대평균제곱

$$\begin{aligned}
\text{E(MS_tree)} &= \sigma^2 + 2\,\sigma_\gamma^2 + 4\,\sigma_{\alpha\beta}^2 + 12\,\sigma_\alpha^2 \\
\text{E(MS_pos)} &= \sigma^2 + 2\,\sigma_\gamma^2 + 4\,\sigma_{\alpha\beta}^2 + Q(\beta) \\
\text{E(MS_tree*pos)} &= \sigma^2 + 2\,\sigma_\gamma^2 + 4\,\sigma_{\alpha\beta}^2 \\
\text{E(MS_leaf(tree*pos))} &= \sigma^2 + 2\,\sigma_\gamma^2 \\
\text{E(MSE)} &= \sigma^2
\end{aligned} \quad (8.10)$$

그림 8.6과 표 8.8은 RanTest() 출력과 이에 따른 분산분석표를 보여준다. 이를 보면 점박이응애의 밀도에 대해서는, 나무와 나무 사이에 따라 다르지 않고, 장미나무의 수직적 위치의 영향도 유의하지 않았으며, 오직 5장소엽 사이에서 점박이응애의 개체수 밀도가 유의하게 다르다고 판단된다.

```
$Tree
Error: 1*Tree:Pos + 0*MSE
      Df  Sum Sq Mean Sq F value Pr(>F)
Tree   2   1.722   0.861  0.0166 0.9836
Error  4 207.611  51.903

$Pos
Error: 1*Tree:Pos + 0*MSE
      Df Sum Sq Mean Sq F value Pr(>F)
Pos    2 345.72 172.861  3.3305 0.1408
Error  4 207.61  51.903

$`Tree:Pos`
Error: 1*Tree:Pos:Leaf + 0*MSE
         Df Sum Sq Mean Sq F value Pr(>F)
Tree:Pos  4 207.61  51.903  1.0255 0.4445
Error     9 455.50  50.611

$`The Rest Terms`
              Df Sum Sq Mean Sq F value  Pr(>F)
Tree:Pos:Leaf  9  455.5  50.611  3.4639 0.01193 *
RESIDUALS     18  263.0  14.611
---
Signif. codes:  0 '***' 0.001 '**' 0.01 '*' 0.05 '.' 0.1 ' ' 1

$EMS
              Tree Pos Tree:Pos Tree:Pos:Leaf eps
Tree            12            4             2   1
Pos                  Q        4             2   1
Tree:Pos                      4             2   1
Tree:Pos:Leaf                               2   1
```

그림 8.6: 점박이응애 밀도 자료(rosemite)에 대한 RanTest() 의 F 검정 출력

Source	df	SS	MS	F_0	p-value
tree	2	1.722	0.861	0.0166	0.9836
pos	2	345.72	172.861	3.3305	0.1408
tree*pos	4	207.61	51.903	1.0255	0.4445
leaf(tree*pos)	9	455.5	50.611	3.4639	0.0119*
Error	18	263.0	14.611		
Total	35	1273.552			

표 8.8: 점박이응애 밀도 자료(rosemite)에 대한 분산분석표

8.5 내포모형의 대비(Contrast in Nested Model)

학교와 학급 간 모의고사 성적 자료(표 8.4: `score2`)에서 학교(School)와 학급(Class)이 모두 고정요인[3]이라면 표 8.9의 분산분석표가 작성된다.

Source	df	SS	MS	F_0
School	2	229.333	114.666	23.45**
Class(School)	3	140.500	46.833	9.58**
Error	12	58.666	4.888	
Total	17	428.500		

표 8.9: 학교-학급별 모의고사 성적 자료(`score2`)에서 학교와 학급이 모두 고정요인인 분산분석표

이때 A2 학교의 모의고사 성적이 A1 과 A2 의 중간이라고 할 수 있겠는가? A2 학교의 모의성적을 대표하는 통계량이 $\bar{y}_{2\cdot\cdot}$ 이고, A1 학교와 A3 학교의 모의고사 성적이 $\bar{y}_{1\cdot\cdot}$ 와 $\bar{y}_{3\cdot\cdot}$ 이라면 우리는

$$H_0 : \mathrm{E}(\bar{y}_{2\cdot\cdot}) = \frac{1}{2}\{(\mathrm{E}(\bar{y}_{1\cdot\cdot}) + \mathrm{E}(\bar{y}_{3\cdot\cdot})\} \tag{8.11}$$

를 검정해야 한다. 이는

$$H_0 : \alpha_1 - 2\alpha_2 + \alpha_3 + \frac{1}{2}\beta_{1(1)} + \frac{1}{2}\beta_{2(1)} - \beta_{1(2)} - \beta_{2(2)} + \frac{1}{2}\beta_{1(3)} + \frac{1}{2}\beta_{2(3)} = 0 \tag{8.12}$$

을 검정하는 것이므로, `GLM()` 의 `BETA` 옵션을 이용해 계수의 순서를 파악한 후 `CONTR()` 함수를 이용해 그림 8.7같이 분석한다.

그림 8.7에 의하면 대비에 의한 검정결과는 귀무가설을 기각할 수 없으므로(p-value: 0.3835) A2 학교의 모의고사 성적은 A1 과 A3 의 가운데에 위치한다고 볼 수 있다.

---

[3] 임의효과가 있는 혼합모형에서 contrast 를 이용한 검정은 SAS® 에서는 `proc mixed` 를, R에서는 `lmer()`을 사용하지만, 이 책 범위를 넘으므로 생략하기로 한다.

```
formlr = Y ~ School/Class
GLM(formlr, score2, BETA=T)$Parameter
```

```
                   Estimate Estimable Std. Error Df t value   Pr(>|t|)
(Intercept)          5.6667         0     1.2766 12  4.4390 0.0008083 ***
School1             14.0000         0     1.8053 12  7.7548 5.164e-06 ***
School2              5.3333         0     1.8053 12  2.9542 0.0120499 *
School3              0.0000         0     0.0000 12
School1:Class1      -2.3333         0     1.8053 12 -1.2925 0.2205309
School1:Class2       0.0000         0     0.0000 12
School2:Class1       4.3333         0     1.8053 12  2.4003 0.0335013 *
School2:Class2       0.0000         0     0.0000 12
School3:Class1       8.3333         0     1.8053 12  4.6159 0.0005944 ***
School3:Class2       0.0000         0     0.0000 12
---
Signif. codes:  0 '***' 0.001 '**' 0.01 '*' 0.05 '.' 0.1 ' ' 1
```

```
lt = t(c(0, 1, -2, 1, 1/2, 1/2, -1, -1, 1/2, 1/2))
CONTR(lt, formlr, score2)
```

```
  Df Sum Sq Mean Sq   F value    Pr(>F)
1  1      4       4 0.8181818 0.3835129
```

그림 8.7: 학교-학급별 모의고사 성적 자료(score2)에서 CONTR() 를 이용한 내포모형의 대비

8.6 연습문제

【8.1】 공업용 염(소금)을 생산하는 업체에서 공장에서 생산되는 염의 염도가 균일하게 생산되길 원한다. 생산공정의 어느 부분에서 염도가 일정하지 않은지 알 수 있으면 그 공정을 개신함으로써 상품가치가 높은 염을 생산할 수 있을 것이다.

실험을 위해서 배달이 준비된 트럭(Truck) 중 2 대(A, B)를 선택하고, 그 트럭에 실려있는 염을 위치를 달리하여 표본추출용 삽(Shovel)으로 2 번(1, 2)씩 뜬다. 그리고 삽으로 추출된 염에 대해 두 번에 걸친 염도(Y)를 측정하였다. 그림 8.8과 표 8.10은 자료 추출과정과 측정값을 나타낸다.

1) 분산분석표를 손으로 계산하여 작성해 보아라. 그리고, 알맞는 가설과 검정 결과를 적어보아라.

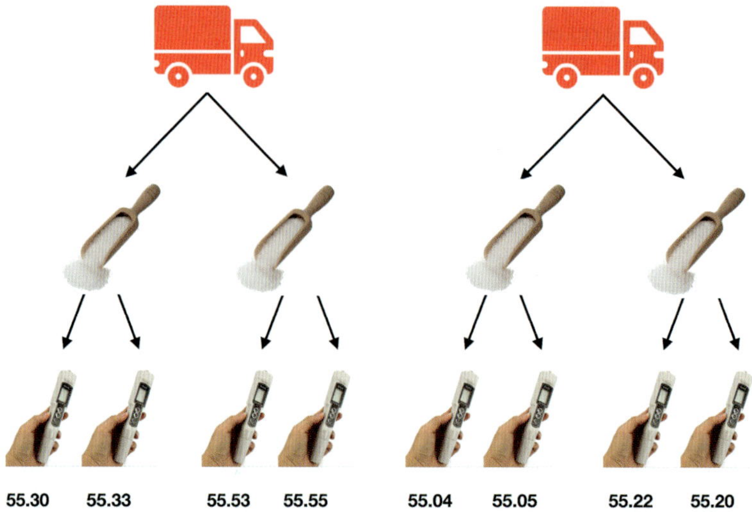

그림 8.8: 공업용 염의 염도 측정 과정

	Truck A		Truck B	
	Shovel 1	Shovel 2	Shovel 1	Shovel 2
Y	55.30	55.53	55.04	55.22
	55.33	55.55	55.05	55.2

표 8.10: 공업용 염의 염도 자료(sodium)

2) 모두 고정효과라는 가정 하에서 aov3() 로 분산분석을 하고, 이를 바탕으로 분산분석표를 작성해 보아라. 그 결과를 1)의 결과와 비교하라.

【8.2】 수도권 지역의 강에 대한 오염도 조사를 위해, 여러 댐 중에서 팔당댐과 의암댐을 선정하였고, 각 댐(Dam)의 항공사진을 이용하여 면적에 따라 20 등분한 후에 3 군데의 위치(Area)를 랜덤으로 선정하였다. 선정된 위치에 가서 물을 2 병 담아와서 그 오염도(Y)를 측정해 보았더니 표 8.11의 결과가 나왔다.

Dam	팔당댐(A)			의암댐(B)		
Area	1	2	3	1	2	3
Y	11	13	10	17	20	15
	12	11	11	20	21	14

표 8.11: 팔당댐과 의암댐의 지역 오염도 자료(dampoll1)

1) 댐, 지역 모두 고정효과라는 가정 하에서 분산분석을 실시하라.

2) 댐, 지역 모두 임의효과라는 가정 하에서 분산분석을 실시해 보아라.

3) 어떤 환경학자는 수질의 오염도를 조사함에 있어서, 두 개의 댐(`Dam`)을 선정하고, 각 댐의 중앙 위치에서 수심(`Depth`) 1m, 5m, 10m 오염도에 관심이 있다. 각 수심 위치에 두 병씩 물의 오염도(`Y`)를 측정했다. 그 결과 표 8.12를 얻었을 때 이에 해당하는 모형식과 분산분석표를 작성하여라.

Dam	팔당댐(A)			의암댐(B)		
Depth(m)	1	5	10	1	5	10
Y	11	13	10	17	20	15
	12	11	11	20	21	14

표 8.12: 팔당댐과 의암댐의 수심 오염도 자료(`dampoll2`)

【8.3】 점박이응애 밀도 자료(표 8.7: `rosemite`)에서 모든 요인을 임의효과로 간주하고 각 분산성분의 분산성분추정치를 구하라. 분산성분추정치가 가장 큰 것은 무엇인가? 이는 전체분산의 몇 %를 차지하는지 답하라.

8.7 프로젝트(데이터 사용량 비교)

[4]

학생들의 핸드폰 데이터 사용량이 전공별/학생별로 차이가 있는지 조사하려고 한다. 다음의 단계를 거쳐서 실험을 실시하라.

[1] 수업을 수강하고 있는 학생들을 두 개의 전공으로(전공1, 전공2) 나누고, 전공별로 3 명의 학생을 임의로 선정하여 각 학생들이 지난 3 개월 동안 사용한 데이터 사용량(GB)을 기록한다.

[2] 모든 요인이 임의효과임을 가정하고 내포요인과 부표본을 포함한 모형식을 구체적으로 기록해 보자.

[3] R을 이용하여 분산분석을 실시하고(유의수준 0.05), 그 결과를 가지고 전공별로 데이터 사용량이 다른지, 아니면 학생별로 데이터 사용량이 다른지를 조사한다.

[4] 데이터 사용량에 관해서 전공과 전공 사이의 분산과 학생과 학생 사이의 분산은 각각 전체분산의 몇 %를 차지하는지 각각 추정한다.

[4] https://www.payetteforward.com/how-to-check-iphone-data-usage-quick-guide/

프로젝트 Worksheet (이름 :)

[1] 학생들의 지난 3 개월 동안 사용한 데이터 사용량(GB)을 기록

	전공1			전공2		
	학생1	학생2	학생3	학생1	학생2	학생3
month 1						
month 2						
month 3						

[2] 모든 요인이 임의효과임을 가정하고 내포요인과 부표본을 포함한 모형식

모형식:

[3] 분산분석을 위한 R코드

```
formlr = y ~
aov3( formlr, df )
RanTest(                                        )
```

Source	df	SS	MS	Fo
Total				

분석 결과:

[4] 데이터 사용량의 분산추정값

전체분산 추정치:
-전공분산 추정치:
-전체분산에 대한 전공분산의 비율(%):
-학생분산 추정치:
-전체분산에 대한 학생분산의 비율(%):

Chapter 9

제곱합과 자유도

9.1 균형설계와 힉스의 법칙(Hicks' Rule)

요인배치법에서 요인의 개수가 늘어나면 상호작용의 수도 늘어나고 그에 따른 제곱합(Sum of Squares: SS)과 자유도(degrees of freedom: df), 그리고 특별히 기대평균제곱(EMS)을 계산하는 과정은 매우 복잡하고 지루한 작업이 될 수 있다. 그러나 이 과정은 분산분석의 F 검정에 반드시 필요한 것이기 때문에 이런 작업을 쉽게 할 수 있는 방법이 있으면 매우 편리할 것이다.

힉스(1973)[1]는 아무리 복잡한 요인배치법이라도 그 요인의 수준수와 그 요인이 고정효과(fixed effect)인지 임의효과(random effect)인지만 규명한다면[2] 그 제곱합 공식과 해당 자유도, 그리고 기대평균제곱을 몇 가지 법칙에 의해 쉽게 구하는 방법을 제안했다. 이것을 '힉스의 법칙(Hicks' Rule)'이라고 한다. 단 주의할 것은 힉스의 법칙이 모든 실험계획에 적용되지는 않고 오직 반복수가 동일한 '균형설계(balanced design)' 에 해당된다는 점이다. 이 단원에서는 힉스의 법칙으로 자유도와 제곱합을 구하는 과정까지만 소개하고, 기대평균제곱(EMS)을 구하는 과정은 편의상 `RanTest()` 에서 제공하는 출력을 참고하는 것으로 대체하고자 한다. 만일 힉스의 법칙을 통해 기대평균제곱까지 계산하고 싶어하는 사람은 그의 책을 참고하기 바란다.

[1] C. R. Hicks (1973) "Fundamental Concepts in the Design of Experiment", Holt, Rinehart and Wiston, New York.

[2] 고정효과/임의효과는 EMS를 계산할 때 필요하고 자유도/제곱합 공식에는 필요없다.

9.2 자유도와 제곱합을 구하는 법칙

균형설계에서 자유도와 제곱합 공식을 구하기 위해 제일 먼저 해야 할 것은 실험계획의 모형식을 적는 일이다. 이때 모형식은 (제1법칙)과 (제2법칙)에 의거하여 작성하도록 한다.

(제1법칙) "오차항에 대한 규칙" : 만일 오차항이 ϵ_{ijklm} 으로 표시되고 m 이 반복수($m \neq 1$)를 나타낸다면 ϵ_{ijklm} 대신 $\epsilon_{m(ijkl)}$ 로 표기하여 반복수가 내포(nested)되었음을 나타낸다. 그러나 만일 $m = 1$, 즉 반복수가 없는 경우는 m 을 생략하고 ϵ_{ijkl} 로 표기한다.

(제2법칙) "내포요인에 대한 규칙" : 모형식은 μ 와 $\epsilon_{m(ijkl)}$ 외에 주효과와 상호작용효과를 포함시키되, 내포요인이 있는 경우는 괄호 안의 요인과 괄호 밖의 요인 간 상호작용은 포함되지 않도록 한다. 예를 들어 내포모형이 있는 이원배치법에서 A와 B(A)가 요인이라면 A × B 상호작용효과를 나타내는 $(\alpha\beta)_{ij}$는 모형식에 존재하지 않는다.

만일 (제1법칙)과 (제2법칙)에 의해 모형식을 작성했으면 (제3법칙)과 (제4법칙)을 통해 자유도를 계산한다.

(제3법칙)"아래 첨자에 대한 규칙" : 모형식에 등장하는 구성원에 따라 아래 첨자(subscript)는 세 가지 중 하나로 구분된다.

- live[3] : 괄호 안에 갇혀있지 않고 보이는 아래 첨자
- dead : 괄호 안에 갇혀있는 아래 첨자
- absent[4] : 보이지 않는 아래 첨자

Example 모형식이 $y_{ijk} = \mu + \alpha_i + \beta + (\alpha\beta)_{ij} + \epsilon_{k(ij)}$ 라면 α_i 에서 i 는 괄호 안에 있지 않으므로 live(라이브)이지만 α_i 에서 j, k 는 보이지 않으므로 absent(앱슨트)로 간주된다. 반면에 β_j 에서는 i, k 가 absent이고 j 가 live가 된다. 오차항 $\epsilon_{k(ij)}$ 에 대해서는 i, j 가 괄호 안에 있으므로 dead(데드)인 반면, k 는 괄호 밖이므로 live가 된다. 이를 종합하면 표 9.1이 된다.

[3]'살아있는'이란 뜻의 형용사로 발음은 '라이브'가 된다.
[4]'결석'을 의미한다.

구성원	i	j	k
α_i	live	absent	absent
β_j	absent	live	absent
$(\alpha\beta)_{ij}$	live	live	absent
$\epsilon_{k(ij)}$	dead	dead	live

표 9.1: 힉스의 법칙에 의한 아래 첨자(subscript) 구분

(제4법칙)"자유도에 대한 규칙" : 모형식에 있는 구성원에 대한 제곱합의 자유도는 그 구성원이 갖고있는 dead 아래 첨자의 수준수들을 모두 곱한 것과 live 아래 첨자에 해당하는 (수준수-1)을 모두 곱한 값을 취한다.

Example 모형식이 $y_{ijk} = \mu + \alpha_i + \beta_j + (\alpha\beta)_{ij} + \epsilon_{k(ij)}$ 라면 A요인에 해당되는 자유도는 그 구성원이 α_i 에 해당되므로 live 아래 첨자인 i 의 수준수가 a 임을 감안하여 $(a-1)$ 이 된다. 같은 방법으로 B요인에 대한 구성원은 β_j 이므로 자유도는 $(b-1)$ 이 되고 $A \times B$의 구성원인 $(\alpha\beta)_{ij}$ 에서 i, j 모두 live 아래 첨자이므로 $(a-1)(b-1)$ 이 된다. 마지막으로 오차의 구성원인 $\epsilon_{k(ij)}$ 의 자유도는 i, j 가 dead 아래 첨자이고 k 가 live 아래 첨자이므로 $ab(n-1)$ 이 된다.

이제 자유도 계산을 마쳤으면, 이 자유도를 가지고 제곱합의 공식을 어떻게 작성할지를 (제5법칙)에서 다루고 있다.

(제5법칙)"제곱합에 대한 규칙" : 모형식의 구성원에 대한 제곱합을 계산하는 것은 그 구성원에 대한 자유도를 일단 전개함으로써 시작된다. 예를 들어 자유도의 모습이 $(a-1)(b-2)$ 이라면 전개된 식은 $ab - a - b + 1$ 이 되며 제곱합을 구하기 위한 다음의 규칙을 따른다.

(i) '1'은 수정항(Correction Term: CT)을 뜻한다. 이는 관측값을 모두 더한 것을 제곱하고 전체 자료 수로 나눈 값이다. 예를 들어 반복이 있는 이원배치법의 경우

$$1 \rightarrow \frac{\left(\sum_{i=1}^{a}\sum_{j=1}^{b}\sum_{k=1}^{n} y_{ijk}\right)^2}{abn} = \frac{y_{\cdots}^2}{abn} \tag{9.1}$$

을 의미한 것이 된다.

(ii) 전개된 자유도의 문자는 각각 어떤 아래 첨자의 수준수에 해당되는데, 그 문자가 해당되지 않은 아래 첨자에 대해 관측치를 더한 것을 제곱하고, 그 더한 개수로 나눠서 해당 아래 첨자에 대해 합한 값을 의미한다. 예를 들어 반복이 있는 이원배치법의 경우

$$\begin{aligned} a &\rightarrow \sum_{i=1}^{a} \frac{\left(\sum_{j=1}^{b}\sum_{k=1}^{n} y_{ijk}\right)^2}{bn} = \sum_{i=1}^{a} \frac{y_{i\cdot\cdot}^2}{bn} \\ b &\rightarrow \sum_{j=1}^{b} \frac{\left(\sum_{i=1}^{a}\sum_{k=1}^{n} y_{ijk}\right)^2}{an} = \sum_{j=1}^{b} \frac{y_{\cdot j\cdot}^2}{an} \\ ab &\rightarrow \sum_{i=1}^{a}\sum_{j=1}^{b} \frac{\left(\sum_{k=1}^{n} y_{ijk}\right)^2}{n} = \sum_{i=1}^{a}\sum_{j=1}^{b} \frac{y_{ij\cdot}^2}{n} \end{aligned} \tag{9.2}$$

을 의미한다.

따라서 반복이 있는 이원배치법의 상호작용효과 $(\alpha\beta)_{ij}$ 에 해당되는 제곱합은 그 자유도 $(a-1)(b-1)$ 에서 그 전개식이 $ab-a-b+1$ 이므로 (i)-(ii)를 적용시키면

$$\text{SSAB} = \underbrace{\sum_{i=1}^{a}\sum_{j=1}^{b} \frac{y_{ij\cdot}^2}{n}}_{ab} - \underbrace{\sum_{i=1}^{a} \frac{y_{i\cdot\cdot}^2}{bn}}_{a} - \underbrace{\sum_{j=1}^{b} \frac{y_{\cdot j\cdot}^2}{an}}_{b} + \underbrace{\frac{y_{\cdot\cdot\cdot}^2}{abn}}_{1} \tag{9.3}$$

이 된다.

Q 반복이 있는 이원배치법에서 SSA, SSB, 그리고 SSE 에 대한 모형식의 구성원은 α_i, β_j, $\epsilon_{k(ij)}$ 이다. 이에 대한 제곱합 공식을 '힉스의 법칙'으로 다음을 확인하라.

$$\begin{aligned} \text{SSA} &= \sum_{i=1}^{a} \frac{y_{i\cdot\cdot}^2}{bn} - \frac{y_{\cdot\cdot\cdot}^2}{abn}, \\ \text{SSB} &= \sum_{j=1}^{b} \frac{y_{\cdot j\cdot}^2}{an} - \frac{y_{\cdot\cdot\cdot}^2}{abn}, \\ \text{SSE} &= \sum_{i=1}^{a}\sum_{j=1}^{b}\sum_{k=1}^{n} y_{ijk}^2 - \sum_{i=1}^{a}\sum_{j=1}^{b} \frac{y_{ij\cdot}^2}{n} \end{aligned}$$

A SSA, SSB, SSE 의 자유도가 각각 $(a-1)$, $(b-1)$, $ab(n-1)$ 임을 '힉스의 법칙'에서 확인하고 자유도의 전개식에 대하여 해당 제곱합을 (i)-(ii) 규칙을 이용해 구하면 확인이 가능하다.

9.3 R을 이용한 기대평균제곱(EMS) 구하기

힉스의 법칙은 균형설계에서 자유도와 제곱합 그리고 기대평균제곱(EMS)까지 구하는 방법을 제시해 주고 있다. 물론 EMS는 손으로 직접 식 (4.29)-(4.30) 그리고 식 (7.77)-(7.78)같이 구할 수도 있지만 힉스의 법칙은 더 간결하고 쉽게 EMS를 구하도록 도와준다. 그러나 우리는 R을 이용해서 복잡하고 시간이 소모되는 작업을 건너 뛰고자 한다. R의 `RanTest()` 는 `Random` 옵션을 이용해서 고정효과와 임의효과를 정의하고 이에 따른 기대평균제곱을 출력시킨다. 그뿐만 아니라, 코크란의 정리를 이용해 알맞은 F 통계량으로 검정을 해 준다.

Example 표 9.2는 반복이 있는 이원배치법 자료이다. `RanTest()` 를 사용하여 기대평균제곱을 구해 보자(`A` 요인은 고정효과, `B` 요인은 임의효과로 가정한다).

		A					
		1			2		
B	1	23,	24,	19	17,	22,	21
	2	34,	21,	25	29,	30,	28

표 9.2: 반복이 있는 이원배치법 자료(`twoway`)

다음은 이를 위한 R코드이다. A가 고정효과이고 B가 임의효과이면, AB는 임의효과가 되어, 그 결과 그림 9.1이 출력된다.

```
formlr = Y ~ A*B
RanTest(formlr, twoway, Random = "B")$EMS
```

```
     A  B  A:B  eps
A    Q        3    1
B       6     3    1
A:B           3    1
```

그림 9.1: 이원배치 혼합모형 자료(`twoway`)에서 `RanTest()` 에 의한 EMS 출력

그림 9.1에서 `Q`는 A요인의 효과 α_i 의 분산 모습인 $\frac{6}{2-1}\sum_{i=1}^{2}\alpha_i^2$ 을 의미하므로,

이를 사용해서 EMS를 다시 정리하면 다음과 같다.

$$\begin{aligned}
\mathrm{E(MSA)} &= \sigma^2 + 3\sigma^2_{\alpha\beta} + \frac{6}{2-1}\sum_{i=1}^{2}\alpha^2 \\
\mathrm{E(MSB)} &= \sigma^2 + 3\sigma^2_{\alpha\beta} + 6\sigma^2_{\beta} \\
\mathrm{E(MSAB)} &= \sigma^2 + 3\sigma^2_{\alpha\beta} \\
\mathrm{E(MSE)} &= \sigma^2 \qquad (9.4)
\end{aligned}$$

9.4 새터스웨이트(Satterthwaite)의 근사 F 검정

요인의 수가 3개 이상이면서 임의효과가 존재하는 다원배치법에선 어떤 요인의 효과를 검정하기 위해 정확한 F 통계량을 구하는 것이 불가능할 경우가 발생한다. 새터스웨이트(1946)[5]는 평균제곱들의 선형결합을 이용한 근사 F 검정을 제시하였다.

다음을 가정했을 때

$$\begin{aligned}
H_0 : \mathrm{E(MS1)} - \mathrm{E(MS2)} = 0,& \\
\mathrm{MS1} = \mathrm{MS}_{n1} + \mathrm{MS}_{n2} + \cdots + \mathrm{MS}_{np},& \\
\mathrm{MS2} = \mathrm{MS}_{m1} + \mathrm{MS}_{m2} + \cdots + \mathrm{MS}_{mq},&
\end{aligned}$$

새터스웨이트는 H_0가 참인 경우, 다음과 같은 것을 증명하였다.

$$F_0 = \frac{\mathrm{MS1}}{\mathrm{MS2}} \dot{\sim} F_{\nu1,\nu2} \qquad (9.5)$$

여기서 자유도 $\nu1, \nu2$는 다음과 같이 계산된다.

$$\nu1 = \frac{(\mathrm{MS}_{n1} + \mathrm{MS}_{n2} + \cdots + \mathrm{MS}_{np})^2}{\frac{\mathrm{MS}^2_{n1}}{f_{n1}} + \frac{\mathrm{MS}^2_{n2}}{f_{n2}} + \cdots + \frac{\mathrm{MS}^2_{np}}{f_{np}}} \qquad (9.6)$$

$$\nu2 = \frac{(\mathrm{MS}_{m1} + \mathrm{MS}_{m2} + \cdots + \mathrm{MS}_{mq})^2}{\frac{\mathrm{MS}^2_{m1}}{f_{m1}} + \frac{\mathrm{MS}^2_{m2}}{f_{m2}} + \cdots + \frac{\mathrm{MS}^2_{mq}}{f_{mq}}} \qquad (9.7)$$

여기서 f_{ni}는 MS_{ni}의 자유도이고 f_{mj}는 MS_{mj}의 자유도이다.

[5]F. E. Satterthwaite (1946) “An Approximate Distribution of Estimates of Variance Components”, Biometrics Bulletin, International Biometric Society.

Example A, B, C 세요인이 수준수가 각각 a, b, c 이고 반복수는 n 이며 3요인 모두 임의효과를 가정하자.

$$
\begin{aligned}
y_{ijkl} &= \mu + \tau_i + \beta_j + \gamma_k + (\tau\beta)_{ij} + (\tau\gamma)_{ik} + (\beta\gamma)_{jk} + (\tau\beta\gamma)_{ijk} + \epsilon_{ijkl}, \\
&\tau_i \overset{i.i.d.}{\sim} N(0,\, \sigma_\tau^2), \quad i = 1,\, 2,\, \cdots,\, a, \\
&\beta_j \overset{i.i.d.}{\sim} N(0,\, \sigma_\beta^2), \quad j = 1,\, 2,\, \cdots,\, b, \\
&\gamma_k \overset{i.i.d.}{\sim} N(0,\, \sigma_\gamma^2), \quad k = 1,\, 2,\, \cdots,\, c, \\
&\epsilon_{ijkl} \overset{i.i.d.}{\sim} N(0,\, \sigma^2), \quad l = 1,\, 2,\, \cdots,\, n, \\
&(\tau\beta)_{ij} \overset{i.i.d.}{\sim} N(0,\, \sigma_{\tau\beta}^2), \qquad (\tau\gamma)_{ik} \overset{i.i.d.}{\sim} N(0,\, \sigma_{\tau\gamma}^2), \\
&(\beta\gamma)_{jk} \overset{i.i.d.}{\sim} N(0,\, \sigma_{\beta\gamma}^2), \qquad (\tau\beta\gamma)_{ijk} \overset{i.i.d.}{\sim} N(0,\, \sigma_{\tau\beta\gamma}^2), \\
&\tau_i,\, \beta_j,\, \gamma_k,\, (\tau\beta)_{ij},\, (\tau\gamma)_{ik},\, (\beta\gamma)_{jk},\, (\tau\beta\gamma)_{ijk},\, \epsilon_{ijkl} \text{ 은 서로 독립이다.}
\end{aligned} \tag{9.8}
$$

그러나, 표 9.3에서 A요인의 효과 $H_0 : \sigma_\tau^2 = 0$ 에 대한 F_0 는 찾을 수 없다.

Source	E(MS)
A	$\sigma^2 + cn\,\sigma_{\tau\beta}^2 + bn\,\sigma_{\tau\gamma}^2 + n\,\sigma_{\tau\beta\gamma}^2 + bcn\,\sigma_\tau^2$
B	$\sigma^2 + cn\,\sigma_{\tau\beta}^2 + an\,\sigma_{\beta\gamma}^2 + n\,\sigma_{\tau\beta\gamma}^2 + acn\,\sigma_\beta^2$
C	$\sigma^2 + bn\,\sigma_{\tau\gamma}^2 + an\,\sigma_{\beta\gamma}^2 + n\,\sigma_{\tau\beta\gamma}^2 + abn\,\sigma_\gamma^2$
AB	$\sigma^2 + n\,\sigma_{\tau\beta\gamma}^2 + cn\,\sigma_{\tau\beta}^2$
AC	$\sigma^2 + n\,\sigma_{\tau\beta\gamma}^2 + bn\,\sigma_{\tau\gamma}^2$
BC	$\sigma^2 + n\,\sigma_{\tau\beta\gamma}^2 + an\,\sigma_{\beta\gamma}^2$
ABC	$\sigma^2 + n\,\sigma_{\tau\beta\gamma}^2$
Error	σ^2

표 9.3: 임의효과로 이루어진 삼원배치법의 EMS

그러나, 여기서

$$
\mathrm{E(MS1)} - \mathrm{E(MS2)} = bcn\,\sigma_\tau^2 \tag{9.9}
$$

되는 MS1, MS2를 찾으면

$$
\begin{aligned}
\mathrm{MS1} &= \mathrm{MS_A} + \mathrm{MS_{ABC}} \\
\mathrm{MS2} &= \mathrm{MS_{AB}} + \mathrm{MS_{AC}}
\end{aligned} \tag{9.10}
$$

가 되고, 해당하는 자유도는

$$\nu 1 = \frac{(\mathrm{MS}_A + \mathrm{MS}_{ABC})^2}{\frac{\mathrm{MS}_A^2}{f_A} + \frac{\mathrm{MS}_{ABC}^2}{f_{ABC}}} \tag{9.11}$$

$$\nu 2 = \frac{(\mathrm{MS}_{AB} + \mathrm{MS}_{AC})^2}{\frac{\mathrm{MS}_{AB}^2}{f_{AB}} + \frac{\mathrm{MS}_{AC}^2}{f_{AC}}} \tag{9.12}$$

이 된다. 따라서 $H_0 : \sigma_\tau^2 = 0$ 이 참이면

$$F_0 = \frac{\mathrm{MSA + MSABC}}{\mathrm{MSAB + MSAC}} \quad \dot{\sim} \quad F_{\nu 1, \nu 2} \tag{9.13}$$

가 되어 만일 $F_0 > F_{0.05,\,\nu 1,\,\nu 2}$ 이면 $H_0 : \sigma_\tau^2 = 0$ 를 기각하여 A요인 효과는 유의하게 된다.

Q 식 (9.8)은 3요인 임의효과의 모형식이다. B요인 효과를 검정하는

$$H_0 : \sigma_\beta^2 = 0 \tag{9.14}$$

을 위한 새터스웨이트의 근사 F 검정을 하려고 한다. 알맞은 F_0 통계량을 작성하여라. 그리고, C요인 효과를 검정하는

$$H_0 : \sigma_\gamma^2 = 0 \tag{9.15}$$

을 위한 새터스웨이트의 근사 F 검정에 대한 알맞은 F_0 통계량을 작성하여라.

A 연습문제 참조.

9.5 연습문제

[9.1] 임의효과로 이루어진 삼원배치법이 다음과 같을 때 다음 질문에 답하라.

$$\begin{aligned}
y_{ijkl} &= \mu + \tau_i + \beta_j + \gamma_k + (\tau\beta)_{ij} + (\tau\gamma)_{ik} + (\beta\gamma)_{jk} + (\tau\beta\gamma)_{ijk} + \epsilon_{ijkl}, \\
\tau_i &\overset{i.i.d.}{\sim} N(0, \sigma_\tau^2), \quad i = 1, 2, \cdots, a, \\
\beta_j &\overset{i.i.d.}{\sim} N(0, \sigma_\beta^2), \quad j = 1, 2, \cdots, b, \\
\gamma_k &\overset{i.i.d.}{\sim} N(0, \sigma_\gamma^2), \quad k = 1, 2, \cdots, c, \\
\epsilon_{ijkl} &\overset{i.i.d.}{\sim} N(0, \sigma^2), \quad l = 1, 2, \cdots, n,
\end{aligned}$$

$$(\tau\beta)_{ij} \overset{i.i.d.}{\sim} N(0,\,\sigma^2_{\tau\beta}),$$
$$(\tau\gamma)_{ik} \overset{i.i.d.}{\sim} N(0,\,\sigma^2_{\tau\gamma}),$$
$$(\beta\gamma)_{jk} \overset{i.i.d.}{\sim} N(0,\,\sigma^2_{\beta\gamma}),$$
$$(\tau\beta\gamma)_{ijk} \overset{i.i.d.}{\sim} N(0,\,\sigma^2_{\tau\beta\gamma}),$$
$$\tau_i,\, \beta_j,\, \gamma_k,\, (\tau\beta)_{ij},\, (\tau\gamma)_{ik},\, (\beta\gamma)_{jk},\, (\tau\beta\gamma)_{ijk},\, \epsilon_{ijkl} \text{ 은 서로 독립이다.} \quad (9.16)$$

1) B요인 효과를 검정하는

$$H_0 : \sigma^2_\beta = 0 \quad (9.17)$$

을 위한 새터스웨이트 근사 F 검정을 하려고 한다. 알맞은 F_0 통계량을 작성하여라.

2) C요인 효과를 검정하는

$$H_0 : \sigma^2_\gamma = 0 \quad (9.18)$$

을 위한 새터스웨이트의 근사 F 검정을 하려고 한다. 알맞은 F_0 통계량을 작성하여라.

【9.2】 제약회사에서 생산되는 약의 성분(Y)이 일정하지 않다는 지적이 있었다. 이 제약회사는 자사의 공장에서 사용 중인 제조기계(Machine) 중 4 대의 기계를 임의로 선정하여 검사에 착수했다(표 9.4). 다음 질문에 답하라.

Machine	1	2	3	4
Y	98	91	96	95
	97	90	95	96
	99	93	97	99
	96	92	95	98

표 9.4: 기계별 제조된 약의 성분함유량 자료(dstrength)

1) 모형식을 작성하되 힉스의 법칙의 (제1법칙)-(제2법칙)에 준하라.

2) 위 1)번 모형식과 힉스의 법칙을 이용하여 다음 분산분석표의 자유도와 제곱합의 공식을 적어라.

요인	df	SS
기계		
오차		
전체		

3) `RanTest()`를 이용하여 기대평균제곱을 구하라.

4) 분산성분의 추정치를 구하고 각 분산성분이 전체분산에 차지하는 비율을 계산하여 당신의 견해를 적어라.

【9.3】 이원배치법의 모형식이 다음과 같다고 하자.

$$\begin{aligned} y_{ijk} &= \mu + \alpha_i + \beta_j + (\alpha\beta)_{ij} + \epsilon_{ijk}, \\ &\alpha_i \overset{i.i.d.}{\sim} N(0,\, \sigma_\alpha^2), \quad i = 1,\, 2,\, \cdots,\, a, \\ &\sum_{j=1}^{b} \beta_j = 0, \quad j = 1,\, 2,\, \cdots,\, b, \\ &(\alpha\beta)_{ij} \overset{i.i.d.}{\sim} N(0,\, \sigma_{\alpha\beta}^2), \\ &\epsilon_{ijk} \overset{i.i.d.}{\sim} N(0,\, \sigma^2), \quad k = 1,\, 2,\, \cdots,\, n, \\ &\alpha_i,\, (\alpha\beta)_{ij},\, \epsilon_{ijk} \text{ 는 서로 독립이다.} \end{aligned} \tag{9.19}$$

이때 다음을 증명하라.

$$\text{Cov}\,(y_{111},\, y_{121}) \neq 0 \tag{9.20}$$

【9.4】 다음은 내포요인이 있는 이원배치법의 모형식이다.

$$\begin{aligned} y_{ijk} &= \mu + \alpha_i + \beta_{j(i)} + \epsilon_{ijk}, \\ &i = 1,\, 2,\, \cdots,\, a, \quad j = 1,\, 2,\, \cdots,\, b, \quad k = 1,\, 2,\, \cdots,\, n, \end{aligned} \tag{9.21}$$

이때 힉스의 법칙을 이용하여 분산분석표의 자유도와 제곱합의 공식을 적어라.

Chapter 10

임의화완전블록설계(RCBD)

10.1 짝의 차 검정

어느 타이어 제조회사에서 개발된 두 종류의 타이어(`Tire`: A, B)의 마모도(degree of tire wear) 차이가 있는지 조사하려고 한다. 실험을 위해 5 대의 같은 종류 자동차(`Car`)를 준비하고 앞바퀴의 한 편에는 A 종류 타이어를, 다른 편에는 B 종류 타이어를 달고 미리 정해놓은 코스를 따라 주행한 후에 타이어의 마모도(`Wear`)를 측정하였다.

	Tire	
Car	A	B
1	10.6	10.2
2	9.8	9.4
3	12.3	11.8
4	9.7	9.1
5	8.8	8.3
평균	10.24	9.76

표 10.1: 2종류 타이어 마모도 자료(`tirewear1`)

만일 우리가 이 자료를 '**서로 독립인 두 모집단의 모평균 비교**' 분석으로 A, B 두 모집단 간 마모도 차이를 검정한다면

$$t_0 = \frac{\bar{y}_{1\cdot} - \bar{y}_{2\cdot}}{S_p\sqrt{\frac{1}{n_1} + \frac{1}{n_2}}} = \frac{10.24 - 9.76}{1.748\sqrt{\frac{1}{5} + \frac{1}{5}}} = 0.58 < 2.306 = t_{0.025,8} \quad (10.1)$$

이 되어 A, B 두 종류의 타이어 간 마모도 차이는 없다고 결론짓게 된다.

그러나 A, B 두 집단이 서로 독립이라고 볼 수 없는 이유는 같은 차량에 탑재한 두 타이어는 운전자의 운전성향, 자동차의 휠 얼라인먼트(wheel alignment)[1] 상태 등으로 자동차마다 마모도가 달라지기 때문에 서로 독립이라고 보기 힘들다.

따라서 이 경우 독립된 두 개의 모집단 비교보다는 **짝의 차(paired difference)를 이용한 검정**을 추천하고 있다. 이제 같은 i 번째 자동차에 탑제된 A종류 타이어와 B종류 타이어의 마모도 차이를 $d_i = y_{1i} - y_{2i}$ 라고 하면 다음의 결과를 얻는다.

자동차	$d_i = y_{1i} - y_{2i}$
1	0.4
2	0.4
3	0.5
4	0.6
5	0.5
평균	0.48

표 10.2: 짝의 차 검정을 위한 타이어 마모도 자료

표 10.2를 보면 5 개의 자료가 모두 양수(+)가 되어 전체적으로 A종류의 타이어 마모도가 B종류 타이어보다 심할 것으로 추측된다. 이를 위한 귀무가설은 $H_0 : \mu_d = 0$ 이며 검정통계량 t_0 는 다음과 같다.

$$t_0 = \frac{\bar{d}}{s_d\sqrt{\frac{1}{n}}} = \frac{0.48}{0.0836\sqrt{\frac{1}{5}}} = 12.8 > 2.132 = t_{0.05,4} \quad (10.2)$$

그 결과 A종류 타이어의 마모도가 B종류 타이어의 마모도보다 유의하게 크다고 할 수 있으며 이는 식 (10.1)의 결과와 다르다. 이 차이는 식 (10.2)의 경우 같은 자동차

[1]타이어를 가지런하게 정렬하는 것으로 운전상태와 마모도에 영향을 준다.

안에서 마모도를 조사했으므로 자동차가 끼치는 영향을 제거했기 때문이다. 이와 같이 '자동차의 특성'이라는 외생변수의 영향을 줄이기 위해, 외생변수의 값이 같은 실험단위를 묶어서 하나의 짝(pair)을 생성한 후, 짝 안에서 A종류와 B종류를 비교하는 방법이 '짝의 차 검정(paired difference test)'이다. 실험계획에서는 이 짝을 '블록(block)'이라고 부르고 있다.

단원 1.2에서 우리는 실험계획의 기본원리 중 '블록화의 원리(Blocking)'를 소개하였는데, 이는 랜덤배치를 통해서 외생변수의 영향이 제거되지 않을 경우나 실험단위를 동일한 확률로 선택할 수 없는 제약적 상황에서 블록이 사용된다. 다음 단원에서는 이 블록화의 원리를 활용한 '임의화완전블록설계(Randomized Complete Block Design: RCBD)'를 소개하고자 한다.

10.2 임의화완전블록설계(RCBD)

짝은 동질성을 나타내는 실험단위를 2개씩 '짝짓기'를 함으로써 생성된다. 그러나 현실에서는 3개 이상의 실험단위를 '짝짓기'해야 하는 상황이 발생한다. 이 경우 같은 '짝(혹은 블록)' 안에서 실험조건을 비교하는 분석이 요구되는데 이와 같이 외생변수를 통한 동질성의 실험단위들을 같은 그룹으로 묶는 과정을 '블록킹(Blocking)'이라고 한다.

만일 적당한 블록킹을 사용하면 블록과 블록 사이에 발생하는 변동(예: 자동차 간 차이에 의한 변동)이 전체 오차에서 제외되기 때문에, 보다 정제된 오차항을 얻음으로써 검정력을 높이는 역할을 할 수 있지만, 불필요한 블록킹은 오차의 자유도만 감소시키는 역할을 하기 때문에 오히려 검정력을 감소시키게 된다. 그러므로 실험계획을 할 때 "어떤 외생변수를 블록에 사용할 것인가?", "블록의 개수는 얼마로 할 것인가?"와 같은 질문을 하게 된다.

다시 타이어 마모도의 예로 돌아와서, 만일 타이어 종류가 4개(A, B, C, D)이고 4개의 자동차가 실험을 위해 준비되었다고 가정하자. 이제는 타이어 종류가 4개가 되어 짝의 차 검정은 불가능하지만 다행스럽게 4종류 타이어는 동일 자동차에 탑재할 수 있게 된다. 이를 그림으로 표현하면 그림 10.1이다. 총 4개의 블록(자동차)이 생성되고 한 블록 내에 4개의 처리수준(타이어의 종류: A, B, C, D)이 모두 있으며, 각 타이어는 블록 내에서 완전하게 랜덤으로 위치를 배정받는 형태를 이루고 있다. 이러한 실험계획을 '임의화완전블록설계(RCBD)'라고 한다.

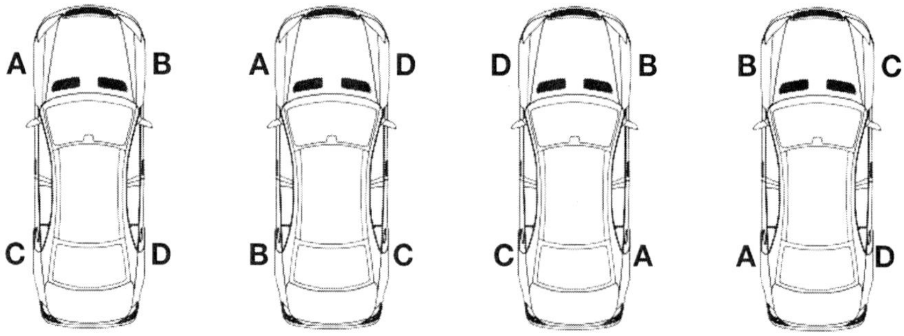

그림 10.1: 타이어 마모도 실험을 위한 RCBD

> **임의화완전블록설계(RCBD)의 특징**
>
> - 임의화(Randomized): 실험조건을 임의로 배정하는 과정은 블록 내에서 이루어진다.
> - 완전(Complete): 한 블록 안에 모든 실험조건이 나타난다.
> - 블록설계(Block Design): '블록화의 원리'를 이용한 실험설계이다.

10.3 RCBD 의 모형식

그림 10.2는 RCBD 의 전형적인 모습을 보여준다. 만일 a 개의 처리수준/처리조합이 b 개의 블록에 걸쳐 실시된다면 a 개의 처리수준은 블록 내에서 랜덤배치가 이루어지고 한 블록 안에 모든 처리수준이 등장한다.

관측값을 y_{ij} 라고 한다면 이는 j 번째 블록 안에 있는 i 번째 처리수준/처리조합에 의한 반응값을 의미하며 모형식은 다음과 같다. 여기서 β_j 는 블록효과이고 τ_i 는 처리효과를 나타낸다.

$$
\begin{aligned}
y_{ij} &= \mu + \tau_i + \beta_j + \epsilon_{ij}, \\
&\quad i = 1, 2, \cdots, a, \quad j = 1, 2, \cdots, b, \\
&\quad \sum_{i=1}^{a} \tau_i = 0, \quad \sum_{j=1}^{b} \beta_j = 0, \\
&\quad \epsilon_{ij} \overset{i.i.d.}{\sim} N(0, \sigma^2)
\end{aligned}
\tag{10.3}
$$

그림 10.2: RCBD 의 전형적인 구조

타이어의 마모도에 대한 실험에서는 블록이 '자동차'였지만 블록은 실험의 종류에 따라 작업 요일, 지리적 위치, 제조회사, 성별, 환자 등의 여러 가지가 될 수 있다. 식 (10.3)의 모형식에서는 블록을 고정효과로 간주하였지만 상황에 따라 블록은 임의효과로 간주할 수도 있다.

Remark RCBD 는 반복이 없는 이원배치법의 대표적인 모습이다. 따라서 블록과 처리 간 상호작용은 존재하지 않는다. 만일 자료의 성격 상 블록과 처리 간 상호작용이 존재할 수 있다면 RCBD 는 그 자료에 적합하지 않을 수 있다. RCBD 는 블록 내 처리수준의 차이가 블록이 바뀔지라도 동일하다는 가정을 하기 때문에 블록 내 처리효과를 구할 수 있는 것이다. 만일 블록과 처리 간 상호작용이 필요하다면 식 (7.10)같이 블록을 하나의 요인으로 간주하여 상호작용이 존재하는 이원배치법으로 실험계획을 해야 한다. 이 경우 ab 개 처리조합이 랜덤하게 배치되어야 한다.

10.4 RCBD 의 분산분석표

RCBD 에서 전체제곱합은 다음과 같이 분할된다.

$$\begin{aligned}\underbrace{\sum_{i=1}^{a}\sum_{j=1}^{b}(y_{ij}-\bar{y}_{\cdot\cdot})^2}_{\text{SST}} &= \underbrace{b\sum_{i=1}^{a}(\bar{y}_{i\cdot}-\bar{y}_{\cdot\cdot})^2}_{\text{SStreat}} + \underbrace{a\sum_{j=1}^{b}(\bar{y}_{\cdot j}-\bar{y}_{\cdot\cdot})^2}_{\text{SSblock}} \\ &\quad + \underbrace{\sum_{i=1}^{a}\sum_{j=1}^{b}(y_{ij}-\bar{y}_{i\cdot}-\bar{y}_{\cdot j}+\bar{y}_{\cdot\cdot})^2}_{\text{SSE}} \qquad (10.4)\end{aligned}$$

이로써 식 (10.5)가 성립하며, RCBD 도 균형설계이므로 힉스의 법칙으로 자유도와 제곱합을 구할 수 있다.

$$\text{SST} = \text{SSblock} + \text{SStreat} + \text{SSE} \tag{10.5}$$

RCBD 의 제곱합에 대한 간편한 공식

$$\text{SST} = \sum_{i=1}^{a}\sum_{j=1}^{b} y_{ij}^2 - \text{CT}, \qquad \text{CT} = \frac{y_{..}^2}{ab} \tag{10.6}$$

$$\text{SSblock} = \sum_{j=1}^{b} \frac{y_{.j}^2}{a} - \text{CT}, \tag{10.7}$$

$$\text{SStreat} = \sum_{i=1}^{a} \frac{y_{i.}^2}{b} - \text{CT}, \tag{10.8}$$

$$\text{SSE} = \sum_{i=1}^{a}\sum_{j=1}^{b} y_{ij}^2 - \sum_{i=1}^{a} \frac{y_{i.}^2}{b} - \sum_{j=1}^{b} \frac{y_{.j}^2}{a} + \text{CT} \tag{10.9}$$

RCBD 의 기대평균제곱(EMS)은 다음과 같다(연습문제 참조).

$$\begin{aligned} \text{E(MSblock)} &= \sigma^2 + \frac{a}{b-1}\sum_{j=1}^{b}\beta_j^2 \\ \text{E(MStreat)} &= \sigma^2 + \frac{b}{a-1}\sum_{i=1}^{a}\tau_i^2 \\ \text{E(MSE)} &= \sigma^2 \end{aligned} \tag{10.10}$$

이를 이용해 RCBD 의 분산분석표를 작성하면 표 10.3이 된다.

Source	df	MS	E(MS)	F_0
Block	$b-1$	MSblock	$\sigma^2 + \frac{a}{b-1}\sum_{j=1}^{b}\beta_j^2$	
Treat	$a-1$	MStreat	$\sigma^2 + \frac{b}{a-1}\sum_{i=1}^{a}\tau_j^2$	$\frac{\text{MStreat}}{\text{MSE}}$
Error	$(a-1)(b-1)$	MSE	σ^2	
Total	$ab-1$			

표 10.3: RCBD 의 분산분석표

RCBD 의 분산분석표(ANOVA table) 작성에서 주의할 점은 다음과 같다.

- Block 에 대한 제곱합은 관습적으로 분산분석표 첫 행에 기록한다.
- 블록은 외생변수이므로 이에 대한 F 검정은 실시하지 않는다.
- 블록을 임의효과로 가정할지라도 F_0 통계량 공식은 변하지 않는다.

Example 타이어 마모도 실험을 위해 그림 10.1의 RCBD 로 4종류의 타이어(A, B, C, D)를 자동차 4대에 장착하여 주행 후 마모도(`Wear`)를 측정하였다. 그 결과 표 10.4를 얻었다. 타이어 종류에 따라 마모도가 다른지 조사해 보자.

`Car`		1	2	3	4
`Tire`	A	10.4	10.9	10.5	10.7
	B	12.4	12.4	12.3	12.0
	C	13.1	13.4	12.9	13.3
	D	11.8	11.8	11.4	11.4

표 10.4: 4종류 타이어 마모도에 대한 RCBD 자료(`tirewear2`)

제곱합을 위해 다음과 같이 계산해 보았다.

$$\text{CT} = \frac{y_{\cdot\cdot}^2}{ab} = \frac{1}{16}(10.4 + 12.4 + \cdots + 11.4)^2 = 2272.906$$

$$\text{SST} = \sum_{i=1}^{a}\sum_{j=1}^{b} y_{ij}^2 - CT = 2287.39 - 2272.906 = 14.4843$$

$$\text{SSblock} = \sum_{j=1}^{b} \frac{y_{\cdot j}^2}{a} - CT = \frac{1}{4}\left(47.7^2 + 48.5^2 + \cdots + 47.4^2\right) - 2272.906 = 0.2718$$

$$\text{SStreat} = \sum_{i=1}^{a} \frac{y_{i\cdot}^2}{b} - CT = \frac{1}{4}\left(42.5^2 + 49.1^2 + \cdots + 46.4^2\right) - 2272.906 = 13.9218$$

$$\text{SSE} = \text{SST} - \text{SSblock} - \text{SStreat} = 0.2906$$

그 결과 표 10.5의 분산분석표를 얻었다. 따라서

$$F_0 = 143.71 > 3.86 = F_{0.05,\,3,\,9} \tag{10.11}$$

Source	df	SS	MS	F_0
자동차	$4-1$	0.2718	0.0906	
타이어	$4-1$	13.9218	4.6406	143.71
오차	$(4-1)(4-1)$	0.2906	0.0322	
전체	$16-1$	14.4843		

표 10.5: 4종류 타이어 마모도 자료(tirewear2)에 대한 RCBD 분산분석표

이므로 타이어 종류에 따라 마모도가 유의하게 다르다.

10.5 RCBD vs. CRD

타이어의 마모도 실험에서 만약 우리가 자동차를 블록으로 생각하지 않는다면 이 실험은 4종류의 타이어 마모도 차이를 조사하기 위한 단순한 일원배치법(혹은 CRD)의 모습을 취하게 되어, 전체 16개의 타이어를 자동차에 랜덤하게 배정하는 실험이 된다. 이에 대한 그림은 그림 10.3이 될 것이다.

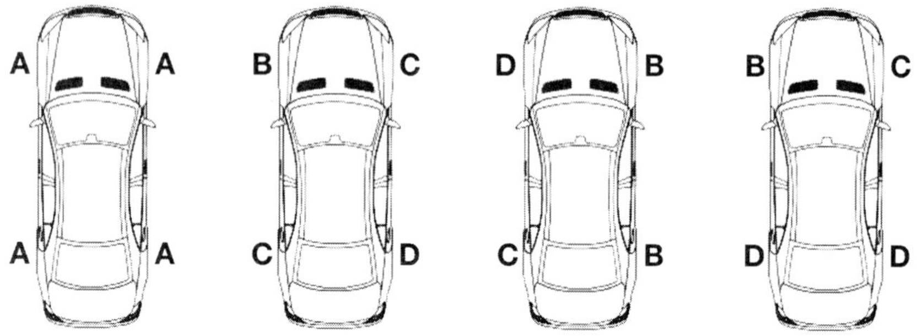

그림 10.3: 타이어 마모도 실험을 위한 CRD

이 경우 완전임의화설계(CRD)의 정의에 따라 타이어를 완전히 랜덤하게 배치하다 보면, 그림과 같이 동일 자동차에 A종류 타이어가 모두 장착되는 경우도 발생하게 된다. 과연 실험설계자 입장에서 RCBD를 수행하는 것이 옳을 것인가? 아니면 간단한 CRD를 수행하는 것이 나을까? 만일 실험환경이 두 가지 모두 수행 가능한 입장이라면 RCBD와 CRD의 효율을 비교함으로써 미래의 실험계획을 결정할 수 있다.

자세히 말하면 RCBD는 CRD에서 블록을 취함으로써 오차의 제곱합(SSE_{CRD})에서 SSblock 만큼의 변동을 감소시켜 CRD보다 적은 SSE_{RCBD}를 가지게 된다. 그러나 그와 동시에 RCBD는 블록으로 인해 오차의 자유도가 $a(b-1)$에서 $(a-1)(b-1)$로 줄어드는 피해가 발생한다[2].

이 같은 현상을 표로 비교하면 다음과 같다.

Source	df	SS
treat	$a-1$	SStreat
Error	$a(b-1)$	$\mathrm{SSE_{CRD}}$
Total	$ab-1$	SST

Source	df	SS
block	$b-1$	SSblock
treat	$a-1$	SStreat
Error	$(a-1)(b-1)$	$\mathrm{SSE_{RCBD}}$
Total	$ab-1$	SST

표 10.6: CRD와 RCBD의 분산분석표 비교($\mathrm{SSE_{CRD}} > \mathrm{SSE_{RCBD}}$)

그러므로 **불필요한 블록을 사용한다면 오히려 RCBD의 검정력이 CRD의 검정력보다 떨어지는 결과**를 가져오게 된다. 보다 효과적인 블록킹(Blocking)을 위해서는 가능한 반응변수에 영향을 많이 미치는 외생변수를 블록으로 고려하되, 그 블록의 수를 작게 사용할 것을 추천한다.

어떤 이는 블록에 대한 F검정을 실시하여 블록효과가 유의할 경우 CRD 대신 RCBD를 추천하는데, 이는 어느 정도 블록효과에 대한 정보를 줄 수는 있지만 정확한 검정은 아니므로 그 결과를 전적으로 의존해선 안 된다. 왜냐하면 반복이 없는 이원배치법이라면 모든 실험단위가 동일한 확률(균일분포)로 실험조건에 배치되기 때문에 블록에 대한 정확한 F검정이 가능하지만, RCBD의 경우는 랜덤배치가 블록 내에서만 이루어지므로 블록에 대한 정확한 F검정이 될 수 없기 때문이다. 따라서 실험계획자는 $\mathrm{MSE_{CRD}}$와 $\mathrm{MSE_{RCBD}}$를 비교하고 랜덤화 과정에서 CRD가 실행될 수 있는 환경인지를 종합적으로 판단하여 추후 CRD를 할지 RCBD를 할지 결정하기 바란다.

[2] 참고로 MSE=SSE/$\mathrm{df_{SSE}}$ 이므로 SSE는 작을수록, $\mathrm{df_{SSE}}$는 클수록 좋다.

10.6 R을 이용한 RCBD

4종류 타이어의 마모도를 비교하는 자료(tirewear2)를 자동차(Car)를 블록으로 잡아서 RCBD로 분석하는 R코드는 다음과 같다.

```
formlr = Wear ~ Car + Tire
aov3(formlr, tirewear2)
```

```
Response : Wear
                Df  Sum Sq Mean Sq  F value    Pr(>F)
MODEL            6 14.1938  2.3656  73.2581 3.970e-07 ***
 Car             3  0.2719  0.0906   2.8065    0.1005
 Tire            3 13.9219  4.6406 143.7097 6.414e-08 ***
RESIDUALS        9  0.2906  0.0323
CORRECTED TOTAL 15 14.4844
---
Signif. codes:  0 '***' 0.001 '**' 0.01 '*' 0.05 '.' 0.1 ' ' 1
```

그림 10.4: RCBD를 이용한 4종류 타이어 마모도 자료(tirewear2)의 aov3() 출력

이 코드에서 주의할 점은 Car:Tire 상호작용이 없다는 것과 블록요인인 Car를 처리인 Tire보다 앞서 기입해야 하는 것이다. 이렇게 함으로써 분산분석표(ANOVA table)에서 블록(Car)이 첫 행에 위치하는 것을 도와주게 된다. 이는 손으로 계산한 표 10.5의 분산분석표와 일치하고 있다.

타이어 종류에 따른 마모도의 차이가 발생했으므로 이제 튜키의 검정(Tukey's test)을 통한 다중비교로 어떤 타이어 종류 사이에서 마모도의 차이가 발생했는지 살펴보자.

```
formlr = Wear ~ Car + Tire
LSM(formlr, tirewear2, "Tire", adj = "Tukey", PLOT = T, descend = T)
```

그 결과 그림 10.5에서 타이어 종류별 C > B > D > A 순으로 마모도가 큰 것으로 판명된다.

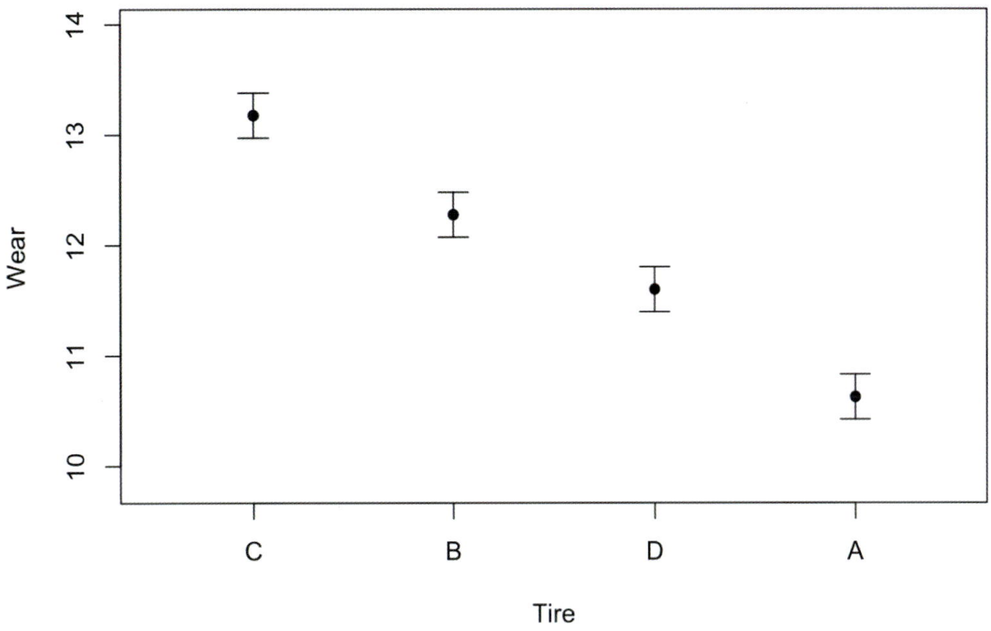


```
   Group LSmean  LowerCL  UpperCL          SE Df
C  A      13.175 12.97175 13.37825 0.08984941  9
B   B     12.275 12.07175 12.47825 0.08984941  9
D    C    11.600 11.39675 11.80325 0.08984941  9
A     D   10.625 10.42175 10.82825 0.08984941  9
```

그림 10.5: `LSM()` 을 이용한 4종류 타이어 마모도(`tirewear2`)의 RCBD 다중비교

10.7 RCBD 안의 이원배치법

RCBD 의 블록 안에는 모든 처리수준이 오직 한 번씩만 나타난다. 이 단원에서는 처리수준대신 처리조합으로 구성되는 RCBD 안의 이원배치법에 대해 알아보고자 한다.

예를 들어 타이어 마모도에 대한 실험에서 브랜드(`Brand`)로는 '외국산(Foreign)'과 '국산(Domestic)'을, 타이어 타입(`Type`)으로는 '사계절(All)'과 '겨울용(Winter)'을 비교하려고 한다. 따라서 전체 처리조합은 $2 \times 2 = 4$ 개가 되고 4대의 자동차에 4 개의 처리조합을 랜덤하게 배치함으로써 RCBD 를 수행하였다. 주행 후 마모도를 측정한 결과 표 10.7을 얻게 되었다.

		Car			
Brand	Type	1	2	3	4
Domestic	All	10.4	10.9	10.5	10.7
Domestic	Winter	12.4	12.4	12.3	12.0
Foreign	All	11.8	11.8	11.4	11.4
Foreign	Winter	13.1	13.4	12.9	13.3

표 10.7: 타이어 브랜드와 타입에 따른 마모도의 RCBD 자료(`tirewear3`)

이 RCBD에 대한 모형식은 다음과 같다.

$$
\begin{aligned}
& y_{ijk} = \mu + \rho_i + \alpha_j + \beta_k + (\alpha\beta)_{jk} + \epsilon_{ijk}, \\
& \quad i = 1, 2, 3, 4, \quad j = 1, 2, \quad k = 1, 2, \\
& \quad \sum_{i=1}^{4} \rho_i = 0, \quad \sum_{j=1}^{2} \alpha_j = 0, \quad \sum_{k=1}^{2} \beta_k = 0, \\
& \quad \sum_{j=1}^{2} (\alpha\beta)_{jk} = 0, \quad \sum_{k=1}^{2} (\alpha\beta)_{jk} = 0, \\
& \quad \epsilon_{ijk} \overset{i.i.d.}{\sim} N(0, \sigma^2). \qquad (10.12)
\end{aligned}
$$

여기서 ρ_i는 블록효과이고 α_j는 브랜드(외국산, 국산)효과, β_k는 타이어 타입(사계절, 겨울용)효과를 의미한다. 블록과 처리 간 상호작용은 RCBD 정의상 존재하지 않는데, 이는 동일 자동차의 브랜드나 타이어 타입의 마모도 차이가 자동차가 바뀌어도 일정하게 유지된다는 의미로 해석된다. $(\alpha\beta)_{jk}$는 브랜드와 타이어 타입의 상호작용효과를 나타낸다. ϵ_{ijk}는 오차항이지만 여기엔 정의상 생략된 $(\rho\alpha)_{ij}$, $(\rho\beta)_{ik}$, $(\rho\alpha\beta)_{ijk}$ 같은 상호작용효과의 합으로 구성된다.

이 실험계획도 균형설계이므로 힉스의 법칙에 의해 자유도와 제곱합을 정리하면 표 10.8과 같고, 그림 10.6은 이에 대한 R출력과 표 10.9는 이를 바탕으로 구성된 분산분석표이다.

분산분석표에 따르면 타이어 타입(사계절, 겨울용)에 따라 마모도 차이가 유의하고, 브랜드(외국산, 국산)에 따라 마모도 차이가 유의한 것으로 판단된다. 이를 상자그림으로 표현하면 그림 10.7이 되어 외국산이 국산보다, 그리고 겨울용이 사

Source	df	SS
car	4 − 1	$\sum_{i=1}^{4} \frac{y_{i..}^2}{4} - CT, \quad CT = \frac{y_{...}^2}{16}$
brand	2 − 1	$\sum_{j=1}^{2} \frac{y_{.j.}^2}{8} - CT$
type	2 − 1	$\sum_{k=1}^{2} \frac{y_{..k}^2}{8} - CT$
brand*type	(2-1)(2-1)	$\sum_{j=1}^{2}\sum_{k=1}^{2} \frac{y_{.jk}^2}{4} - \sum_{j=1}^{2} \frac{y_{.j.}^2}{8} - \sum_{k=1}^{2} \frac{y_{..k}^2}{8} + CT$
Error	3+3+3	SST − SScar − SSbrand − SStype − SSbrand*type
Total	16 − 1	$\sum_{i=1}^{4}\sum_{j=1}^{2}\sum_{k=1}^{2} y_{ijk}^2 - CT$

표 10.8: RCBD 안의 이원배치법에 대한 자유도와 제곱합

```
formlr = Wear ~ Car + Brand*Type
aov3(formlr, tirewear3)
```

```
Response : Wear
                Df  Sum Sq Mean Sq  F value    Pr(>F)
MODEL            6 14.1938  2.3656  73.2581 3.970e-07 ***
 Car             3  0.2719  0.0906   2.8065    0.1005
 Brand           1  3.5156  3.5156 108.8710 2.509e-06 ***
 Type            1 10.4006 10.4006 322.0839 2.355e-08 ***
 Brand:Type      1  0.0056  0.0056   0.1742    0.6862
RESIDUALS        9  0.2906  0.0323
CORRECTED TOTAL 15 14.4844
---
Signif. codes:  0 '***' 0.001 '**' 0.01 '*' 0.05 '.' 0.1 ' ' 1
```

그림 10.6: 타이어 브랜드와 타입에 따른 마모도 자료(tirewear3)에서 aov3()를 이용한 RCBD 분석

Source	df	SS	MS	F_0	p-value
car	3	0.2719	0.0906	2.8065	0.1005
brand	1	3.5156	3.5156	108.8710	< 0.0001
type	1	10.4006	10.4006	322.0839	< 0.0001
brand*type	1	0.0056	0.0056	0.1742	0.6862
Error	9	0.2906	0.0322		
Total	15	14.4844			

표 10.9: 타이어 브랜드와 타입에 따른 마모도 자료(tirewear3)에서 RCBD 분산분석표

계절보다 마모도가 높다고 할 수 있다.

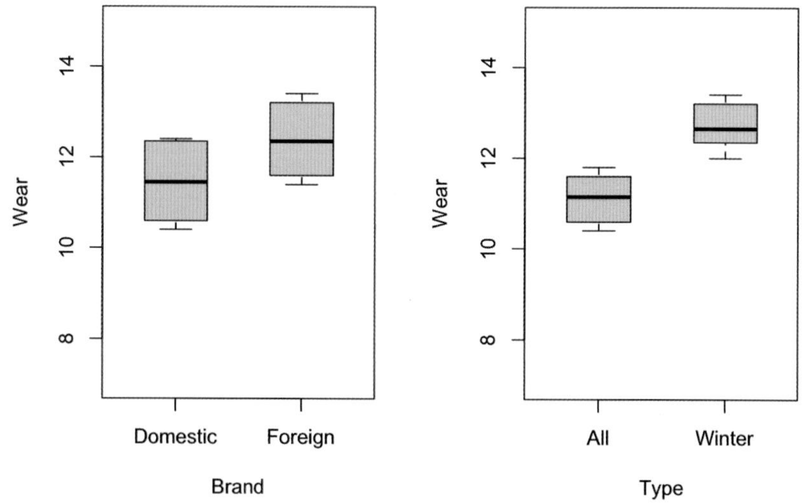

그림 10.7: 타이어 브랜드와 타입에 따른 마모도 자료(`tirewear3`)에서 RCBD를 통한 브랜드별-종류별 상자그림

10.8 RCBD와 반복측정자료분석

실험계획을 할 때 자료 수는 많이 필요하지만 실험에 참여하는 개체(subject)수는 한정적인 경우가 흔히 발생한다. 특히 비교적 실험비용이 많이 요구되는 임상시험이나 심리학, 보건학, 약학 등의 연구에서 동일 객체에 대하여 시간이 흐름에 따라 반복적인 측정이 이루어지는 자료가 발생하는데, 이는 비용을 절감하는 목적도 있지만 시간이 흐름에 따라 경향을 조사하는 추세(trend)연구나 프로파일(profile) 연구를 위해서 반복측정이 이루어지기도 한다. 이와 같이 동일 개체에 시간이 흐름에 따라 측정한 자료를 분석하는 것을 '반복측정자료분석(repeated measurement data analysis)'이라고 하며 만일 관측이 시간의 등간격으로 이루어졌으면 '경시적 자료분석(longitudinal data analysis)'이라고 한다. 반복측정자료는 관측치 간 독립이 아닌 상관관계가 존재한다는 점에서 '상관자료(correlated data)' 혹은 '패널자료(panel data)'라고도 한다.

예를 들어 10명의 고혈압 환자에 대해 혈압약을 다르게 복용시키고 아침, 점심, 저녁에 걸쳐 혈압을 측정하였다고 가정하자. 이때 3개의 관측치는 같은 환자에게서 발생했기 때문에 서로 상관관계가 존재할 것이다. RCBD는 이와 같은 상관자료의 구조를 설명해주는 역할을 할 수 있다. 만일 y_{ij} 가 i 번째 환자의 j 번째 관측값이라고 한다면 RCBD 를 이용한 모형식은 다음과 같다.

$$\begin{aligned} &y_{ij} = \mu + \rho_i + \tau_j + \epsilon_{ij}, \\ &\quad \rho_i \overset{i.i.d.}{\sim} N(0,\, \sigma_\rho^2), \quad i = 1,\, 2,\, \cdots 10, \\ &\quad \sum_{j=1}^{3} \tau_j = 0, \\ &\quad \epsilon_{ijk} \overset{i.i.d.}{\sim} N(0,\, \sigma^2) \\ &\quad \rho_i,\, \epsilon_{ij} \text{ 는 서로 독립이다.} \end{aligned} \tag{10.13}$$

여기서 ρ_i 는 환자를 나타내는 임의효과이며 블록으로 간주했다. 고혈압 환자의 모집단에서 추출된 10 명의 환자라는 개념으로 블록을 임의효과로 보았다. 이 경우 1 번 환자의 아침혈압을 나타내는 y_{11} 과 점심혈압을 나타내는 y_{12} 의 공분산을 계산하면

$$\begin{aligned} \mathrm{Cov}(y_{11},\, y_{12}) &= \mathrm{Cov}(\mu + \rho_1 + \tau_1 + \epsilon_{11},\, \mu + \rho_1 + \tau_2 + \epsilon_{12}) \\ &= \mathrm{Cov}(\rho_1,\, \rho_1) + \mathrm{Cov}(\rho_1,\, \epsilon_{12}) + \mathrm{Cov}(\epsilon_{11},\, \rho_1) + \mathrm{Cov}(\epsilon_{11},\, \epsilon_{12}) \\ &= \sigma_\rho^2 > 0 \end{aligned} \tag{10.14}$$

이 되어서 두 관측치는 독립이 아닌 양의 상관관계에 있음을 알 수 있다.

만일 우리가 아침, 점심, 저녁의 혈압이 같은지 여부를 검정하기 원한다면,

$$\begin{aligned} &H_0 : \tau_1 = \tau_2 = \tau_3 = 0 \\ &\qquad\qquad \text{vs.} \\ &H_1 : \exists\, \tau_i \quad \text{s.t.} \quad \tau_i \neq 0, \quad (i - 1,\, 2,\, 3) \end{aligned} \tag{10.15}$$

에 대해

$$F_0 = \frac{\text{MStreat}}{\text{MSE}} > F_{0.05,\,2,\,18} \tag{10.16}$$

이면 귀무가설 $H_0 : \tau_1 = \tau_2 = \tau_3 = 0$을 기각하여 아침-점심-저녁의 혈압이 같다고 할 수 없다.

Remark 보다 지세한 반복측정지료분석은 RCBD 외에 분할구설계(Split-Plot Design), 일반화추정방정식(generalized estimating equation: GEE), 선형혼합모

형(linear mixed model) 등의 방법이 널리 사용되고 있으며 이에 대한 소개는 책의 범위를 벗어나므로 생략하기로 한다.

Example 어느 공장의 생산라인 가운데 4개를 임의로 선정하여 각 라인(`Line`)에서 발생하는 불량률을 아침, 점심, 저녁, 3회에 걸쳐 측정하여 표 10.10을 얻었다. 이 공장에서 발생하는 불량률(`Defect`)이 시간(`Time`: Morning, Noon, Afternoon)에 따라 달라진다고 할 수 있는가?

		Line			
		1	2	3	4
Time	Morning	0.07	0.10	0.08	0.05
	Noon	0.06	0.09	0.05	0.04
	Afternoon	0.11	0.15	0.25	0.12

표 10.10: 공장의 라인-시간별 불량률에 대한 반복측정자료(`defect2`)

이를 분석하는 R코드는 다음과 같고, 그 결과는 그림 10.8과 그림 10.9이다.

```
formlr = Defect ~ Line + Time
aov3(formlr, defect2)
RanTest(formlr, defect2, Random = "Line")
```

그림 10.8의 `$ANOVA` 에서 `Time` 은 유의하게 나온다(p-value: 0.02145). 따라서 생산라인(`Line`)을 블록으로 한 반복측정자료분석에서 불량률은 시간(아침-점심-오후)에 따라 변한다고 할 수 있다.

반복측정자료분석에서 각 개체(subject 혹은 block)가 시간의 흐름에 따라 어떻게 변하는지 프로파일(profile)을 그려보는 것도 좋을 것이다. 그림 10.9는 `GLM()` 에서 `Pred` 라는 예측값을 생성해서 각 Line의 프로파일 그림을 보여준다.

10.9 연습문제

【10.1】 RCBD 의 전체제곱합의 분할인 다음 식을 증명하라.

```
formlr = Defect ~ Line + Time
aov3(formlr, defect2)
```

```
Response : Defect
                Df   Sum Sq   Mean Sq F value  Pr(>F)
MODEL            5 0.028542 0.0057083  4.0373 0.05955 .
 Line            3 0.006492 0.0021639  1.5305 0.30030
 Time            2 0.022050 0.0110250  7.7976 0.02145 *
RESIDUALS        6 0.008483 0.0014139
CORRECTED TOTAL 11 0.037025
---
Signif. codes:  0 '***' 0.001 '**' 0.01 '*' 0.05 '.' 0.1 ' ' 1
```

```
RanTest(formlr, defect2, Random = "Line")
```

```
$ANOVA
      Df    Sum Sq   Mean Sq F value  Pr(>F)
Line   3 0.0064917 0.0021639  1.5305 0.30030
Time   2 0.0220500 0.0110250  7.7976 0.02145 *
Error  6 0.0084833 0.0014139
---
Signif. codes:  0 '***' 0.001 '**' 0.01 '*' 0.05 '.' 0.1 ' ' 1

$EMS
     Line Time eps
Line    3        1
Time         Q   1
```

그림 10.8: 공장의 라인-시간별 불량률의 반복측정자료에 대한 RCBD 분산분석

$$\sum_{i=1}^{a}\sum_{j=1}^{b}(y_{ij}-\bar{y}_{\cdot\cdot})^2 = b\sum_{i=1}^{a}(\bar{y}_{i\cdot}-\bar{y}_{\cdot\cdot})^2 + a\sum_{j=1}^{b}(\bar{y}_{\cdot j}-\bar{y}_{\cdot\cdot})^2 + \sum_{i=1}^{a}\sum_{j=1}^{b}(y_{ij}-\bar{y}_{i\cdot}-\bar{y}_{\cdot j}+\bar{y}_{\cdot\cdot})^2 \tag{10.17}$$

[10.2] RCBD 에서 블록과 처리를 모두 고정효과로 가정했을 때, 다음을 증명하라.

$$\mathrm{E(MSblock)} = \sigma^2 + \frac{a}{b-1}\sum_{j=1}^{b}\beta_j^2$$

$$\mathrm{E(MStreat)} = \sigma^2 + \frac{b}{a-1}\sum_{i=1}^{a}\tau_i^2$$

```
defect2$Time = factor(defect2$Time,
                      levels=c("Morning", "Noon", "Afternoon"))
stripchart(Defect ~ Time, defect2, vertical=T,
           ylim=c(0,0.3), type="n")
colpal = c("black", "red", "green", "blue")
points(Defect ~ Time, col=colpal[Line], pch = 19, defect2)
Pred = GLM(Defect ~ Line + Time, defect2, Resid = T)$Fitted
lines(defect2$Time[defect2$Line==1], Pred[defect2$Line==1], col="black")
lines(defect2$Time[defect2$Line==2], Pred[defect2$Line==2], col="red")
lines(defect2$Time[defect2$Line==3], Pred[defect2$Line==3], col="green")
lines(defect2$Time[defect2$Line==4], Pred[defect2$Line==4], col="blue")
legend("topleft", legend=c("Line 1", "Line 2", "Line 3", "Line 4"),
       col=colpal, lty=1, cex=1.0)
```

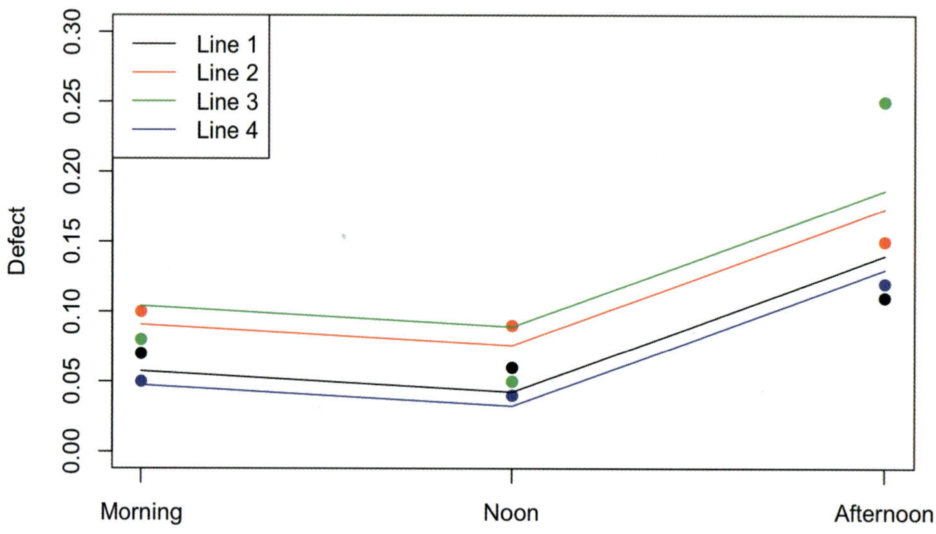

그림 10.9: 공장의 라인-시간별 불량률에 대한 반복측정자료(defect2)의 프로파일 그림

$$E(\text{MSE}) = \sigma^2 \tag{10.18}$$

【10.3】 RCBD를 통한 타이어 브랜드와 타입에 따른 마모도 자료(tirewear3)에서 그림 10.7의 상자그림을 그리되, 단원 1.9의 [2]번에서 소개한 R코드를 활용하라.

【10.4】 컴퓨터 키보드의 종류(Keyboard: A, B, C, D)에 따라 타자속도에 차이가 있는지 알아보려고 한다. 임의로 8명의 비서(Secretary)를 실험에 참여시켜 네 가지 키보드(Keyboard) 종류에 대하여 각각 10분 동안 입력한 글자 수(Speed)를

측정하고 표 10.11을 얻었다.

	Secretary							
Keyboard	1	2	3	4	5	6	7	8
A	79	80	77	75	82	77	78	76
B	74	79	73	70	76	78	72	74
C	82	86	80	79	79	81	80	80
D	79	81	77	78	82	77	77	78

표 10.11: 컴퓨터 키보드 종류에 따른 타자속도 자료(keyspeed)

1) 이 실험에서 랜덤화 과정이 왜 필요하며, 어떻게 실시할지 기술하라.

2) RCBD임을 고려하여 분산분석표를 작성하라.

3) 비서를 고정효과로 간주하고 키보드 C의 평균 타자수를 μ_C, 키보드 D의 평균 타자수를 μ_D 라고 할 때 $\mu_C - \mu_D$ 에 대한 95% 신뢰구간을 구하라.

$$\bar{y}_{3\cdot} - \bar{y}_{4\cdot} \pm t_{0.025,\mathrm{df}}\sqrt{\hat{\sigma}^2\left(\frac{1}{n_C}+\frac{1}{n_D}\right)} \qquad (10.19)$$

4) 비서를 고정효과로 간주하고, R을 이용하여 키보드 종류에 대한 다중비교를 튜키의 검정을 통해 실시하라.

[10.5] RCBD를 통한 타이어 브랜드와 타입에 따른 마모도 자료(tirewear3: 표 10.7)에서 자동차, 브랜드, 타이어 타입 모두 임의효과로 가정할 때 다음 질문에 답하라.

1) 표 10.9의 분산분석표를 임의효과 가정에 맞게 다시 작성하라.

2) 분산성분 σ_ρ^2, σ_α^2, σ_β^2, $\sigma_{\alpha\beta}^2$, σ^2 에 대한 추정치를 구하라.

10.10 프로젝트(키보드 종류와 타자속도)

4 종류의 키보드에 따라 타자속도에 차이가 있는지 알아보기 위하여 임의로 5 명의 지원자를 대상으로 실험을 실시한다.

- 기계식 키보드(Mechanical Keyboard): 키 하나하나에 스프링 스위치가 달려있어 정확한 타이핑을 할 수 있다.
- 멤브레인 키보드(Membrane Keyboard): 키 밑에 고무막과 패드가 달려있다. 저렴하고 키가 빽빽하다고 느끼는 사람들이 있다.
- 펜타그래프 키보드(Scissor-Switch Keyboard): 키 밑에 X 자 지지대가 있다. 얇은 키보드를 선호하는 사용자에게 인기가 있으며, 짤깍짤깍 소리를 낸다.
- 광축 키보드(Optical-Switch Keyboard): 적외선 센서의 입력을 방해함으로 신호를 보낸다. 기계식과 비슷한 느낌을 주며 반응속도가 빠르다.

[1] 참가자는 키보드 순서를 랜덤하게 결정하고 일정시간 내 타자 수를 측정한다.

[2] 키보드 종류에 따라 타자 수가 다른지 분산을 위한 모형식을 작성한다.

[3] `GLM()` 을 이용한 분산분석을 실시한다.

[4] 키보드 종류에 따라 타자 수가 유의하게 다르다고 가정하고 다중비교를 튜키의 검정으로 실시하고 Diffogram 을 그려본다.

프로젝트 Worksheet (이름 :)

[1] 실험을 실시하여 1분(60초) 동안 타자 수를 기록한다.

	지원자 (Person)				
Keyboard	1	2	3	4	5
A					
B					
C					
D					

[2] 모형식을 자세히 적어본다.

모형식:

[3] `GLM()` 을 이용한 분산분석표

R코드:

요인	df	SS	MS	F_0	p-value
지원자					
키보드					
오차					
전체					

표 10.12: 키보드 종류별 입력한 타자 수에 대한 분산분석표

[4] 키보드 종류 효과가 유의하다는 가정에서, 다중비교를 튜키의 검정으로 Diffogram 을 만드는 R코드와 Diffogram 결과

튜키의 검정, Diffogram 을 위한 R 코드:

Diffogram 결과:

Chapter 11

라틴방격법(Latin Square Design)

11.1 서론

지난 단원에서는 블록을 이용하여 오차제곱합(SSE)을 줄임으로써 처리효과를 효과적으로 검정하는 블록킹을 소개하였다. 이 RCBD는 블록을 결정하는 요인이 오직 한 개 뿐이며 각 블록 안에 실험조건이 동일하게 한 번씩 나타나는 균형설계(balanced design)이다.

이번 단원에서는 블록을 결정하는 요인이 2개인 실험계획을 소개하고자 한다.

예를 들어 다이너마이트를 만드는데 제조방법에 따라 폭발력 차이가 존재하는지 실험을 한다고 하자. 현재 관심있는 제조방법이 총 5개(A, B, C, D, E)라고 하면, 가장 간단한 실험계획은 각 제조방법에 대해 각각 5개의 다이너마이트를 만든 후 총 25개의 다이너마이트에 대한 일원배치법(혹은 CRD)을 사용해서 폭발력 차이를 조사하면 될 것이다.

그런데 만일 총 25개 다이너마이트 제조에 사용되는 재료를 동일한 회사에서 전량 구입 할 수 없어 서로 다른 5개의 재료회사에서 각각 5개씩 다이너마이트 제조 분량을 구입한 것이라면 25개의 실험 재료가 같은 회사 제품이 아니므로 재료회사를 외생변수로 간주하는 RCBD를 통해 5개의 제조방법에 대한 폭발력의 차이를 분석하는 RCBD를 사용해야 할 것이다.

그러나 다시 살펴보니 다이너마이트는 제조방법 외에 재료가 폭발력에 영향을 미칠 뿐 아니라 제조기술자의 숙련도도 폭발력에 영향을 미친다고 가정하면, 블록요인은 '재료회사' 뿐 아니라 '기술자'도 포함시켜야 한다. 이 경우 제일 적합한 실험계획은 '분할구설계(Split-Plot Design)'이지만 실험횟수가 많아지는 단점이 있다(분할구설계는 나중에 다루도록 한다). 만일 5 개의 제조기술과 5 명의 기술자, 그리고 5 개의 재료회사를 고려한다면 최소한 $5 \times 5 \times 5 = 125$ 번 다이너마이트의 폭발력을 측정해야 사용되는데, 비용이나 시간면에서 불가능할 수 있다.

이 경우 라틴방격법(Latin Square Design)을 사용하면 125 개가 아닌 오직 25 개의 다이너마이트만 제조해도 5 개 제조방법에 따른 폭발력의 차이를 검정할 수 있다. 그러면 라틴방격법이 무엇인지 알아보자.

11.2 라틴방격법

제조방법(A, B, C, D, E)에 따른 다이너마이트의 폭발력을 비교함에 있어서 25 개의 다이너마이트 실험조건은 표 11.1의 '5×5 라틴방격법'으로 가능하다.

	Worker				
Company	1	2	3	4	5
1	A	B	C	D	E
2	B	C	D	E	A
3	C	D	E	A	B
4	D	E	A	B	C
5	E	A	B	C	D

표 11.1: 다이너마이트 제조방법에 대한 라틴방격법

표 11.1에서 처리를 나타내는 A, B, C, D, E는 영어의 알파벳 대문자(혹은 latin letter)이고 행과 열이 5 개로 동일한 정사각형(square)으로 구성되는데 이를 '5×5 라틴방격법(latin square)'이라고 한다. 다음은 라틴방격의 특징이다.

- 행방향의 블록요인(재료회사)을 가진 RCBD 형태를 가진다.
- 열방향의 블록요인(기술자)을 가진 RCBD 형태를 가진다.
- A, B, C, D, E는 행 혹은 열방향으로 오직 한 번만 나타난다.
- 불균형설계(unbalanced design)이다.

라틴방격법은 대표적인 불균형설계(unbalanced design)이다. 불균형설계란 실험조건당 반복수가 동일하지 않은 것을 의미하는데, 표 11.1에서 (기술자1, 재료회사1, 제조방법 A)의 실험조건은 1회 발생하지만 (기술자1, 재료회사1, 제조방법 B)의 조합은 발생하지 않으므로 각 조건당 반복수는 일정하지 않게 된다.

서로 다른 라틴방격의 수는 3×3 라틴방격의 경우 12 개나 존재하고, 4×4 라틴방격은 576 개나 존재한다. 그림 11.1은 여러 가지 라틴방격의 예이다.

A	B	C	D
B	C	D	A
C	D	A	B
D	A	B	C

A	D	B	E	C
D	A	C	B	E
C	B	E	D	A
B	E	A	C	D
E	C	D	A	B

A	D	C	E	B	F
B	A	E	C	F	D
C	E	D	F	A	B
D	C	F	B	E	A
E	F	B	A	D	C
F	B	A	D	C	E

그림 11.1: 여러 가지 라틴방격의 예

Remark 라틴방격법의 랜덤화 과정은 다음과 같이 이루어진다.

(1) 여러 개의 서로 다른 라틴방격 중 임의로 한 개를 선택한다.

(2) 행 방향 블록요인의 수준(예: 재료회사)을 행에 랜덤하게 배치한다.

(3) 열 방향 블록요인의 수준(예: 기술자)을 열에 랜덤하게 배치한다.

(4) A, B, C, ... 알파벳 대문자에 처리수준/처리조합을 랜덤하게 배치한다.

(5) 필요하다면 실험순서도 랜덤하게 실시한다.

11.3 라틴방격법의 모형식

처리수준이 p 개인 $p \times p$ 라틴방격법의 모형식은 다음과 같다.

라틴방격법의 모형식

$$y_{ijk} = \mu + \alpha_i + \beta_j + \tau_k + \epsilon_{ijk},$$
$$\sum_{i=1}^{p} \alpha_i = 0, \quad \sum_{j=1}^{p} \beta_j = 0, \quad \sum_{k=1}^{p} \tau_k = 0,$$
$$\epsilon_{ijk} \overset{i.i.d.}{\sim} N(0, \sigma^2) \tag{11.1}$$

여기서 y_{ijk}는 i번째 행에 j번째 열에 해당하는 k번째 처리에 대한 반응값이다. 이 모형도 RCBD와 마찬가지로 상호작용이 없는 가법모형(additive model)이라고 할 수 있으며, 주의할 것은 전체 관측치 개수가 p^3이 아닌 p^2이라는 것이다. 라틴방격법 특성상 비록 아랫첨자 i, j, k를 사용했지만 실제로는 i와 j가 정해지면 자동으로 k가 결정되어서 실험횟수는 그만큼 줄어들고 실험이 안 행해지는 처리조합이 자동으로 발생한다. 이와 같이 실험횟수가 줄어든다는 것은 비용절감의 효과를 가져오기 때문에 실험계획자나 실험수행자에게는 매우 바람직한 일이다.

라틴방격법을 실시함에 다음과 같은 점을 유념하기 바란다.

11.3.1 라틴방격법과 상호작용

RCBD의 모형식은 $y_{ij} = \mu + \tau_i + \beta_j + \epsilon_{ij}$로 정의되어서 상호작용 $(\tau\beta)_{ij}$이 존재하지 않으며 설사 상호작용항을 삽입하더라도 $(\tau\beta)_{ij}$와 오차항 ϵ_{ij}는 구분할 수 없다. 때때로 RCBD에서 실험단위에 대해 부표본(subsample)을 취함으로써 ϵ_{ijk}를 사용하는 경우도 존재하지만, 이 경우도 모형식은

$$y_{ijk} = \mu + \tau_i + \beta_j + \epsilon_{ijk} \tag{11.2}$$

를 사용함으로써 블록과 처리 간 상호작용을 인정하지 않는다. 따라서 블록과 처리 간 상호작용이 존재하는 환경에서는 처음부터 RCBD는 적합하지 않게 된다.

라틴방격법에서도 같은 원리가 적용되는데, 다이너마이트 제조방법에 대한 5×5 라틴방격의 경우(그림 11.1 참조)에 기술자1이 제조방법 A를 사용했을 때와 제조방법 B를 사용했을 때의 폭발력 차이가 기술자2로 바뀌어도 동일하다면 제조방법과 기술자 간 상호작용은 없게 된다. 그러나 그림에서 알 수 있듯이 같은 기술자가

만들었다고 해도 제조방법 A 와 제조방법 B 의 폭발력 차이에는 제조회사(1과 5 혹은 1과2) 차이가 포함되었기에 상호작용을 구분할 수 없다. 그러므로 행/열과 처리 간 상호작용이 존재할 것 같은 환경에서 라틴방격법은 적합하지 않을 수 있다.

11.3.2 불균형설계

라틴방격법에서는 어떤 처리조합에 관측횟수는 1회이지만 다른 처리조합은 관측횟수가 0회이므로 그 반복수가 일정치 않아서 불균형설계(unbalanced design)가 된다. 따라서 균형설계에서 적용되는 '힉스의 법칙'을 사용할 수 없다.

11.3.3 라틴방격법과 삼원배치법

기본적으로 라틴방격법은 두 개의 블록요인이 존재하고 행/열의 수와 동일한 처리수준/처리조합에 대한 비교를 목적으로 고안된 설계이다. 하지만 라틴방격법에서 행/열과 처리 간 상호작용이 없다는 사실을 근거로 상호작용이 없는 삼원배치법에 라틴방격법을 적용시키기도 한다. 이 경우 한 요인은 행방향으로 배치시키고, 다른 요인은 열방향으로 배치시킨 후, 나머지 한 개의 요인은 처리(treatment)에 배치시킴으로써 p^3 개가 아닌 p^2 개의 실험횟수만으로 삼원배치법이 가능하게 된다. 이를 그림으로 표현하면 그림 11.2이다. 이 경우도 불균형설계가 되어 힉스의 법칙을 사용할 순 없다.

	B2	B4	B1	B3
A4	C1	C2	C3	C4
A2	C2	C3	C4	C1
A1	C3	C4	C1	C2
A3	C4	C1	C2	C3

그림 11.2: 라틴방격법을 이용한 상호작용이 없는 4^3 삼원배치법

11.4 라틴방격법의 분산분석표

라틴방격법에서 전체제곱합(SST)은 다음과 같이 분할된다(연습문제 참조).

$$\begin{aligned}\underbrace{\sum_{i=1}^{p}\sum_{j=1}^{p}\sum_{k=1}^{p}(y_{ijk}-\bar{y}_{...})^2}_{\text{SST}} &= \underbrace{p\sum_{i=1}^{p}(\bar{y}_{i..}-\bar{y}_{...})^2}_{\text{SSrow}} + \underbrace{p\sum_{j=1}^{p}(\bar{y}_{.j.}-\bar{y}_{...})^2}_{\text{SScolumn}} \\ &\quad + \underbrace{p\sum_{k=1}^{p}(\bar{y}_{..k}-\bar{y}_{...})^2}_{\text{SStreat}} \\ &\quad + \underbrace{\sum_{i=1}^{p}\sum_{j=1}^{p}\sum_{k=1}^{p}(y_{ijk}-\bar{y}_{i..}-\bar{y}_{.j.}-\bar{y}_{..k}+2\bar{y}_{...})^2}_{\text{SSE}} \quad (11.3)\end{aligned}$$

그러므로

$$\text{SST} = \text{SSrow} + \text{SScolumn} + \text{SStreat} + \text{SSE} \quad (11.4)$$

가 되며, 각 제곱합의 자유도를 계산하면(힉스의 법칙은 사용할 수 없음에 주의하라)

$$\begin{aligned}\underbrace{(p^2-1)}_{\text{df(SST)}} &= \underbrace{(p-1)}_{\text{df(SSrow)}} + \underbrace{(p-1)}_{\text{df(SScolumn)}} \\ &\quad + \underbrace{(p-1)}_{\text{df(SStreat)}} + \underbrace{(p^2-1-3(p-1))}_{\text{df(SSE)}} \quad (11.5)\end{aligned}$$

가 되고, 평균제곱처리(MStreat)와 평균제곱오차(MSE)의 기댓값은

$$\text{E(MStreat)} = \sigma^2 + \frac{p}{p-1}\sum_{k=1}^{p}\tau_k^2 \quad (11.6)$$

$$\text{E(MSE)} = \sigma^2 \quad (11.7)$$

이 되어(연습문제 참조) 코크란의 정리에 의해, 만일

$$F_0 = \frac{\text{MStreat}}{\text{MSE}} > F_{0.05,\,p-1,\,p^2-3p+2} \quad (11.8)$$

Source	df	SS	MS	F_0
Row	$p-1$	SSrow	MSrow	
Column	$p-1$	SScolumn	MScolumn	
Treat.	$p-1$	SStreat	MStreat	$\frac{\text{MStreat}}{\text{MSE}}$
Error	p^2-3p+2	SSE	MSE	
Total	p^2-1	SST		

표 11.2: 라틴방격법의 분산분석표

이면, 귀무가설 $H_0: \tau_1 = \tau_2 = \cdots = \tau_p = 0$을 기각하고, 그 분산분석표는 표 11.2가 된다.

라틴방격법의 제곱합에 대한 간편한 공식은 다음과 같다.

라틴방격법의 제곱합에 대한 간편한 공식

$$\text{SST} = \sum_{i=1}^{p}\sum_{j=1}^{p}\sum_{k}^{p} y_{ijk}^2 - \text{CT}, \qquad \text{CT} = \frac{y_{\cdots}^2}{p^2} \tag{11.9}$$

$$\text{SSrow} = \sum_{i=1}^{p} \frac{y_{i\cdot\cdot}^2}{p} - \text{CT}, \tag{11.10}$$

$$\text{SScolumn} = \sum_{j=1}^{p} \frac{y_{\cdot j\cdot}^2}{p} - \text{CT}, \tag{11.11}$$

$$\text{SStreat} = \sum_{k=1}^{p} \frac{y_{\cdot\cdot k}^2}{p} - \text{CT}, \tag{11.12}$$

Example 다이너마이트를 제조하는 방법(`Method`: A, B, C, D, E)에 따라 폭발력(`Power`)이 다른지를 알아보고자 한다. 재료회사(`Company`)와 기술자(`Worker`)의 영향을 고려한 라틴방격법 자료는 표 11.3이다.

분산분석표를 위한 계산은 다음과 같으며 이를 정리하면 표 11.4가 된다.

$$\text{CT} = \frac{1}{25}(24 + 20 + 19 + \cdots + 29 + 31)^2 = 16129$$

Method(Power)	Worker				
Company	1	2	3	4	5
1	A (24)	B (20)	C (19)	D (24)	E (24)
2	B (17)	C (24)	D (30)	E (27)	A (36)
3	C (18)	D (38)	E (26)	A (27)	B (21)
4	D (26)	E (31)	A(26)	B (23)	C (22)
5	E (22)	A (30)	B (20)	C (29)	D (31)

표 11.3: 다이너마이트 제조방법에 따른 폭발력 자료(dynamite: 괄호 안은 폭발력)

$$
\begin{aligned}
\text{SST} &= \sum_{i=1}^{5}\sum_{j=1}^{5}\sum_{k=1}^{5} y_{ijk}^2 - \text{CT} \\
&= (24^2 + 20^2 + \cdots + 29^2 + 31^2) - 16129 = 676 \\
\text{SSrow} &= \sum_{i=1}^{5} \frac{y_{i..}^2}{5} - CT \\
&= \frac{1}{5}\left\{(24+20+\cdots+24)^2 + \cdots + (22+30+\cdots+31)^2\right\} - 16129 = 68 \\
\text{SScolumn} &= \sum_{j=1}^{5} \frac{y_{.j.}^2}{5} - CT \\
&= \frac{1}{5}\left\{(24+17+\cdots+22)^2 + \cdots + (24+36+\cdots+31)^2\right\} - 16129 = 150 \\
\text{SStreat} &= \sum_{i=1}^{5} \frac{y_{..k}^2}{5} - CT \\
&= \frac{1}{5}\left\{(24+30+\cdots+36)^2 + \cdots + (22+31+\cdots+24)^2\right\} - 16129 = 330 \\
\text{SSE} &= \text{SST} - \text{SSrow} - \text{SScolumn} - \text{SStreat} = 128
\end{aligned} \tag{11.13}
$$

요인	df	SS	MS	Fo
재료회사	4	68	17.0	
기술자	4	150	37.5	
제조방법	4	330	82.5	7.73
오차	12	128	10.67	
전체	24	676		

표 11.4: 라틴방격법의 분산분석표

분산분석표의 검정통계량을 보면

$$F_0 = 7.73 > 3.259 = F_{0.05,\,4,12} \tag{11.14}$$

가 되어서 제조방법에 따라 폭발력이 다르다고 할 수 있다.

11.5 R을 이용한 라틴방격법

다이너마이트 자료(dynamite)를 aov3() 를 이용해 라틴방격법으로 분석하는 R 코드와 출력은 다음과 같다(그림 11.3 참조). 상호작용은 모두 무시되었으며, 분산분석은 표 11.4와 일치한다.

```
formlr = Power ~ Company + Worker + Method
aov3(formlr, dynamite)
```

```
Response : Power
                Df Sum Sq Mean Sq F value   Pr(>F)
MODEL           12    548  45.667  4.2812 0.008855 **
 Company         4     68  17.000  1.5937 0.239059
 Worker          4    150  37.500  3.5156 0.040373 *
 Method          4    330  82.500  7.7344 0.002537 **
RESIDUALS       12    128  10.667
CORRECTED TOTAL 24    676
---
Signif. codes:  0 '***' 0.001 '**' 0.01 '*' 0.05 '.' 0.1 ' ' 1
```

그림 11.3: 다이너마이트 자료(dynamite)에 대한 라틴방격법 aov3() 출력

다이너마이트 제조방법(Method)에 따른 폭발력(Power) 차이가 유의하므로, 다중비교(튜키의 검정)를 통해 어느 방법이 폭발력이 우세한지 조사해 봤다.

```
formlr = Power ~ Company + Worker + Method
LSM(formlr, dynamite, "Method", adj = "Tukey", PLOT = T)
```

```
PDIFF(formlr, dynamite, "Method", adj = "Tukey", PLOT = T)
```

그 결과 그림 11.4 11.5에서 제일 폭발력이 큰 그룹은 제조방법 D, A, E 라고 할 수 있다.

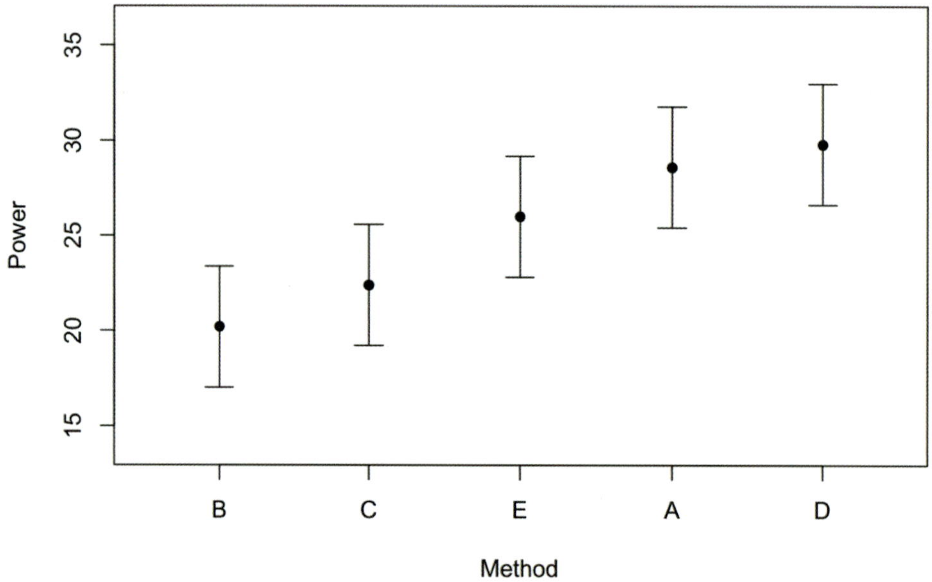


```
  Group LSmean  LowerCL  UpperCL       SE Df
D   A     29.8 26.61764 32.98236 1.460593 12
A   AB    28.6 25.41764 31.78236 1.460593 12
E   ABC   26.0 22.81764 29.18236 1.460593 12
C    BC   22.4 19.21764 25.58236 1.460593 12
B     C   20.2 17.01764 23.38236 1.460593 12
```

그림 11.4: 다이너마이트 제조방법(dynamite)에 대한 라틴방격법의 다중비교 LSM() 출력

11.6 라틴방격법의 단점과 보완책

라틴방격법은 블록 요인이 2개인 상황에서 적은 실험횟수로 우리가 관심있는 처리수준 간 차이를 검정해 주는 실험계획이다. 그러나 라틴방격의 크기 p가 작을 경우에는 오차의 자유도가 너무 작아지는 단점이 있다. 예를 들어 3×3 라틴방격의 경우 오차항의 자유도는 2밖에 되지 않는다. 이와 같은 단점을 보완하기 위해 라틴방격법을 반복해서 시행하는 방법을 추천하고 있다. 이런 '반복시행하는 라틴방격법'의 종류에는 다음의 세 가지가 있다. 이 단원에서는 반복시행 방법에 따라 분산분석표가 어떻게 변하는지 살펴보도록 한다.

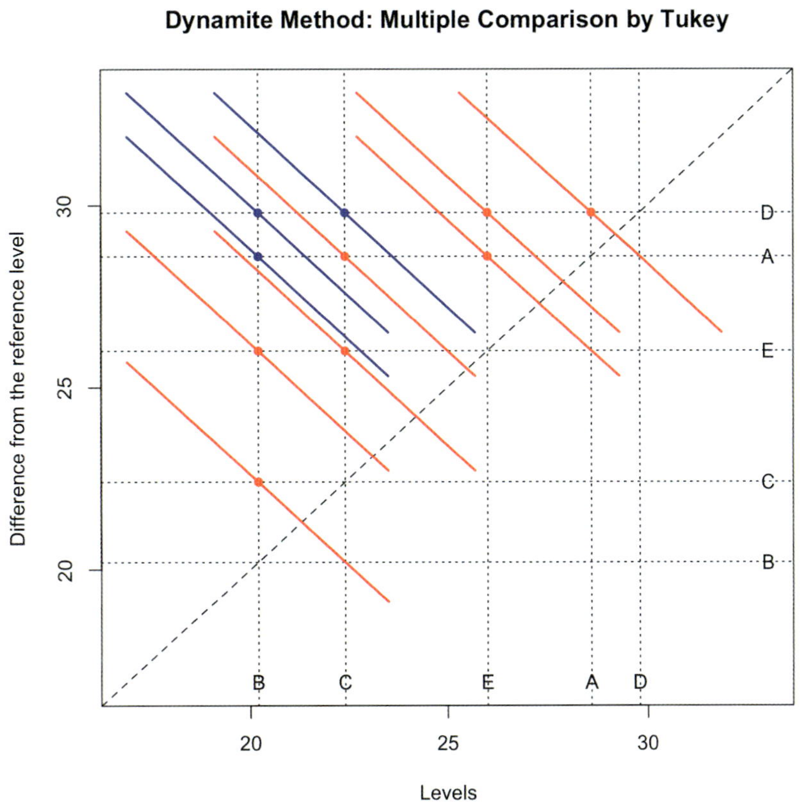

그림 11.5: 다이너마이트 제조방법(`dynamite`)에 대한 튜키의 검정을 통한 Diffogram

> **라틴방격법의 보완책**
>
> (방법1) 행과 열을 그대로 유지하면서 같은 라틴방격을 반복시행한다.
>
> (방법2) 행(혹은 열)은 그대로 유지하면서 반복시행 때마다 열(혹은 행)에 대한 랜덤배치를 다시 한다. 다이너마이트 제조의 경우 재료회사는 그대로 두고 반복시행할 때마다 기술자를 다시 랜덤배치한다.
>
> (방법3) 행과 열을 반복시행 때마다 다시 랜덤배치한다.

11.6.1 동일한 라틴방격을 반복시행하는 경우

라틴방격을 n 번 반복하는 경우, y_{ijkl} 은 i 번째 반복시행의 j 번째 행과 k 번째 열의 l 번째 처리수준에 대한 관측값을 나타내며, 이를 모형식으로 표현하면

$$
\begin{aligned}
y_{ijkl} &= \mu + \rho_i + \alpha_j + \beta_k + \tau_l + \epsilon_{ijkl}, \\
&\sum_{i=1}^{n} \rho_i = 0, \quad \sum_{j=1}^{p} \alpha_j = 0, \quad \sum_{k=1}^{p} \beta_k = 0, \quad \sum_{l=1}^{p} \tau_l = 0, \\
&\epsilon_{ijkl} \overset{i.i.d.}{\sim} N(0, \sigma^2)
\end{aligned} \tag{11.15}
$$

가 된다. 이때 전체 자료 수는 np^2이고 각 처리수준에 대한 관측치의 합 $y_{\cdots l}$은 np개의 합으로 구성된다. 그리고 동일한 라틴방격을 반복시행하는 경우는 행요인(Row)과 열요인(Column)이 반복(Replicate: Rep)에 관계없이 그 성질이 그대로 유지되는 교차요인으로 간주한다. 이에 대한 분산분석표의 모습은 표 11.5이다.

Source	df	SS	Fo
Rep	$n-1$	$\sum_{i=1}^{n} \frac{y_{i\cdots}^2}{p^2} - \frac{y_{\cdots\cdot}^2}{np^2}$	
Row	$p-1$	$\sum_{j=1}^{p} \frac{y_{\cdot j\cdot\cdot}^2}{np} - \frac{y_{\cdots\cdot}^2}{np^2}$	
Col	$p-1$	$\sum_{k=1}^{p} \frac{y_{\cdot\cdot k\cdot}^2}{np} - \frac{y_{\cdots\cdot}^2}{np^2}$	
Treat	$p-1$	$\sum_{l=1}^{p} \frac{y_{\cdots l}^2}{np} - \frac{y_{\cdots\cdot}^2}{np^2}$	$\frac{\text{MStreat}}{\text{MSE}}$
Error	$n(p-1)(p+1)-3$	(차분에 의해 구함)	
Total	np^2-1	$\sum_{i=1}^{n} \sum_{j=1}^{p} \sum_{k=1}^{p} \sum_{l=1}^{p} y_{ijkl}^2 - \frac{y_{\cdots\cdot}^2}{np^2}$	

표 11.5: 라틴방격법 보완책-(1)의 분산분석표

반복시행마다 서로 다른 라틴방격을 취하는 경우의 R코드는 다음과 같다.

```
formlr = Y ~ Rep + Row + Col + Treat
aov3(formlr, df)
```

11.6.2 열만 바꿔서 라틴방격을 반복시행하는 경우

라틴방격의 행은 그대로 유지하면서 반복시행 때마다 열(column)에 대한 수준을 다시 랜덤배치하는 경우를 생각해 보자. 이 경우 반복시행 때마다 각 열이 나타내는 바가 달라지므로 열요인은 더 이상 반복요인과 교차요인이 되지 못한다. 왜냐하면 첫 번째 반복인 Rep1에서 첫 번째 열이 '기술자1' 이지만 두 번째 반복인 Rep2의 첫 번째 열이 '기술자3'이라면 열(column)요인의 성격은 반복(Rep)에 따라 변하기 때문이다. 이 경우 열요인은 반복요인에 내포된 내포요인(nested factor)이라고 할 수 있으며 열요인의 자유도는 $p-1$ 인 n 회 반복되었으므로 $n(p-1)$ 이 된다.

이를 모형식으로 표현하면 다음과 같다.

$$
\begin{aligned}
y_{ijkl} = \mu + \rho_i + \alpha_j + \beta_{k(i)} + \tau_l + \epsilon_{ijkl},& \\
\sum_{i=1}^{n} \rho_i = 0, \quad \sum_{j=1}^{p} \alpha_j = 0,& \\
\sum_{k=1}^{p} \beta_{k(i)} = 0, \quad i = 1, 2, \cdots, n,& \\
\sum_{l=1}^{p} \tau_l = 0,& \\
\epsilon_{ijkl} \overset{i.i.d.}{\sim} N(0, \sigma^2)& \qquad (11.16)
\end{aligned}
$$

표 11.6은 이에 대한 분산분석표이다.

Source	df	SS	Fo
Rep	$n-1$	$\sum_{i=1}^{n} \frac{y_{i\cdots}^2}{p^2} - \frac{y_{\cdots\cdot}^2}{np^2}$	
Row	$p-1$	$\sum_{j=1}^{p} \frac{y_{\cdot j\cdot\cdot}^2}{np} - \frac{y_{\cdots\cdot}^2}{np^2}$	
Col(Rep)	$n(p-1)$	$\sum_{i=1}^{n}\sum_{k=1}^{p} \frac{y_{i\cdot k\cdot}^2}{p} - \sum_{i=1}^{n} \frac{y_{i\cdots}^2}{p^2}$	
Treat	$p-1$	$\sum_{l=1}^{p} \frac{y_{\cdots l}^2}{np} - \frac{y_{\cdots\cdot}^2}{np^2}$	$\frac{\text{MStreat}}{\text{MSE}}$
Error	$(p-1)(np-2)$	(차분에 의해 구함)	
Total	np^2-1	$\sum_{i=1}^{n}\sum_{j=1}^{p}\sum_{k=1}^{p}\sum_{l=1}^{p} y_{ijkl}^2 - \frac{y_{\cdots\cdot}^2}{np^2}$	

표 11.6: 라틴방격법 보완책-(2)의 분산분석표

행은 유지하되 열만 바꿔서 라틴방격을 반복시행하는 경우의 R코드는 다음과 같다.

```
formlr = Y ~ Rep + Row + Col %in% Rep + Treat
aov3(formlr, df)
```

11.6.3 행과 열을 모두 바꿔서 라틴방격을 반복시행하는 경우

라틴방격을 반복시행하면서 행과 열에 대한 요인을 반복시행 때마다 랜덤배치하는 경우는 행요인과 열요인 모두 반복요인에 내포된다. 이 모형식은

$$
\begin{aligned}
y_{ijkl} &= \mu + \rho_i + \alpha_{j(i)} + \beta_{k(i)} + \tau_l + \epsilon_{ijkl}, \\
&\sum_{i=1}^{n} \rho_i = 0, \\
&\sum_{j=1}^{p} \alpha_{j(i)} = 0, \quad i = 1, 2, \cdots, n, \\
&\sum_{k=1}^{p} \beta_{k(i)} = 0, \quad i = 1, 2, \cdots, n, \\
&\sum_{l=1}^{p} \tau_l = 0, \\
&\epsilon_{ijkl} \overset{i.i.d.}{\sim} N(0, \sigma^2)
\end{aligned} \tag{11.17}
$$

가 되고 분산분석표는 표 11.7이 된다.

Source	df	SS	Fo
Rep	$n-1$	$\sum_{i=1}^{n} \frac{y_{i\cdots}^2}{p^2} - \frac{y_{\cdots\cdot}^2}{np^2}$	
Row(Rep)	$n(p-1)$	$\sum_{i=1}^{n} \sum_{j=1}^{p} \frac{y_{ij\cdot\cdot}^2}{p} - \sum_{i=1}^{n} \frac{y_{i\cdots}^2}{p^2}$	
Col(Rep)	$n(p-1)$	$\sum_{i=1}^{n} \sum_{k=1}^{p} \frac{y_{i\cdot k\cdot}^2}{p} - \sum_{i=1}^{n} \frac{y_{i\cdots}^2}{p^2}$	
Treat	$p-1$	$\sum_{l=1}^{p} \frac{y_{\cdots l}^2}{np} - \frac{y_{\cdots\cdot}^2}{np^2}$	$\frac{\text{MStreat}}{\text{MSE}}$
Error	$(p-1)\{n(p-1)-1\}$	(차분에 의해 구함)	
Total	np^2-1	$\sum_{i=1}^{n} \sum_{j=1}^{p} \sum_{k=1}^{p} \sum_{l=1}^{p} y_{ijkl}^2 - \frac{y_{\cdots\cdot}^2}{np^2}$	

표 11.7: 라틴방격법 보완책-(3)의 분산분석표

이를 위한 R코드는 다음과 같다.

```
formlr = Y ~ Rep + Row %in% Rep + Col %in% Rep + Treat
aov3(formlr, df)
```

11.7 연습문제

【11.1】 라틴방격법의 모형식이 식 (11.1)과 같을 때 기대평균제곱(EMS)이 다음과 같음을 증명하라.

$$
\begin{aligned}
\mathrm{E(MStreat)} &= \sigma^2 + \frac{p}{p-1}\sum_{k=1}^{p}\tau_k^2 && (11.18)\\
\mathrm{E(MSE)} &= \sigma^2 && (11.19)
\end{aligned}
$$

【11.2】 라틴방격법의 전체제곱합의 분할을 증명하여라.

$$
\begin{aligned}
\underbrace{\sum_{i=1}^{p}\sum_{j=1}^{p}\sum_{k=1}^{p}(y_{ijk}-\bar{y}_{\cdots})^2}_{\text{SST}} &= \underbrace{p\sum_{i=1}^{p}(\bar{y}_{i\cdot\cdot}-\bar{y}_{\cdots})^2}_{\text{SSrow}} + \underbrace{p\sum_{j=1}^{p}(\bar{y}_{\cdot j\cdot}-\bar{y}_{\cdots})^2}_{\text{SScolumn}}\\
&+ \underbrace{p\sum_{k=1}^{p}(\bar{y}_{\cdot\cdot k}-\bar{y}_{\cdots})^2}_{\text{SStreat}}\\
&+ \underbrace{\sum_{i=1}^{p}\sum_{j=1}^{p}\sum_{k=1}^{p}(y_{ijk}-\bar{y}_{i\cdot\cdot}-\bar{y}_{\cdot j\cdot}-\bar{y}_{\cdot\cdot k}+2\bar{y}_{\cdots})^2}_{\text{SSE}}
\end{aligned}
$$

【11.3】 라틴방격법의 각 제곱합의 자유도를 계산하여 다음이 성립함을 보여라.

$$
\begin{aligned}
\underbrace{(p^2-1)}_{\text{df(SST)}} = \underbrace{(p-1)}_{\text{df(SSrow)}} + \underbrace{(p-1)}_{\text{df(SScolumn)}}&\\
+ \underbrace{(p-1)}_{\text{df(SStreat)}} + \underbrace{(p^2-1+3(p-1))}_{\text{df(SSE)}}& \qquad (11.20)
\end{aligned}
$$

【11.4】 라틴방격법에서 처리제곱합(SStreat)이 다음과 같이 표현됨을 증명하라.

$$
\mathrm{SStreat} = p\sum_{k=1}^{p}(\bar{y}_{\cdot\cdot k}-\bar{y}_{\cdots})^2 = \sum_{k=1}^{p}\frac{y_{\cdot\cdot k}^2}{p} - \frac{y_{\cdots}^2}{p^2} \qquad (11.21)
$$

【11.5】 4종류의 먹이(Diet)에 대한 생쥐의 체중증가량을 알아 보고자 한다. 4마리의 어미(Mom) 쥐에서 한배로 태어난 4쌍둥이씩, 총 16마리가 실험을 위해 사용되었다. 체중 증가 형태에 유전적인 요인이 영향을 줄 수 있다는 점과 출생 순서(Birth)도 생쥐의 체중증가량에 영향을 미친다는 가정을 할 때 4종류의 먹이(Diet: A, B, C, D)에 대해 체중증가량(Y)이 다른지 조사하라(유의수준 0.05).

Diet(Y)	Mom			
Birth	1	2	3	4
1	A (12)	B (11)	C (13)	D (8)
2	B (14)	C (12)	D (11)	A (13)
3	C (17)	D (14)	A (10)	B (9)
4	D (13)	A (14)	B (13)	C (9)

표 11.8: 먹이(Diet)에 따른 생쥐의 체중증가량(Y) 자료(feedmice1: 괄호는 체중증가량)

【11.6】 위 문제 【11.5】의 실험 후 새로 4마리의 어미 쥐를 가져와서 한배로 태어난 4쌍둥이의 새끼 16마리로 다시 실험을 하여 표 11.9의 자료를 얻었다. 이제 표 11.8과 표 11.9를 모두 분석에 활용하고자 한다. 4종류의 먹이(A, B, C, D)에 대한 체중증가량이 서로 다른지 조사하라(유의수준 0.05).

Diet(Y)	Mom			
Birth	1	2	3	4
1	A (12)	B (10)	C (10)	D (12)
2	B (10)	C (7)	D (8)	A (8)
3	C (18)	D (12)	A (11)	B (9)
4	D (9)	A (18)	B (12)	C (10)

표 11.9: 먹이(Diet)에 따른 생쥐의 체중증가량(Y) 자료(feedmice2: 괄호는 체중증가량)

Chapter 12

반응표면분석

12.1 서론

설명변수가 반응변수에 끼치는 영향이 유의한지 여부는 실험에서 가장 중요한 관심거리이다. 그러나 만약에 설명변수의 영향이 유의하다면 설명변수의 어느 값에서 반응값이 최댓값 혹은 최솟값을 갖을 것인지가 궁금할 것이다.

다행히 실험여건이 충분하여 많은 실험조건과 충분한 실험횟수를 통해 반응값 중 최대/최소를 찾는 단순작업이라면 여기서 언급할 필요도 없겠지만, 실험횟수의 제약이 있고 실험조건의 제약이 주어진다면 주어진 환경에서 최대/최소를 추정해야 하는 어려움이 따르게 된다. 다시 말하면 대부분의 실험이 우리의 관심이 주어지는 흥미영역 내의 몇 개의 실험조건에서만 이루어지기 때문에 실험조건이 아닌 곳에서 최대/최소값은 최적점(optimal point)이 발견될 가능성이 상대적으로 높다. 따라서 우리는 주어진 실험관측값으로 흥미영역 안의 반응변수의 기댓값을 대표하는 부드러운 반응표면함수(response surface function)

$$\mathrm{E}(y|\boldsymbol{x}) = f(\boldsymbol{x}), \quad \boldsymbol{x} = (x_1\ x_2\ \cdots\ x_p)^T \in \mathbb{R}^{\mathrm{p}} \tag{12.1}$$

를 추정한 후에 이 함수의 최대/최소를 계산하는 방법으로 최적점을 추정할 수 있게 된다. 이와 같은 과정을 '반응표면분석(response surface analysis)'이라 하고 이를 위해 적절한 설명변수의 값을 결정하는 방법을 '반응표면설계(response surface design)'라 한다.

반응표면분석(Response Surface Analysis)

- 반응표면(Response Surface: RS): 반응변수의 기댓값으로서 설명변수로 표현되는 부드러운 함수
- 반응표면설계(Response Surface Design: RS Design): 반응표면의 최적값을 찾기위한 효과적인 설명변수의 값을 결정하는 실험계획
- 반응표면분석(Response Surface Analysis: RS Analysis): 반응표면의 최댓값/최솟값을 찾는 과정

반응표면이 상호작용이 없는 1차 반응표면(the first order response surface)은 식 (12.2) 같고, 그림 12.1-12.2는 1차 반응표면의 투시도와 등고선 그림(contour plot)을 보여준다.

$$E(y|x_1,\, x_2) = \beta_0 + \beta_1 x_1 + \beta_2 x_2 \tag{12.2}$$

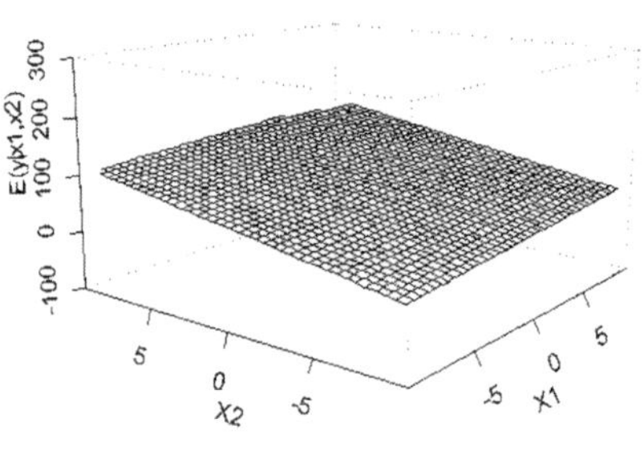

그림 12.1: 상호작용 없는 1차 반응표면-1

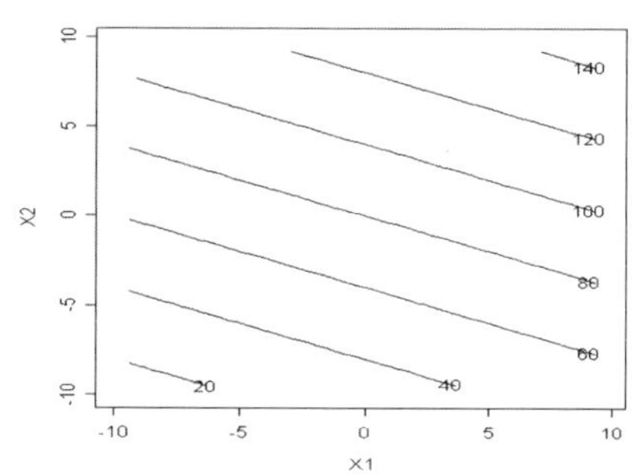

그림 12.2: 상호작용 없는 1차 반응표면-2

그리고 x_1과 x_2 간 상호작용(교차항)인 x_1x_2가 있는 1차 반응표면은 식 (12.3) 같고, 그림 12.3-12.4는 그 반응표면의 투시도와 등고선 그림을 보여주고 있다.

$$E(y|x_1,\, x_2) = \beta_0 + \beta_1 x_1 + \beta_2 x_2 + \beta_{12} x_1 x_2 \tag{12.3}$$

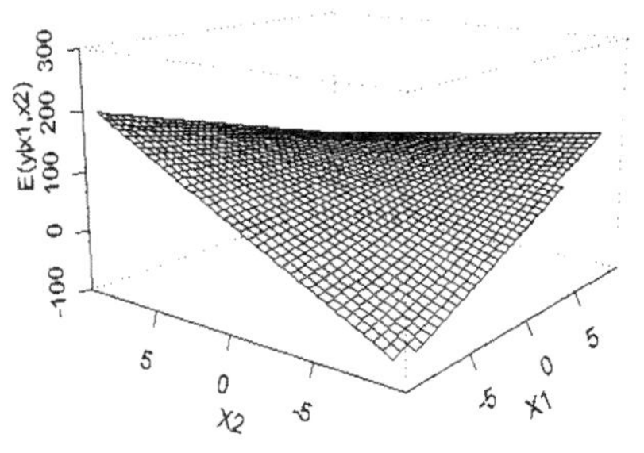

그림 12.3: 상호작용 있는 1차 반응표면-1

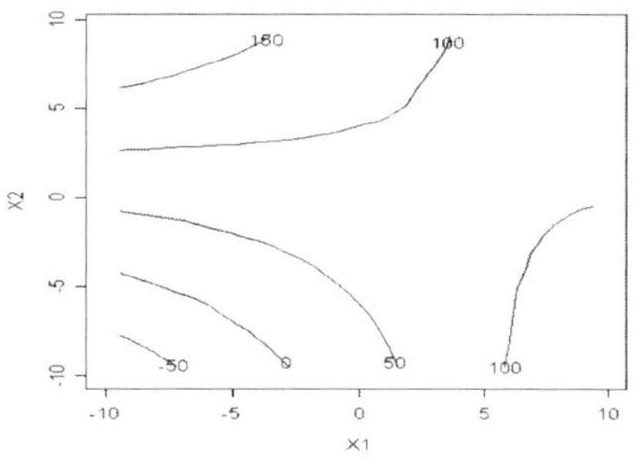

그림 12.4: 상호작용 있는 1차 반응표면-2

상호작용이 없는 2차 반응표면(the second order response surface)은 식 (12.4) 같다.

$$E(y|x_1,\, x_2) = \beta_0 + \beta_1 x_1 + \beta_2 x_2 + \beta_{11} x_1^2 + \beta_{22} x_{22}^2 \tag{12.4}$$

그림 12.5-12.6은 상호작용이 없는 2차 반응표면의 투시도와 등고선 그림을 보여준다.

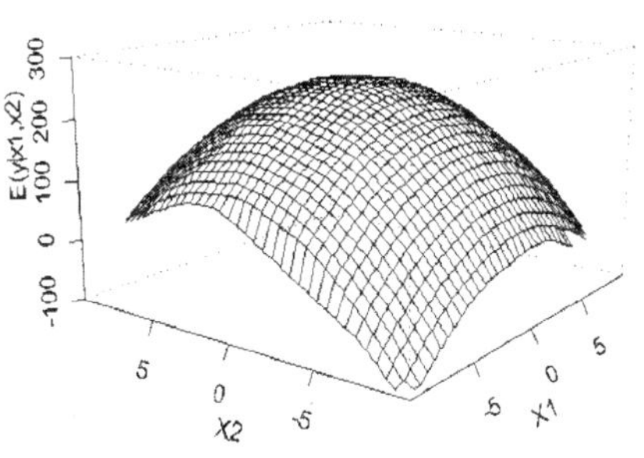

그림 12.5: 상호작용 없는 2차 반응표면-1

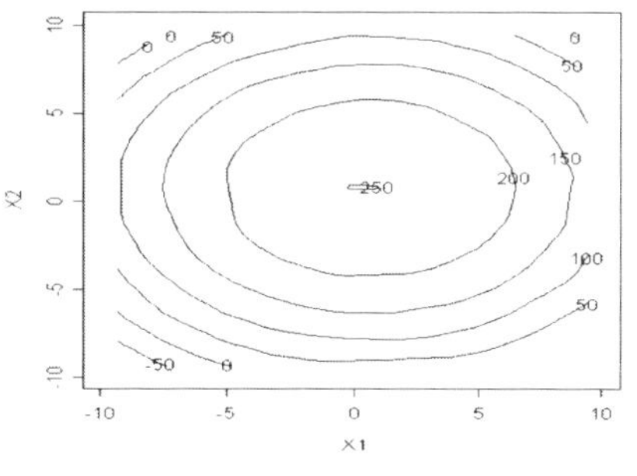

그림 12.6: 상호작용 없는 2차 반응표면-2

상호작용이 있는 2차 반응표면은 식 (12.5)이고, 그 투시도와 등고선 그림은 그림 12.7-12.8이다.

$$E(y|x_1,\, x_2) = \beta_0 + \beta_1 x_1 + \beta_2 x_2 + \beta_{11} x_1^2 + \beta_{22} x_{22}^2 + \beta_{12} x_1 x_2 \tag{12.5}$$

그림 12.6은 최대점을 포함하는 반응표면의 등고선이고 등고선의 모양이 원모양을

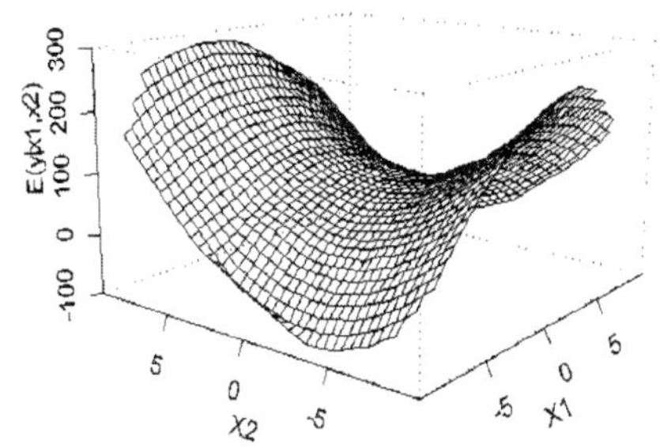

그림 12.7: 상호작용 있는 2차 반응표면-1

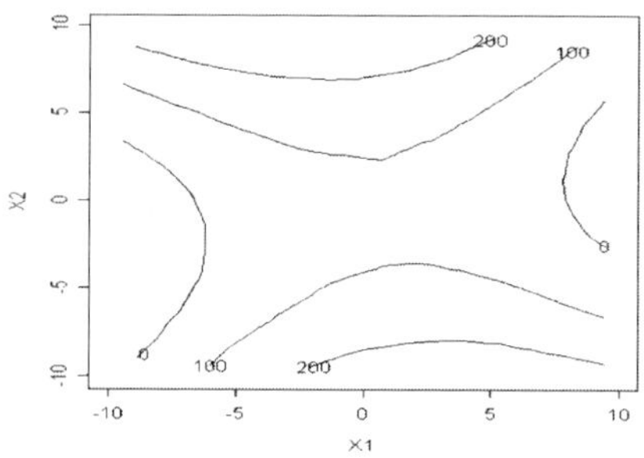

그림 12.8: 상호작용 있는 2차 반응표면-2

나타낸다. 그러나 그림 12.7-12.8을 보면 상호작용이 존재할 뿐 아니라, 최적점이 최댓값도 최솟값도 아닌 안장점(saddle point)임을 알 수 있다. 그 외, 상호작용이 없는 2차함수의 여러 가지 모습은 그림 12.9이다.

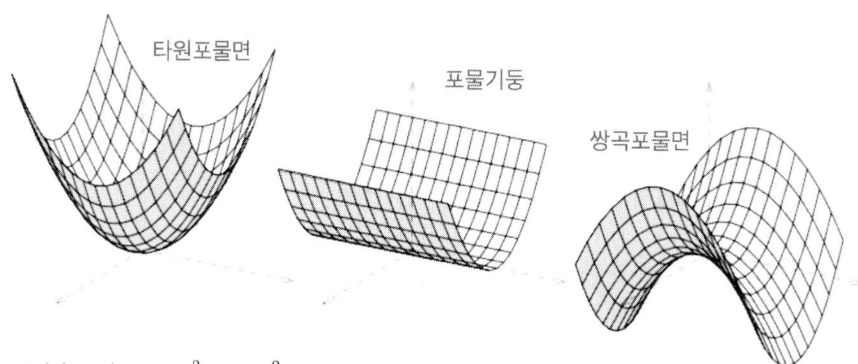

$E(y|x_1x_2) = \beta_{11}x_1^2 + \beta_{22}x_2^2$ $\quad E(y|x_1x_2) = \beta_{11}x_1^2$ $\quad E(y|x_1x_2) = \beta_{11}x_1^2 - \beta_{22}x_2^2$

그림 12.9: x_1, x_2 로 이루어진 상호작용이 없는 이차 반응표면함수

12.2 중심합성계획(CCD)

반응표면분석은 최적점을 찾아가는 과정이기 때문에 단 한번의 실험으로 끝나지 않는다. 오히려 실험에서 발견되는 반응표면은 증가하는 평면이거나 감소하는 곡면일 가능성이 높다. 따라서 최적점을 찾기 위해서 등고선을 보고 어느 방향으로 다음 실험계획을 실시할지 결정하는 과정이 더 중요할 수 있다.

이 단원에서는 반응표면분석에서 널리 사용되는 중심합성계획(central composite design)에 대해 살펴보기로 한다. 예를 들어 2수준의 이원배치법(Two-Way

ANOVA)에서 대표적인 실험계획점은 (A1, B1), (A1, B2), (A2, B1), (A2, B2)의 네 개의 점이 된다. 만일 A요인이 온도($300 - 500°C$), B요인이 시간(3분 – 5분)이라면 그림 12.10의 네 개의 실험계획점이 형성된다.

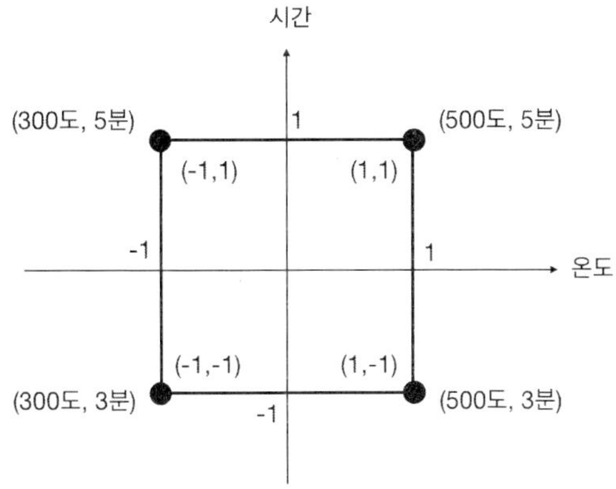

그림 12.10: 2^2 요인배치법에 의한 반응표면분석 실험계획점

그러나 우리가 최적점을 찾는 것을 목표로 하기 때문에 흥미영역의 가운데 해당되는 원점(0, 0)에서 반응표면이 곡면이 될 경우를 대비하여 복수의 실험계획점이 필요하고 흥미영역 보다 벗어나는 지역에도 등고선의 증감을 고려하여 외접원과 교차되는 실험계획점이 필요할 것이다. 이와 같은 실험계획을 '중심합성계획(central composite design)'이라고 한다.

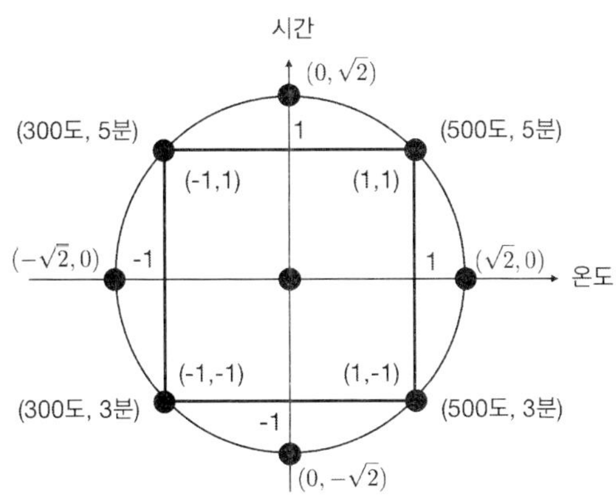

그림 12.11: 중심합성계획(CCD)에 의한 반응표면분석 실험계획점

네 꼭지점(최대/최소) 외의 실험계획점을 계산하는 방법은 흥미영역의 최댓값을

1, 최솟값을 -1 로 하는 다음과 같은 변수변환을 통해 이루어진다. 여기서 (η_1, η_2) 는 아래 식 (12.6)에 의해 계산된다.

$$\begin{aligned}\eta_1 &= \frac{x_1 - (x_{1,\max} + x_{1,\min})/2}{(x_{1,\max} - x_{1,\min})/2} \\ \eta_2 &= \frac{x_2 - (x_{2,\max} + x_{2,\min})/2}{(x_{2,\max} - x_{2,\min})/2}\end{aligned} \tag{12.6}$$

따라서 중심합성계획에 의한 온도와 시간을 계산하려면 식 (12.7)을 이용하면 된다.

$$\begin{aligned}\eta_1 &= \frac{\text{온도} - (500 + 300)/2}{(500 - 300)/2} \\ \eta_2 &= \frac{\text{시간} - (5 + 3)/2}{(5 - 3)/2}\end{aligned} \tag{12.7}$$

그러므로 중심합성계획에 의한 $(\sqrt{2}, 0)$ 의 실제 실험계획점은

$$\begin{aligned}1.414 &= \frac{\text{온도} - (500 + 300)/2}{(500 - 300)/2} \\ 0 &= \frac{\text{시간} - (5 + 3)/2}{(5 - 3)/2}\end{aligned} \tag{12.8}$$

가 되어 온도는 541.4°C 이고 시간은 4 분이 된다.

12.3 최적점 찾기

반응표면이 $\boldsymbol{x}$ 의 이차함수로 다음과 같다고 가정을 하자

$$\mathrm{E}(y|\boldsymbol{x}) = \boldsymbol{x}^T A \boldsymbol{x} + \boldsymbol{b}^T \boldsymbol{x} \tag{12.9}$$

반응표면의 최댓값/최솟값을 구하기 위해선 $\mathrm{E}(y|\boldsymbol{x})$ 를 $\boldsymbol{x}$ 로 미분해서 0 이 되는 값을 찾아야 하므로

$$\frac{\partial\,\mathrm{E}(y|\boldsymbol{x})}{\partial \boldsymbol{x}} = 2\boldsymbol{x}^T A + \boldsymbol{b}^T = \boldsymbol{0}^T \tag{12.10}$$

에서 최적점(optimal point)은

$$\boldsymbol{x} = -\frac{1}{2}A^{-1}\boldsymbol{b} \tag{12.11}$$

가 된다. 우리는 이 최적점이 최댓값/최솟값이 되는지를 A의 고유값(eigenvalue)을 조사함으로 알 수 있다. 표 12.1은 이를 정리한 내용이다.

행렬 A의 고유값	최적점(optimal point)
모두 음수(−)	최댓값(maximum)
모두 양수(+)	최솟값(minimum)
양수와 음수(+, −)	안장점(saddle point)
0이 포함됨	평면

표 12.1: A의 고유값에 따른 최적점($\boldsymbol{x} = -\frac{1}{2}A^{-1}\boldsymbol{b}$)의 종류

12.4 R을 이용한 반응표면분석

설명변수(x_1, x_2, $\cdots$, x_p)의 최댓값과 최솟값이 정해지면 식 (12.6)에 의한 (η_1, η_2, $\cdots$, η_p) 변환을 수행하여 중심합성계획(CCD)에 맞는 실험계획점($\boldsymbol{x}$)을 찾아서 실험하면 실험관측값(y)을 얻게 된다. 이렇게 얻은 자료를 입력한 후 R의 `rsm` 패키지 안에 `rsm()` 함수를 이용해 반응표면분석을 시행한다. 이때 1차 반응표면에는 `FO()`를, 2차 반응표면에는 `SO()` 함수를 사용할 수 있으며, 2차 반응표면의 경우, 최적점까지도 찾을 수 있다. `rsm()`은 자동으로 x_i 들의 2차 반응표면함수를 적합시키고, 이에 대한 적합결여검정(lack of fit test)을 실시하고 있다.

```
require(rsm)
rsout = rsm(Y ~ SO(X1, X2), df)
summary(rsout)
```

Example 어느 화학공정의 제품의 속성을 최대로 하는 실험조건을 얻고자 한다. 이 공정에서 반응값(`Y`)에 영향을 주는 요소는 '온도'와 '시간'이다. 온도(`X1`)는 80−90 이고, 시간(`X2`)은 170−180 이다. 중심점을 5 개로 하는 중심합성계획(CCD)을 설계하고 최댓값을 찾아보자.

X1	X2	Eta1	Eta2	Y
80	170	-1	-1	76.5
80	180	-1	1	77.0
90	170	1	-1	78.0
90	180	1	1	79.5
85	175	0	0	79.9
85	175	0	0	80.3
85	175	0	0	80.0
85	175	0	0	79.7
85	175	0	0	79.8
92.07	175	1.414	0	78.4
77.93	175	-1.414	0	75.6
85	182.07	0	1.414	78.5
85	167.93	0	-1.414	77.0

표 12.2: 온도(`X1`)와 시간(`X2`)에 따른 화학공정의 중심합성계획 자료(`ccdyield`)

이때 사용된 R코드는 다음과 같다.

```
require(rsm)
rsout = rsm(Y ~ SO(X1, X2), ccdyield)
summary(rsout)
```

그림 12.12는 `rsm()` 의 출력의 일부이며 추정된 반응표면함수는 식 (12.12)이다.

$$\hat{\mathrm{E}}(y|x_1,\, x_2) = -1430.7 + 7.8089\, x_1 + 13.272\, x_2 \\ - 0.055\, x_1^2 - 0.040\, x_2^2 + 0.010\, x_1 x_2 \tag{12.12}$$

적합결여검정(lack of fit test)을 통해 이차 반응표면함수는 적합하다고 판정된다 (p-value: 0.2886). 또한, 나머지 출력(그림 12.13)에 의하면 $x_1 = 86.946$, $x_2 = 176.529$ 에서 반응표면은 최적값을 가지는데 모든 고유값(eigenvalue)이 음수(−) 이므로 반응표면함수는 최댓값을 갖게 된다.

```
Call:
rsm(formula = Y ~ SO(X1, X2), data = ccdyield)

              Estimate  Std. Error  t value  Pr(>|t|)
(Intercept) -1.4307e+03  1.5285e+02  -9.3600 3.303e-05 ***
X1           7.8089e+00  1.1578e+00   6.7444 0.0002664 ***
X2           1.3272e+01  1.4846e+00   8.9396 4.457e-05 ***
X1:X2        1.0000e-02  5.3258e-03   1.8777 0.1025192
X1^2        -5.5058e-02  4.0394e-03 -13.6303 2.693e-06 ***
X2^2        -4.0053e-02  4.0394e-03  -9.9158 2.262e-05 ***
---
Signif. codes:  0 '***' 0.001 '**' 0.01 '*' 0.05 '.' 0.1 ' ' 1

Multiple R-squared:  0.9827,    Adjusted R-squared:  0.9704
F-statistic: 79.67 on 5 and 7 DF,  p-value: 5.147e-06

Analysis of Variance Table

Response: Y
            Df  Sum Sq Mean Sq  F value    Pr(>F)
FO(X1, X2)   2 10.0430  5.0215  70.8143 2.267e-05
TWI(X1, X2)  1  0.2500  0.2500   3.5256    0.1025
PQ(X1, X2)   2 17.9537  8.9769 126.5944 3.194e-06
Residuals    7  0.4964  0.0709
Lack of fit  3  0.2844  0.0948   1.7885    0.2886
Pure error   4  0.2120  0.0530
```

그림 12.12: 화학공정의 중심합성계획 자료(ccdyield)에 대한 rsm() 의 출력-1

```
Stationary point of response surface:
       X1        X2
 86.94615 176.52923

Eigenanalysis:
eigen() decomposition
$values
[1] -0.03853994 -0.05657147

$vectors
         [,1]       [,2]
X1 -0.2897174 -0.9571122
X2 -0.9571122  0.2897174
```

그림 12.13: 화학공정의 중심합성계획 자료(ccdyield)에 대한 rsm() 의 출력-2

또한 반응표면에 대한 최댓값은 predict() 함수를 통해 80.2123 이 되며(그림 12.14), 반응표면의 등고선 그림과 투시도는 contour() 와 persp() 를 이용해서 그림 12.15, 그림 12.16을 생성시킬 수 있다.

```
max = data.frame(X1 = 86.946, X2 = 176.529)
predict(rsout, newdata = max)
```

```
       1
80.21239
```

그림 12.14: 화학공정 자료(ccdyield)에 대한 predict() 함수를 이용한 반응표면 최댓값

```
rsout = rsm(Y ~ SO(X1, X2), ccdyield)
contour(rsout, ~ X1 + X2, image = TRUE)
```

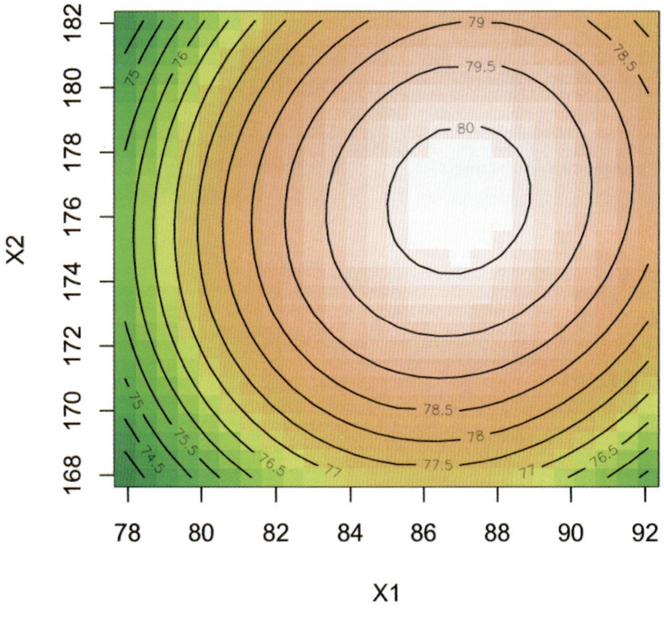

그림 12.15: 화학공정 자료(ccdyield)에 대한 contour() 에 의한 반응표면 등고선 그림

```
persp(rsout, ~ X1 + X2, col = topo.colors(100), contours = "colors")
```

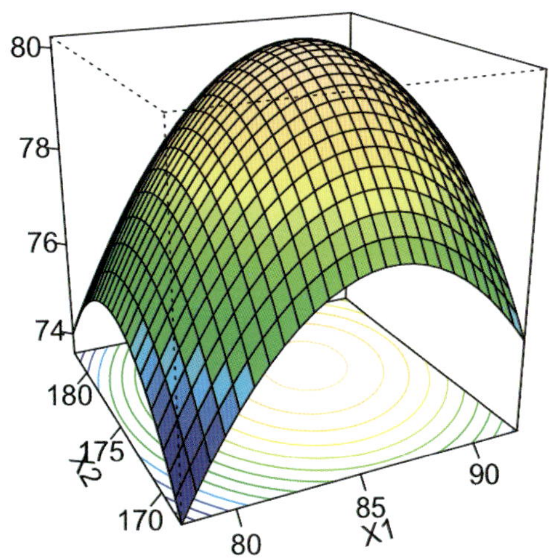

그림 12.16: 화학공정 자료(ccdyield)에 대한 persp() 에 의한 반응표면 투시도

12.5 연습문제

[12.1] 다음은 베어링의 마모도(wear)에 대한 측정값이다. 사용된 변수는 기름의 점도(viscosity)와 무게(load) 이다. 다음 물음에 답하라[1].

viscosity(X1)	load(X2)	wear(Y)
1.6	851	193
15.5	816	230
22.0	1058	172
43.0	1201	91
33.0	1357	113
40.0	1115	125

표 12.3: 기름의 점도와 무게에 따른 베어링의 마모도 자료(bearing)

[1]R.H. Myers and D.C. Montgomery (1995) Response surface methodology process and product optimization using designed experiments, John Wiley & Sons, New York.

1) 이 자료를 가지고 아래 R코드를 실행하면 어떤 문제가 발생하는지 답하라.

```
require(rsm)
rsout = rsm(Y ~ SO(X1, X2), bearing)
summary(rsout)
```

2) 아래 R코드는 상호작용이 없는 이차 반응표면분석을 나타낸다. 등고선 그림과 투시도가 각각 그림 12.17과 그림 12.18이 되는지 확인하라.

```
rsout2 = rsm(Y ~ FO(X1, X2) + PQ(X1, X2), bearing)
contour(rsout2, ~ X1 + X2, image = TRUE)
```

```
persp(rsout2, ~ X1 + X2, col = topo.colors(100), contours = "colors")
```

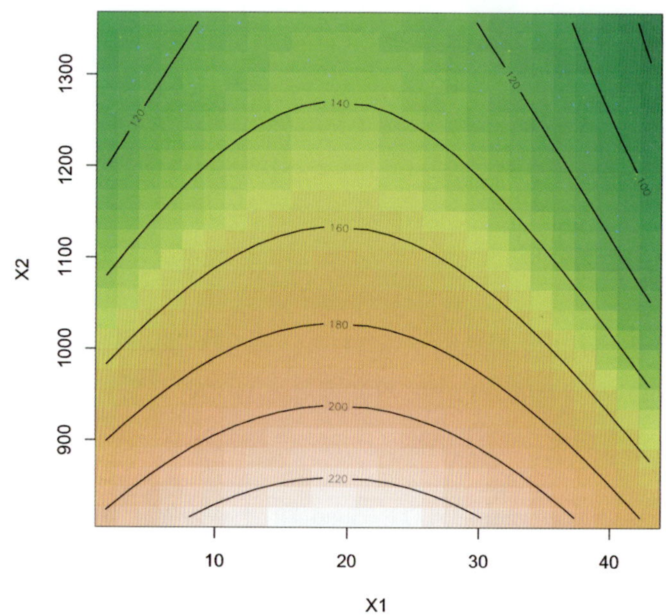

그림 12.17: 기름의 점도와 무게에 따른 베어링의 마모도 자료(bearing)에서 상호작용이 없는 반응표면의 등고선 그림

3) 2)의 반응표면에서 $x_1 = 25$, $x_2 = 1000$ 일때 y 값을 predict() 함수를 써서 예측하라.

【12.2】 반응표면분석은 일회적 시행이 아닌 계속 실시하는 순차적인 절차이다.

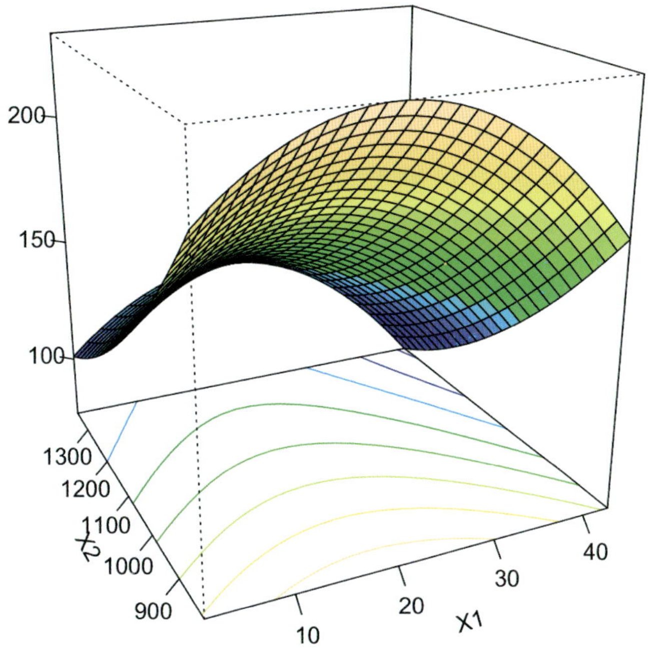

그림 12.18: 기름의 점도와 무게에 따른 베어링의 마모도 자료(bearing)에서 상호작용이 없는 반응표면의 투시도

흥미구간에 대한 반응표면을 1차 평면으로 적합시킨 후, 평면의 기울기를 따라 언덕을 오르는 방향(최댓값을 찾을 경우)으로 흥미구간을 옮겨가며 분석하다가, 다음과 같은 실험자료를 얻게 되었다. 이 자료를 (η_1, η_2)로 변환했을 때 해당되는 점을 (η_1, η_2) 좌표에 표시해 보아라.

Y	39.3	40.0	40.9	41.5	40.3	40.5	40.7	40.2	40.6
X1	30	30	40	40	35	35	35	35	35
X2	150	160	150	160	155	155	155	155	155

표 12.4: 반응표면분석을 위한 실험 자료(rsdata0)

12.6 프로젝트(최적의 종이 헬리콥터)

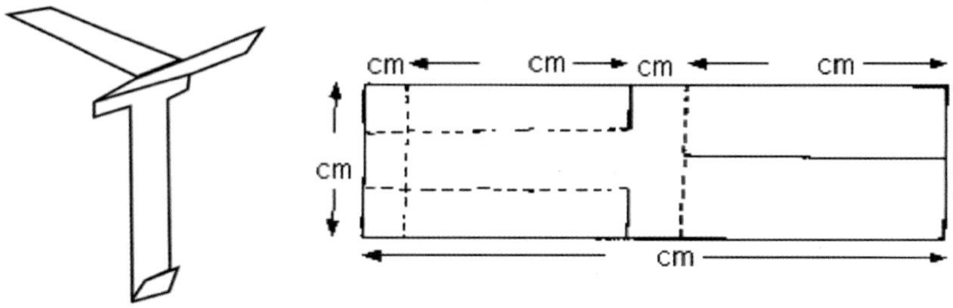

반응표면분석은 주어진 실험조건을 가지고, 평균반응곡면을 예측/추정함으로써 최적점의 위치를 알아보는 분석이다.

그림에 나와있는 종이 헬리콥터를 작성해 보자. 종이는 A4 용지를 사용하고 헬리콥터의 크기가 A4 용지를 넘을 수 없게 한다. 반응표면분석은 헬리콥터의 체공시간을 최대로 하는 제작방법을 찾는 것이 목적이다. 아래 항목에 주의해서 실험을 수행해 본다.

1. 위 도면을 참고하여 변수($x_1, x_2, \cdots, x_p$)를 선정한다.
2. 중심합성계획(CCD)으로 실험좌표값을 설정한다(반복수는 임의대로 정해도 좋다).
3. `rsm()` 를 이용해 최댓값을 구해보고 최댓값이 없는 경우 범위를 이동하여 다시 실험을 실시한다.
4. 등고선 그림과 투시도를 그리고 최적조건에 따른 헬리콥터를 작성해 제출한다.

프로젝트 Worksheet (이름 :)

[1] & [2] 실험을 위한 종이 헬리콥터에 길이를 적고, 그 중 2개의 길이는 x_1, x_2 로 기입

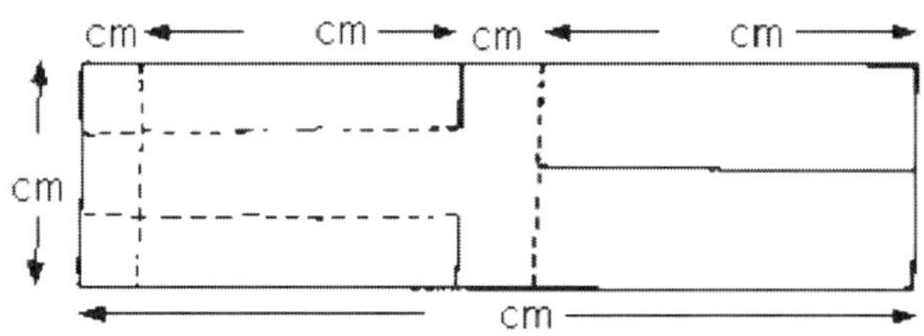

[3] 중심합성계획(CCD)을 실시하여 (x_1, x_2)와 체공시간(y)을 기록

x_1	x_2	η_1	η_2	y
		-1	-1	
		-1	1	
		1	-1	
		1	1	
		0	0	
		0	0	
		0	0	
		0	0	
		0	0	
		1.414	0	
		-1.414	0	
		0	1.414	
		0	-1.414	

[4] 반응표면분석을 위한 R코드를 `rsm()`, `contour()`, `persp()` 을 이용해 작성

```
R코드:
```

[5] & [6] R출력을 보고, 등고선과 투시도를 아래에 손으로 그림

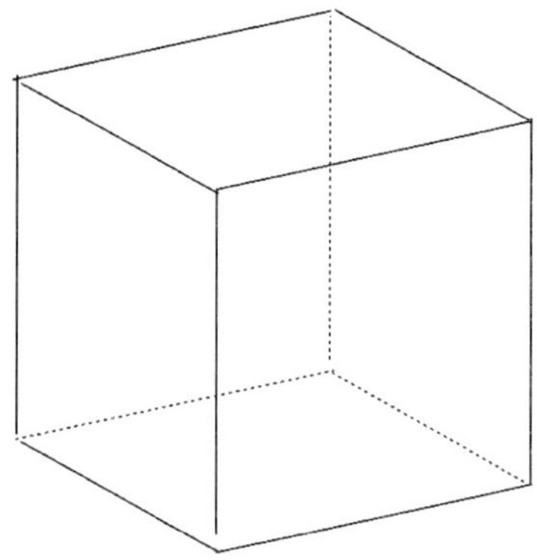

위 그림을 보고, 최적의 체공시간을 위한 (x_1, x_2) 조건을 기입

$x_1 =$ $x_2 =$

Chapter 13

분할구설계(Split-Plot Design)

13.1 실험단위와 실험오차

실험계획에서는 실험단위, 실험오차라는 단어가 많이 등장한다. 얼핏 들으면 쉽게 이해될 것 같지만 실제로 실험단위, 실험오차에 대한 이해를 잘 하는 사람은 많지 않고 이에 대한 부정확한 사용은 잘못된 분산분석으로 이어진다. 그렇다면 실험단위는 무엇이고 실험오차는 무엇인지 살펴보자.

실험에서 처리수준이 배정되는 최소 단위를 '실험단위(experimental unit)'라고 한다. 예를 들어 12마리의 토끼에 대해 안약 종류에 따른 치료효과를 비교한다고 하자. 서로 다른 안약을 안약1, 안약2라고 할 때 12마리 중 임의로 6마리를 선택하여 안약1을, 나머지는 안약2를 투여한다. 여기서 실험단위는 '한 마리 토끼'이다.

그러나 만일 물고기가 10마리씩 들어있는 수조가 2개 있다고 가정하고 한 수조에는 먹이1을 다른 수조에는 먹이2를 주었다면 '같은 수조 안에 있는 10마리 물고기'가 실험단위가 된다.

이렇게 어떤 실험에서는 한 개의 개체가 실험단위가 되지만, 다른 실험에서는 여러 개체가 함께 실험단위로 간주된다. 이를 쉽게 구분하는 방법은 서로 다른 실험조건을 배정받을 수 있는 최소 단위가 무엇인지 생각하는 것이다. 예를 들어 안약을 투여받은 토끼의 경우 모든 토끼는 서로 다른 안약을 배정받을 수 있는 단위가 되므로 '토끼'가 실험단위이지만 수조에 있는 10마리 물고기는 같은 수조에 있기 때문에 서로 다른 먹이를 취할 수 없으므로 '같은 수조에 있는 10마리 물고기'가 실험단위가 된다.

이렇게 실험단위가 정해지면 자연스럽게 실험오차도 정해지는데, '실험오차(experimental error)'란 서로 다른 실험단위 사이에 발생하는 측정오차를 의미한다. 이를 정리하면 다음과 같다.

실험단위와 실험오차

- 실험단위(experimental unit): 처리수준/처리조합이 배정되는 실험의 최소단위
- 실험오차(experimental error): 실험단위와 실험단위 사이에 발생하는 측정오차

13.2 두 종류의 실험단위

실험에서 실험조건을 실험단위에 완전하게 랜덤배치하는 것이 실제로는 불가능한 경우가 종종 발생한다. 예를 들면 온도(A1, A2)와 밀가루 반죽비율(C1, C2, C3)을 달리하며 쿠키를 굽는 실험을 생각해 보자. 총 $2 \times 3 = 6$ 개의 처리조합이 가능하고 밀가루는 18개 쿠키를 만들 수 있는 분량이 있다고 가정하자.

이런 조건에서 먼저 떠오르는 실험계획은 반복수가 3인 2×3 이원배치법일 것이다. 이는 각 처리조합(온도×반죽비율)당 3개의 쿠키를 굽는 그림 13.1의 모습으로 이를 위해 우리는 오븐을 총 18회 사용해야 할 것이다.

그러나 만일 물리적 시간적 제약으로 인해 하루에 오븐을 단 2회만 사용할 수 있다고 하면 이런 이원배치법을 시행하는데 총 9일이 소요된다.

반면에 모든 실험을 3일만에 마칠 수 있는 실험계획을 생각해 보자. 만일 (온도:A1, 반죽:C1) 처리조합에 대해 오븐을 1회 사용할 때 3개의 쿠키를 한꺼번에 굽게되면 총 18개의 쿠키를 3일만에 구울 수 있게 된다(그림 13.2 참조).

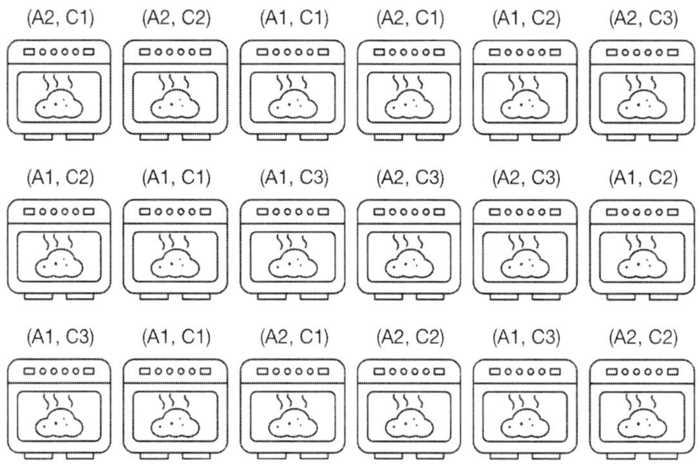

그림 13.1: 온도(A1, A2)와 반죽(C1, C2, C3)에 대한 쿠기 굽기(이원배치법)

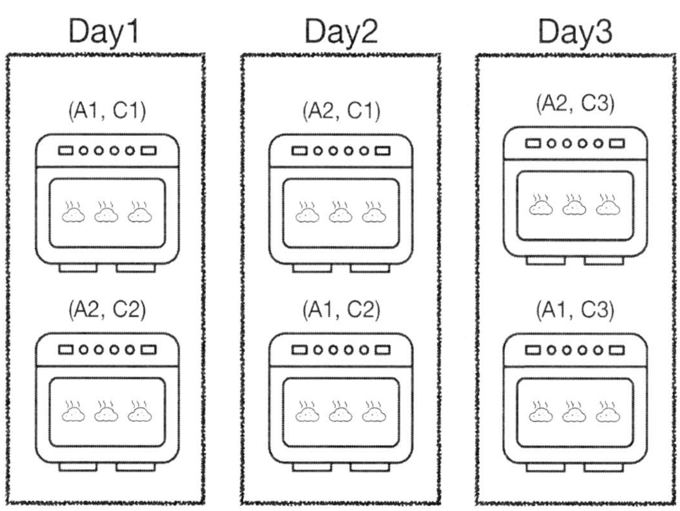

그림 13.2: 온도(A1, A2)와 반죽(C1, C2, C3)에 대한 구기를 3일 안에 굽기

그러나 이 경우도 날씨에 따라 쿠키의 맛이 달라진다[1]는 점을 생각하면 Day1과 Day3의 쿠키 맛 차이가 날씨 때문인지 반죽 차이(C1과 C3)인지 구분할 수 없게 되므로 좋은 실험계획이라고는 할 수 없을 것이다.

결국 이전에 우리가 다루었던 RCBD 같이 모든 실험조합이 같은 날(블록)에 행해지는 방법을 고안해야 하는데, 다음과 같은 방법을 생각해 본다. 예를 들어 하루에

[1]습한 날씨에는 빵이나 쿠키가 잘 부풀어 오르지 않는다.

두 번 오븐을 사용할 수 있으니까 한 번은 온도를 A1으로 맞추고 다른 한 번은 A2로 맞춰서 쿠기를 굽되, 오븐 안에 반죽의 비율을 달리한 3개의 쿠기(C1, C2, C3)를 한꺼번에 굽는 실험을 생각할 수 있다(그림 13.3 참조). 이렇게 하면 같은 날 6개의 처리조합을 1회씩 실시할 수 있고, 실험은 3일만에 마치게 된다. 이와 같은 실험계획을 '분할구설계(Split-Plot Design)'라고 한다.

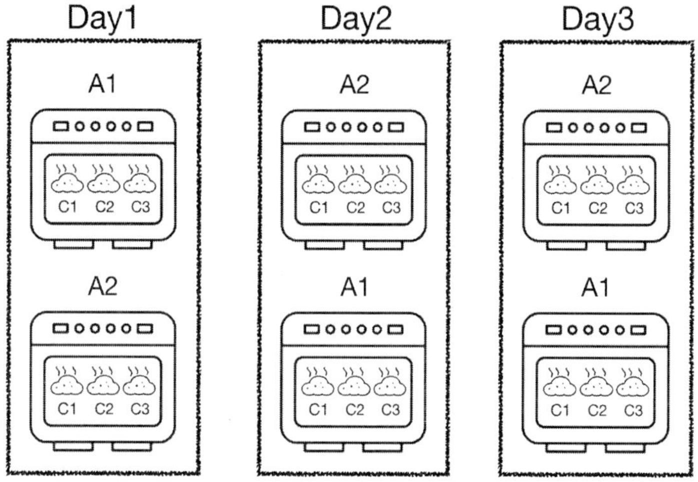

그림 13.3: 온도(A1, A2)와 반죽(C1, C2, C3)에 대한 쿠기 굽기(분할구설계)

이와 같은 실험계획이 이원배치법이 될 수 없는 이유는 요인의 수준이 랜덤배치되는 실험단위가 달라지기 때문이다. 본래 이원배치법(Two-Way ANOVA)은 완전임의화설계(CRD)로 실행될 경우 모든 실험단위가 같은 확률로 조건에 배정되어야 하기 때문에 모든 실험단위는 동일해야 한다. 그림 13.3에서 온도(A1, A2)가 랜덤배치되는 실험단위는 '3개의 쿠키를 담은 오븐'이 되지만 반죽(C1, C2, C3)이 랜덤배치되는 실험단위는 '쿠키 한 개 분량의 밀가루 반죽'이다. 따라서 큰 실험단위를 '주구(whole-plot: 主區)', 작은 실험단위를 '세구(subplot: 細區)'라 하며, 주구에 배정되는 온도(A1, A2)는 '주구처리(whole-plot treatment)', 세구에 배정되는 반죽(C1, C2, C3)은 '세구처리(subplot treatment)'라고 한다.

실험단위가 달라지면서 실험오차도 달라지는데 온도에 대한 실험오차는 오븐과 오븐 차이에서 나오지만 반죽에 대한 실험오차는 쿠키와 쿠키 사이에서 발생하고 있다. 이에 전자를 '주구오차(whole-plot error)'라 하고 후자를 '세구오차(subplot error)'라고 한다.

그리고 이와 같이 주구와 세구로 구분되는 실험계획을 '분할구설계(Split-Plot Design)'라고 한다.

분할구설계(Split-Plot Design)의 용어

- 주구처리(whole-plot treatment): 실험단위가 큰 '주구(whole-plot)'에 랜덤배치되는 처리
- 주구오차(whole-plot error): 주구처리를 받은 실험단위 사이에 발생하는 실험오차
- 세구처리(subplot treatment): 실험단위가 작은 '세구(subplot)'에 랜덤배치되는 처리
- 세구오차(subplot error): 세구처리를 받은 실험단위 사이에 발생하는 실험오차

13.3 분할구설계의 분산분석표

기본적으로 분할구설계는 임의화완전블록설계(RCBD)의 형태를 띄고 있다. 예를 들어 그림 13.3의 분할구설계의 주구(whole-plot)만을 살펴보면 그림 13.4같이 day를 '블록'으로 하고 온도(A1, A2)를 '처리'로 하는 RCBD 의 모습이고,

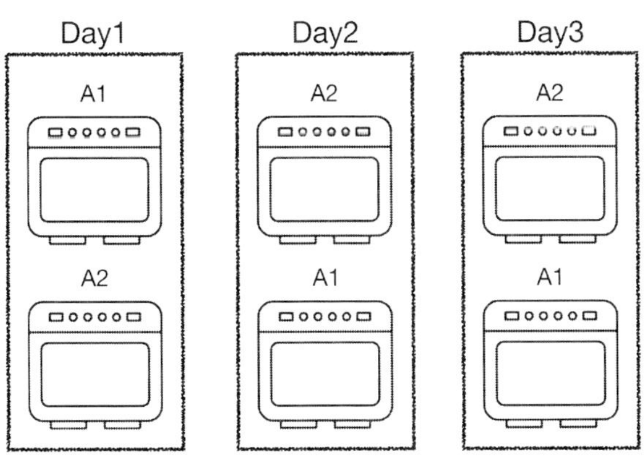

그림 13.4: 분할구설계에서 주구의 RCBD 모습

Source	df	SS
day	3-1	SSday
temp	2-1	SStemp
Error	(3-1)(2-1)	SSday*temp
주구	$3 \times 2 - 1$	SSwhole

표 13.1: 주구(whole-plot)에 대한 분산분석표

세구(subplot)만을 살펴보면 그림 13.5같이 오븐을 '블록'으로 하고 반죽(C1, C2, C3)을 '처리'로 하는 RCBD 의 모습이다.

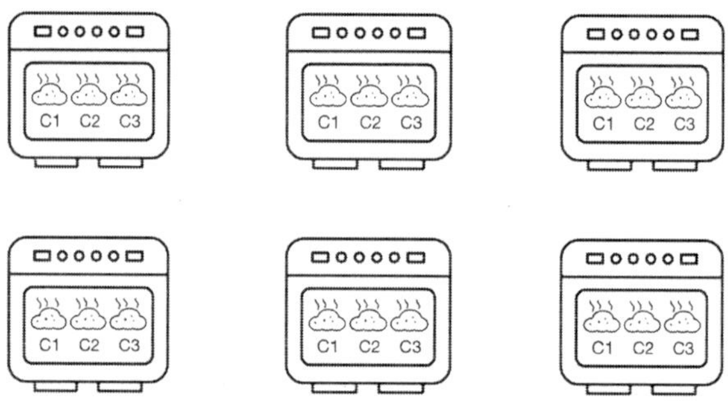

그림 13.5: 분할구설계에서 세구의 RCBD 모습

Source	df	SS
주구	$3 \times 2 - 1$	SSwhole
ratio	3-1	SSratio
Error	(6-1)(3-1)	SSwhole*ratio
Total	$3 \times 6 - 1$	SStotal

표 13.2: 세구(subplot)에 대한 분산분석표

이에 따른 분산분석표도 두 가지의 RCBD를 결합해 놓았는데 주구에 대한 분산분석표는 표 13.1이 되고 세구에 대한 분산분석표는 표 13.2이 된다. 이 두 개의 분산분석표를 합치면 분할구설계의 분산분석표(표 13.3)가 된다.

여기서 세구오차(subplot error)는 세구에 대한 분산분석표(표 13.2)에 있는 오차항인 SSwhole*ratio 에서 주구처리와 세구처리의 상호작용인 SStemp*ratio 만큼 제외시킨 나머지 값이 되며 자유도는 (6-1)(3-1) 에서 SStemp*ratio 의 자유도인

Source	df	SS	F_0
day	3-1	SSday	
temp	2-1	SStemp	$\frac{\text{MStemp}}{\text{MSday*temp}}$
whole-plot error	(3-1)(2-1)	SSday*temp	
ratio	3-1	SSratio	$\frac{\text{MSratio}}{\text{MSE}}$
temp*ratio	(2-1)(3-1)	SStemp*ratio	$\frac{\text{MStemp*ratio}}{\text{MSE}}$
subplot error	2(3-1)(3-1)	SSE	
Total	$3 \times 6 - 1$	SStotal	

표 13.3: 분할구설계(Split-Plot Design)에 대한 분산분석표

(2-1)(3-1) 만큼을 뺀 나머지 2(3-1)(3-1) 이 된다.

반응변수 y_{ijk} 는 i 번째 블록의 j 번째 주구처리에 k 번째 세구처리를 받은 관측값을 나타낼 때 분할구설계의 모형식은 다음과 같다.

$$\begin{aligned} y_{ijk} &= \mu + \rho_i + \tau_j + (\rho\tau)_{ij} + \gamma_k + (\tau\gamma)_{jk} + \epsilon_{ijk} \\ &\sum_{i=1}^{3} \rho_i = 0, \quad \sum_{j=1}^{2} \tau_j = 0, \quad \sum_{k=1}^{3} \gamma_k = 0, \\ &\sum_{i=1}^{3} (\rho\tau)_{ij} = \sum_{j=1}^{2} (\rho\tau)_{ij} = 0, \\ &\sum_{j=1}^{2} (\tau\gamma)_{jk} = \sum_{k=1}^{3} (\tau\gamma)_{jk} = 0, \\ &\epsilon_{ijk} \overset{i.i.d.}{\sim} N(0, \sigma^2), \end{aligned} \tag{13.1}$$

분할구설계의 분산분석표에 나타나는 제곱합들은 분할구설계가 균형설계이므로 '힉스의 법칙'을 따라 제곱합 공식을 작성할 수 있다. 한 가지 주의할 사항은 오차항의 경우 블록과 상호작용인 $(\rho\gamma)_{ik}$ 와 $(\rho\tau\gamma)_{ijk}$ 의 합으로 이루어졌다는 사실을 감안해서 자유도와 제곱합을 계산하면 될 것이다.

13.4 분할구설계에 대하여

13.4.1 어원

분할구설계(Split-Plot Design)는 분산분석표를 주구(whole-plot)와 세구(subplot)로 나누고 있다. 지역을 뜻하는 구(plot)는 농사지을 때 '농사지역'을 의미하는데 농사일의 속성을 잘 고려해서 농사에 맞게 개발된 실험계획 중 하나가 분할구설계이다. 예를 들어 여러 농사지역이 실험을 위해 사용될 때, 지역별로 서로 다른 비료를 준 후에 같은 비료를 준 농사지역을 다시 세분하여 작물을 종류별로 나누어 심어 키우는 실험이, 모든 지역 안에 (비료, 작물의 종류)의 처리조합을 랜덤하게 배치해서 작물을 키우는 실험보다 농사를 하는 입장에서는 훨씬 수월할 것이다. 이 경우, 바꾸기 어려운 요인('hard-to-change factor')을 주구에 배정함으로써 실험을 용이하게 수행할 수 있다. 이렇게 개발된 분할구설계는 지금 농업 뿐 아니라 공업, 임업, 의료보건학 등에도 널리 활용되고 있다.

13.4.2 블록과 상호작용

RCBD 같이 블록과 처리의 상호작용은 무시되어 오차항으로 편입된다. 주구에서는 $(\rho\tau)_{ij}$가 주구오차(whole-plot error)가 되고, 세구에서는 $(\rho\gamma)_{ik}$, $(\rho\tau\gamma)_{ijk}$가 세구오차(subplot error)를 형성하게 된다.

13.4.3 2단계의 랜덤화 과정

RCBD 에서는 블록 내에 랜덤배치가 있지만 분할구설계의 랜덤화 과정은 주구와 세구에 각각 이루어지기 때문에 총 2단계의 랜덤화 과정이 필요하다. 이와 같은 랜덤화 과정은 이원배치법과 분할구설계를 구분할 수 있도록 도와준다.

13.4.4 세구처리(Subplot Treatment)의 중요성

모든 실험계획에서 실험오차는 적을수록 분산분석표의 검정력이 커져서 바람직한 실험계획이 된다. 분할구설계에서는 두 가지 처리 종류(주구처리, 세구처리) 가운데 우리의 관심이 더 집중되어 있는 처리를 세구처리로 배정하는 것이 좋다. 그 이유는 다음과 같다.

1. 만일 실험도중에 어떤 예기치 못한 변화(예: 전압의 변화로 오븐이 원하는 온도를 맞추지 못하는 경우)는 주구처리인 온도의 효과 분석에 영향을 미칠지 모르지만 같은 오븐 안의 세구처리인 반죽효과의 분석에는 영향을 미칠 수

없기 때문이다.

2. 주구오차는 오차항에서 블록(예: Day) 사이의 변동을 제외한 부분을 사용하지만 세구오차는 블록과 처리 간 변동 뿐 아니라 주구처리와 세구처리의 상호작용에 대한 제곱합도 제외시킨 값을 나타내기 때문에, subplot error가 whole-plot error보다 정제된 오차제곱합을 기대할 수 있다.

13.5 R을 이용한 분할구설계

온도(temp)와 반죽비율(ratio)에 따른 쿠키 굽기를 분할구설계로 실시한 실험에서 표 13.3의 분산분석표를 만들기 위해선 주구처리인 temp를 제외한 모든 요인은 세구오차인 MSE를 분모로 나누고, temp는 MSday*temp로 나누어야 한다. 그러나, 기존의 분산분석표 작성에 사용된 `aov()`는 모든 요인에 대해 MSE를 분모로 취하기 때문에 주구처리에 대한 분석은 `T3test()` 함수를 사용한다.

```
formlr = y ~ day*temp + ratio + temp:ratio
aov3(formlr, df)
T3test(formlr, df, H = "temp", E = "day:temp")
```

Example 펄프 가열온도가 종이의 인장력에 영향을 주는지 조사하기 위하여 다음과 같은 실험을 했다. 실험은 3일(`Day`: 1, 2, 3)에 걸쳐 실시하는데 하루에 할 수 있는 실험의 수는 총 12회이다. 매일 펄프를 만드는 방법을 달리해 가면서 3종류의 펄프(`Pulp`: 1, 2, 3)를 준비한 후, 준비된 펄프를 4등분 하여 온도(`Temp`)를 각각 200°C, 225°C, 250°C, 275°C로 가열하여 종이를 생산하도록 한다. 표 13.4는 펄프종류(`Pulp`)와 가열온도(`Temp`)에 따른 종이의 인장력(`Y`)이다[2].

이 자료를 분할구설계로 분석하는 R코드는 다음과 같다(블록인 `Day`를 임의효과로 간주하면 표 13.3의 분산분석표와 일치하고 있다 - 연습문제 참조).

```
formlr = Y ~ Day*Pulp + Temp + Pulp:Temp
aov3(formlr, ptensile)
RanTest(formlr, ptensile, Random=c("Day"))
```

[2] D.C. Montgomery (1991) Design and Analysis of Experiments, John Wiley & Sons, New York.

	Day	1			2			3		
	Pulp	1	2	3	1	2	3	1	2	3
Temp	200	30	34	29	28	31	31	31	35	32
	225	35	41	26	32	36	30	37	40	34
	250	37	38	33	40	42	32	41	39	39
	275	36	42	36	41	40	40	40	44	45

표 13.4: 펄프 제조방법과 가열온도에 따른 종이 인장력 자료(`ptensile`)

그림 13.6은 분할구설계에 대한 기대평균제곱(EMS)이다. 출력에 따르면 펄프에 대한 효과를 검정함에 있어서 `Day:Pulp` 상호작용의 평균제곱으로 분모를 택해야 하고, `Temp` 나 `Pulp:Temp` 효과 검정은 MSE 로 나눠줘야 함을 볼 수 있는데 이는 표 13.3의 분산분석표와 일치한다.

이와 같은 출력을 근거로 표 13.5의 분할구설계 분산분석표를 작성하게 된다. 그 결과 종이 인장력에 미치는 펄프 제조방법과 가열온도의 상호작용 Pulp*Temp 가 유의하다고 여겨진다(유의확률 0.0271).

Source	df	SS	MS	F_0	p-value
Day	2	77.556	38.778		
Pulp	2	128.389	64.194	7.0781	0.0485
주구오차	4	36.278	9.069		
Temp	3	434.08	144.694	36.4266	< 0.0001
Pulp*Temp	6	75.17	12.528	3.1538	0.0271
세구오차	18	71.50	3.972		
Total	35	822.97			

표 13.5: 펄프와 온도에 따른 종이 인장력 자료(`ptensile`)에 대한 분할구설계의 분산분석표

그러면 펄프와 온도의 어느 조합에서 종이의 인장력이 제일 강한지 알아보자. 그림 13.7은 상호작용 `pulp:temp` 에 대한 LSMEANS 출력이다. 이에 의하면 펄프2 에 온도 275°C 인 경우 LSMEANS 가 최댓값 42.0 을 갖고, 펄프1 에 온도 200°C 인 경우 LSMEANS 가 최솟값 29.7 을 갖게된다.

```
$Day
Error: 1*Day:Pulp + 0*MSE
      Df Sum Sq Mean Sq F value Pr(>F)
Day    2 77.556  38.778  4.2757 0.1016
Error  4 36.278   9.069

$Pulp
Error: 1*Day:Pulp + 0*MSE
      Df  Sum Sq Mean Sq F value  Pr(>F)
Pulp   2 128.389  64.194  7.0781 0.04854 *
Error  4  36.278   9.069
---
Signif. codes:  0 '***' 0.001 '**' 0.01 '*' 0.05 '.' 0.1 ' ' 1

$`The Rest Terms`
          Df Sum Sq Mean Sq F value    Pr(>F)
Temp       3 434.08 144.694 36.4266 7.449e-08 ***
Day:Pulp   4  36.28   9.069  2.2832   0.10028
Pulp:Temp  6  75.17  12.528  3.1538   0.02711 *
RESIDUALS 18  71.50   3.972
---
Signif. codes:  0 '***' 0.001 '**' 0.01 '*' 0.05 '.' 0.1 ' ' 1

$EMS
          Day Pulp Temp Day:Pulp Pulp:Temp eps
Day        12                  4             1
Pulp            Q              4         Q   1
Temp                 Q                   Q   1
Day:Pulp                       4             1
Pulp:Temp                                Q   1

attr(,"Caution")
[1] "Test assumption: Q's in the corresponding EMS row are 0."
```

그림 13.6: 펄프와 온도에 따른 종이 인장력 자료(ptensile)에 대한 분할구설계에서 RanTest()를 이용한 기대평균제곱(EMS)과 F 검정

13.6 연습문제

[13.1] 펄프 제조방법(Pulp)과 가열온도(Temp)에 따른 종이의 인장력(Y) 자료(표 13.4: ptensile)에서 모든 요인(Day, Pulp, Temp)을 임의효과로 가정해서 기대평균제곱(EMS)을 RanTest()로 구하여 이에 맞는 유의성 검정을 실시하라.

[13.2] 콩을 재배하는데 있어서, 줄 간격(row spacing)이 수확량에 어떤 영향을 미치는지 알아보려고 한다. 실험에 사용된 콩의 종류(Bean)는 두 가지(A1, A2)이고,

```
formlr = Y ~ Day*Pulp + Temp + Pulp:Temp
LSM(formlr, ptensile, "Pulp:Temp", adj = "Tukey", PLOT = T)
```

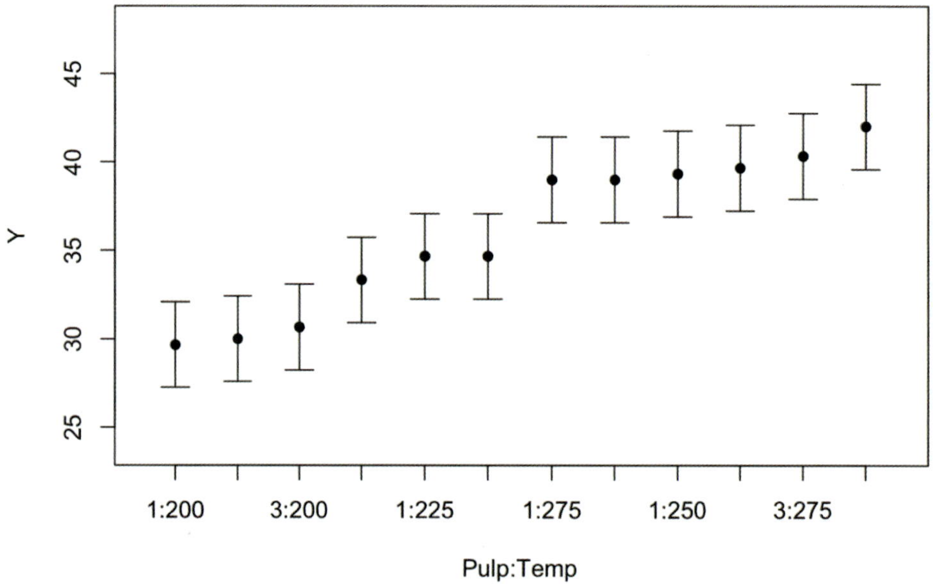


```
       Group  LSmean  LowerCL  UpperCL       SE Df
2:275   A    42.00000 39.58250 44.41750 1.150684 18
3:275   AB   40.33333 37.91584 42.75083 1.150684 18
2:250   AB   39.66667 37.24917 42.08416 1.150684 18
1:250   ABC  39.33333 36.91584 41.75083 1.150684 18
1:275   ABC  39.00000 36.58250 41.41750 1.150684 18
2:225   ABC  39.00000 36.58250 41.41750 1.150684 18
3:250    BCD 34.66667 32.24917 37.08416 1.150684 18
1:225    BCD 34.66667 32.24917 37.08416 1.150684 18
2:200     CD 33.33333 30.91584 35.75083 1.150684 18
3:200      D 30.66667 28.24917 33.08416 1.150684 18
3:225      D 30.00000 27.58250 32.41750 1.150684 18
1:200      D 29.66667 27.24917 32.08416 1.150684 18
```

그림 13.7: 펄프와 온도에 따른 종이 인장력 자료(ptensile)에서 Pulp:Temp 의 LSMEANS

줄 간격(Space)은 5종류(C1, C2, C3, C4, C5)이다. 실험을 위해서 6 개 밭(Field)을 빌렸고 각 밭을 이등분하여 한 편에는 A1 을, 다른 편에는 A2 를 심으려고 한다. 그리고 각 편에 콩 심는 줄 간격을 C1 – C5 까지 달리해 심었다. 표 13.6은 콩 수확량

(Y)의 내용이다(편의상 재배면적은 일정하다고 가정하자)[3].

Bean	Space	Field						
		1	2	3	4	5	6	합
A1	C1	33.6	37.1	34.1	34.6	35.4	36.1	210.9
	C2	31.1	34.5	30.5	32.7	30.7	30.3	189.8
	C3	33.0	29.5	29.2	30.7	30.7	27.9	181.0
	C4	28.4	29.9	31.6	32.3	28.1	26.9	177.2
	C5	31.4	28.3	28.9	28.6	18.5	33.4	169.1
A2	C1	28.0	25.5	28.3	29.4	27.3	28.3	166.8
	C2	23.7	26.2	27.0	25.8	26.8	23.8	153.3
	C3	23.5	26.8	24.9	23.3	21.4	22.0	141.9
	C4	25.0	25.3	25.6	26.4	24.6	24.5	151.4
	C5	25.7	23.2	23.4	25.6	24.5	22.9	145.3

표 13.6: 콩의 종류와 간격에 따른 수확량 자료(beanyield)

1) 표 13.3에 맞춰서 분산분석표를 작성하라(유의수준 0.05)

2) Field는 임의효과, Bean과 Space는 고정효과로 간주하여 R을 이용해서 분산분석표를 완성하고 1)과 비교하라.

3) Field, Bean, Space, 모두 임의효과로 간주하여 모형식을 작성하라.

4) Field, Bean, Space 모두 임의효과로 간주하여 R을 이용해서 분산분석표를 완성하고 1)과 비교하라.

5) 실험도중 밭의 일부가 해충피해가 있었다는 보고가 있다. 이 경우 줄 간격을 주구처리가 아닌 세구처리로 한 것이 잘 한 것인지에 대해 당신의 견해를 적어라.

[3] R.G.D. Steel & J.H. Torrie (1980) Principles and Procedures of Statistics: A Biometrical Approach, McGraw Hill.

Chapter 14

공분산분석(ANCOVA)

14.1 서론

지금까지 설명변수가 이산형으로서 명목척도나 순서척도인 경우(혹은 연속형이라도 수준 값의 범위에 따라 항목화시켜서 이산형으로 만든 경우)에 분산분석을 통하여 설명변수가 반응변수에 끼치는 영향을 알아보았다. 그러나 설명변수가 연속형과 이산형이 섞여있는 경우의 분산분석(ANOVA)은 다루지 않았다. 이 단원은 이렇게 이산형과 연속형이 혼합된 상태에서 이뤄지는 분산분석을 살펴보려고 하는데 이때 사용되는 것이 공분산분석(Analysis of Covariance: ANCOVA)이라고 한다.

예를 들어, 돼지에게 주는 사료의 성분을 연구하는 실험수행자는 어떤 사료가 돼지의 체중을 늘리는 데 더 큰 효과가 있는지 살펴보길 원한다. 가장 간단한 실험계획은 같은 나이의 새끼돼지들을 여러 종류의 사료에 랜덤배치하여 일원배치법(One-Way ANOVA)을 실행하는 것이다. 하지만 새끼돼지가 태어났을 때의 체중이 실험기간 중 체중증감에 영향을 미칠 수 있다는 점을 생각하면, 실험 후에 새끼돼지의 체중증가가 사료에 의한 것인지 아니면 본래 건강하게 태어났기 때문인지를 구분해야 한다.

더구나 사료의 종류는 이산형으로 구분되어서 처리(treatment)로 간주할 수 있지만 실험전의 체중이나 태어났을 때의 체중 값은 동일한 값을 갖고 있는 돼지가 거의 없어서 항목화시키기 힘들다. 물론 태어났을 때의 체중을 일정 간격으로 항목화시켜서 태어날 때의 체중을 블록으로 취급하는 RCBD도 가능하지만, 연속형을 항목화시키는 방법으로 분석방법이 간단해지더라도 자료가 가지고 있는 정보를 십분 활용하지 못한다는 단점은 생기게 된다.

또 다른 방법으로는, 태어날 때 체중을 외생변수로 간주하여 각 사료에 대해 새끼돼지를 랜덤배치함으로써 외생변수에 의한 영향을 줄이고 싶은 생각도 있지만, 태어날 때 체중이 외생변수로서 가지고 있는 잠재적 영향력이 큰 만큼 그 효율이 떨어질 것 같고 자료의 정보를 충분히 활용하지 못한다는 점에서도 바람직한 분석방법은 아닐 것이다.

실험계획법에서는 이와 같은 연속형 설명변수를 '공변량(covariate)'이라 하는데, 이런 공변량이 포함된 분산분석법을 '공분산분석(Analysis of Covariance: ANCOVA)'이라고 한다.

공분산분석(ANCOVA)의 변수 구성

- 설명변수 1 : 명목형(예: 사료의 종류)
- 설명변수 2 : 연속형(예: 실험 전의 체중)
- 반응변수 : 연속형(체중증가량)

공분산분석은 실험계획과 회귀분석의 혼합된 형태라고 볼 수 있다. 돼지사료 실험의 경우 우리의 관심은

1. (실험계획적 접근) 새끼돼지가 태어났을 때의 체중을 고려해서, 사료종류에 따라 체중증가량이 달라지는지

2. (회귀분석적 접근) 사료종류의 차이를 고려한 상태에서, 새끼돼지가 태어났을 때의 체중이 체중증가량에 영향을 주는지

가 될 것이며 우리는 공분산분석(ANCOVA)을 통하여 이 두 가지 가설을 통계적으로 검증하는 방법을 알아보고자 한다.

공분산분석 = 분산분석+회귀분석

14.2 공분산분석의 조건

공변량(covariate)이라고 하는 연속형 설명변수가 포함된 실험계획은 항상 공분산분석이 가능한가? 이 질문에 대답을 하기 위해선 공분산분석이 가지고 있는 기본 가정을 점검해야 한다.

첫째, 연속형 변수가 공변량이 되려면 이산형 설명변수(처리수준)의 변화가 공변량 값에 영향을 줘서는 안 된다. 예를 들어 돼지사료의 경우 사료의 종류가 바뀐다고 해도 '태어났을 때 체중'이 변할 수는 없기 때문에 공변량 값에 영향을 주지 않는다. 만약에 처리수준이 연속형 변수에 영향을 준다면 이 연속형 변수는 또 하나의 반응변수가 될 것이며 이는 '다변량분석(multivariate analysis)'으로 접근해야 할 것이다. 이와 같은 다변량 분산분석(Multivariate Analysis of Variance: MANOVA)은 이 책의 수준을 벗어나므로 소개는 생략하도록 하겠다.

둘째, 공변량(covariate)이 반응변수에 끼치는 정도(기울기)는 처리수준에 관계없이 일정해야 한다. 예를 들어 돼지사료의 경우 태어날 때 새끼돼지의 체중이 실험 도중 체중증가에 끼치는 영향력은 사료종류가 무엇이든 상관없이 일정하다고 가정할 수 있을 것이다. 이것을 회귀분석 측면에서 표현하자면 '기울기의 동일성 검정(equal slopes test)'[1]에서 동일한 기울기로 인정받아야 공분산분석을 할 수 있다. 만약에 처리수준에 따라 기울기가 평행이 아니라면 이는 '처리'와 '공변량' 사이에 상호작용이 존재한다는 의미이므로 이는 서로 다른 기울기와 절편을 가진 회귀선의 추정으로 접근해야 할 것이다.

[1] $y_1 = \alpha_1 + \beta_1 x + \epsilon_1, \quad y_2 = \alpha_2 + \beta_2 x + \epsilon_2$ 에서 기울기 검정 $H_0 : \beta_1 = \beta_2$

> **공분산분석(ANCOVA)의 조건**
>
> - 공변량이 처리수준에 영향을 받지 않는다.
> - 공변량과 처리의 상호작용은 존재하지 않는다.

14.3 공분산분석의 개념

공분산분석의 개념은 앞서 단원 5.2에서 소개한 LSMEANS(least squares means: 최소제곱평균)와 밀접한 관계가 있다.

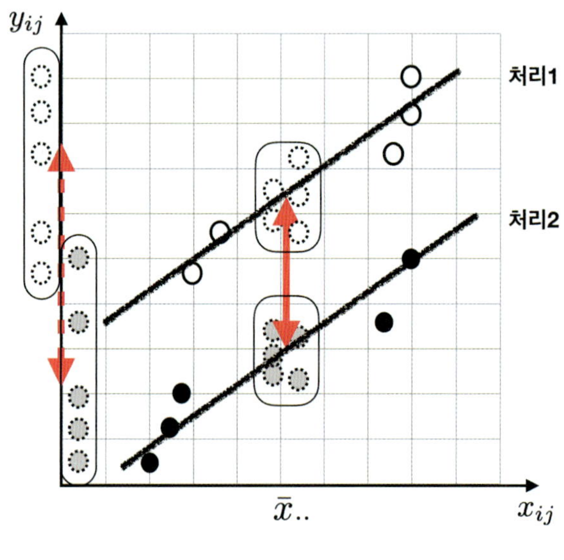

그림 14.1: 공분산분석의 개념

그림 14.1에서 처리1과 처리2의 평균 차이는 수직축에 표시되어 있는 '점선 화살표'로 표시되며 이는 y_{ij}에 대한 공변량 x_{ij}의 영향을 무시한 것이다. 반면에 만일 공변량이 y_{ij}에 미치는 영향을 제거하기 원한다면, 그래프의 모든 점들을 같은 기울기 방향으로 $\bar{x}_{..}$까지 회귀선을 따라 평행이동시키고 계산한 평균들의 차이인 '실선 화살표'로 표시할 수 있다. 공분산분석은 이처럼 '회귀선의 영향(혹은 공변량의 영향)을 보정한(adjusted) 그룹 간 차이를 검정하는 분석[2]'이다. 그리고 이렇게

[2]the group difference test adjusted to the covariate

공변량의 영향을 보정한 그룹의 평균을 '최소제곱평균(least squares mean)'이라고 한다. 따라서 공분산분석이란 결국 공변량이 존재하는 분산분석에서 최소제곱평균의 차이를 검정하는 과정이라고 할 수 있다.

회귀선의 편의상 공변량 x_{ij} 대신 중심화(centered)시킨 $(x_{ij} - \bar{x}_{..})$를 사용하여 일원배치법의 공분산분석 모형식을 작성하면 다음과 같다.

공분산분석(ANCOVA)의 모형식

$$
\begin{aligned}
y_{ij} &= \mu + \tau_i + \beta(x_{ij} - \bar{x}_{..}) + \epsilon_{ij}, \\
&\sum_{i=1}^{a} \tau_i = 0, \quad j = 1,\, 2,\, \cdots,\, n_i \\
&\epsilon_{ij} \overset{i.i.d.}{\sim} N(0,\, \sigma^2)
\end{aligned}
\tag{14.1}
$$

참고적으로 말하면 위 모형식에서 x_{ij} 대신 $(x_{ij} - x_{..})$을 사용함으로써, 자동적으로 μ는 전체평균(overall mean)을 나타내는 잇점이 있다.

그리고, 식 (14.1)에서 $\beta(x_{ij} - \bar{x}_{..})$를 왼쪽으로 이항하면

$$
y_{ij} - \beta(x_{ij} - \bar{x}_{..}) = \mu + \tau_i + \epsilon_{ij}, \tag{14.2}
$$

가 되어서 공변량 x_{ij}에 대해 보정한 일원배치법의 모습을 갖추게 된다. 이와 같이 반응변수에 영향력 있는 공변량을 잘 활용하면 공분산분석을 통해 실험오차에 대한 정도(precision)를 증가시켜 보다 정확한 분석 결과를 얻을 수 있다.

그림 14.2는 공변량의 영향을 극대화시킨 것으로 공변량이 반응변수에 영향을 끼치는 경우(왼쪽)와 반응변수에 영향을 끼치지 못하는 경우(오른쪽)의 차이를 극명하게 보여준다. 공변량의 영향이 존재하는 경우는 14.2의 왼쪽 그림의 경우에 공변량을 무시했을 때 처리 간 차이가 매우 큰 것 같지만 공변량에 대한 보정을 한 처리효과는 상당히 줄어들고 있다. 한편 공변량의 영향이 유의하지 않은 경우에는 공변량에 대한 보정을 하기 전과 후가 거의 비슷한 처리 간 차이를 나타낸다.

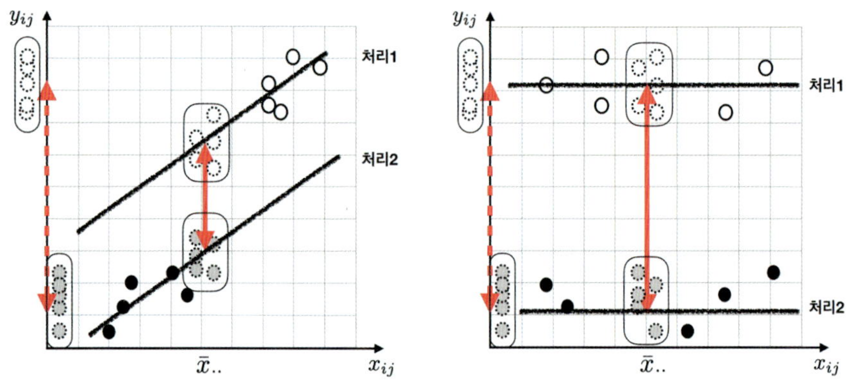

그림 14.2: 공변량의 유의성에 따른 ANCOVA

14.4 공분산분석의 적합성 검정

이전 그림에서 볼 수 있듯이 공분산분석은 그룹 간 공변량의 영향이 동일하다(공변량의 기울기가 처리수준에 따라 동일함)는 가정이 필수적이다. 따라서 공분산분석을 하기에 앞서 이에 대한 유의성검정을 소개한다. 먼저 공변량과 처리수준 간 상호작용이 없는 식 (14.1)의 공분산분석모형은 다음과 같은 행렬로 표현된다 (편의상 처리수준은 2 개이고 반복수는 n으로 동일하다고 가정).

$$\begin{aligned}\boldsymbol{y} = \begin{pmatrix} y_{11} \\ y_{12} \\ \vdots \\ y_{1n} \\ y_{21} \\ y_{22} \\ \vdots \\ y_{2n} \end{pmatrix} &= \begin{pmatrix} 1 & 1 & 0 & (x_{11}-\bar{x}_{..}) \\ 1 & 1 & 0 & (x_{12}-\bar{x}_{..}) \\ \vdots & \vdots & \vdots & \vdots \\ 1 & 1 & 0 & (x_{1n}-\bar{x}_{..}) \\ 1 & 0 & 1 & (x_{21}-\bar{x}_{..}) \\ 1 & 0 & 1 & (x_{22}-\bar{x}_{..}) \\ \vdots & \vdots & \vdots & \vdots \\ 1 & 0 & 1 & (x_{2n}-\bar{x}_{..}) \end{pmatrix} \begin{pmatrix} \mu \\ \tau_1 \\ \tau_2 \\ \beta \end{pmatrix} + \begin{pmatrix} \epsilon_{11} \\ \epsilon_{12} \\ \vdots \\ \epsilon_{1n} \\ \epsilon_{21} \\ \epsilon_{22} \\ \vdots \\ \epsilon_{2n} \end{pmatrix} \\ &= X\boldsymbol{b} + \boldsymbol{\epsilon} \end{aligned} \tag{14.3}$$

반면에 공변량과 처리 간 상호작용이 있는 모형을

$$\boldsymbol{y} = X^{*}\boldsymbol{b}^{*} + \boldsymbol{\epsilon} \tag{14.4}$$

이라고 한다면 $X^*\boldsymbol{b}^*$는 식 (14.5)와 같이 구성된다.

$$X^*\boldsymbol{b}^* = \begin{pmatrix} 1 & 1 & 0 & (x_{11}-\bar{x}_{..}) & (x_{11}-\bar{x}_{..}) & 0 \\ 1 & 1 & 0 & (x_{12}-\bar{x}_{..}) & (x_{12}-\bar{x}_{..}) & 0 \\ \vdots & \vdots & \vdots & \vdots & \vdots & \vdots \\ 1 & 1 & 0 & (x_{1n}-\bar{x}_{..}) & (x_{1n}-\bar{x}_{..}) & 0 \\ 1 & 0 & 1 & (x_{21}-\bar{x}_{..}) & 0 & (x_{21}-\bar{x}_{..}) \\ 1 & 0 & 1 & (x_{22}-\bar{x}_{..}) & 0 & (x_{22}-\bar{x}_{..}) \\ \vdots & \vdots & \vdots & \vdots & \vdots & \vdots \\ 1 & 0 & 1 & (x_{2n}-\bar{x}_{..}) & 0 & (x_{2n}-\bar{x}_{..}) \end{pmatrix} \begin{pmatrix} \mu \\ \tau_1 \\ \tau_2 \\ \beta \\ \beta_1 \\ \beta_2 \end{pmatrix} \quad (14.5)$$

따라서 회귀분석에서 사용된 완전모형(full model)과 축소모형(reduced model)을 이용한 부분 F 검정으로 상호작용의 유의성 여부를 검정할 수 있다.

부분 F 검정 (Partial F test)

다음과 같은 두 모형이 존재할 때

- (완전모형) : $\boldsymbol{y} = X_1\boldsymbol{b}_1 + X_2\boldsymbol{b}_2 + \boldsymbol{\epsilon} = (X_1\ X_2)\begin{pmatrix} \boldsymbol{b}_1 \\ \boldsymbol{b}_2 \end{pmatrix} + \boldsymbol{\epsilon}$
- (축소모형) : $\boldsymbol{y} = X_1\boldsymbol{b}_1 + \boldsymbol{\epsilon}$

귀무가설 $H_0 : \boldsymbol{b}_2 = \mathbf{0}$에 대하여

$$F_0 = \frac{(\text{SSE}_{red.} - \text{SSE}_{full})/(\text{df}(\text{SSE}_{red.}) - \text{df}(\text{SSE}_{full}))}{\text{MSE}_{full}} > F_{\alpha,\nu_1,\nu_2} \quad (14.6)$$

이면 $H_0 : \boldsymbol{b}_2 = \mathbf{0}$을 기각한다.

여기서 $\nu_1 = \text{df}(\text{SSE}_{red.}) - \text{df}(\text{SSE}_{full})$ 이고 $\nu_2 = \text{df}(\text{MSE}_{full})$ 이다.

따라서 공분산분석의 적합성을 조사하는 상호작용효과의 검증은

- (완전모형) : $\boldsymbol{y} = X^*\boldsymbol{b}^* + \boldsymbol{\epsilon}$
- (축소모형) : $\boldsymbol{y} = X\boldsymbol{b} + \boldsymbol{\epsilon}$

에 대하여, 부분 F 검정을 통해 이루어 진다.

Example 나병(leprosy)치료를 위해 새로 발견된 두 가지 신약(A,D)이 있다. 기존약(F)과 치료효과를 비교하기 위해 각 처리당 10 명의 나병환자를 랜덤배치하고 각 환자는 치료약을 받기 전에 나병의 심각도(pretreatment score)를 측정하였다. 각 나병환자는 일정 기간 치료 후 다시 나병의 심각도(posttreatment score)를 측정하였다. `X`는 실험 전 나병의 심각도, `Y`는 실험 후 나병의 심각도를 나타낸다. 표 14.1은 실험의 결과이다.[3]

Drug					
A		D		F	
X = 11	Y = 6	X = 6	Y = 0	X = 16	Y = 13
8	0	6	2	13	10
5	2	7	3	11	18
14	8	8	1	9	5
19	11	18	18	21	23
6	4	8	4	16	12
10	13	19	14	12	5
6	1	8	9	12	16
11	8	5	1	7	1
3	0	15	9	12	20

표 14.1: 나병 치료약에 대한 실험 전(X)과 후(Y)의 나병의 심각도 자료(`leprosy`)

우선 나병 치료약 3종류(A, D, F)가 처리(treatment)이고, 실험 전 나병의 심각도가 공변량(`X`)이기 때문에, 우리는 공변량이 나병 치료약 종류에 영향을 받지 않는다는 것을 알고 있다. 따라서 이제 우리는 상호작용 존재여부만 검정하면 될 것이다.

그림 14.3은 공변량과 처리 간 상호작용을 검정하는 내용이다. 여기서 `Drug:X`에 대한 Type III SS를 참고하면 이 F 통계량이 상호작용에 대한 부분 F 검정에 해당되어 p값이 $0.5606 > 0.05$ 이므로 상호작용이 존재하지 않는다. 따라서 공분산분석을 사용해도 좋다.

[3]G.W. Snedecor & W.G. Cochran (1967) Statistical Methods, Oxford and IBH, New Delhi.

```
GLM(Y ~ Drug*X, leprosy)$'Type III'
```

```
        Df Sum Sq Mean Sq F value    Pr(>F)
Drug     2   8.50    4.25  0.2566    0.7757
X        1 564.57  564.57 34.0821 5.081e-06 ***
Drug:X   2  19.64    9.82  0.5930    0.5606
---
Signif. codes:  0 '***' 0.001 '**' 0.01 '*' 0.05 '.' 0.1 ' ' 1
```

그림 14.3: 나병 치료약과 전후 심각도 자료(leprosy)에 대한 ANCOVA 적합성 검정

14.5 공분산분석의 부분 F 검정

부분 F 검정을 통해 공분산분석(ANCOVA)을 실시할 수 있게 되면 공분산분석을 통해 다음 두 가지 질문에 대한 유의성검정을 실시하게 된다.

- $H_0 : \tau_1 = \tau_2 = \cdots = \tau_a = 0,$ (공변량에 의해 보정된 상태에서)
- $H_0 : \beta = 0,$ (처리의 수준을 고려한 상태에서)

14.5.1 ANCOVA 에서 처리효과에 대한 검정

이는 공분산분석에서 제일 중요한 항목으로 공변량이 존재하는 상황에서 처리효과가 유의한지에 대한 질문이다.

$$H_0 : \tau_1 = \tau_2 = \cdots = \tau_a = 0, \quad \text{(공변량에 의해 보정된 상태에서)} \tag{14.7}$$

여기서 "(공변량에 의해 보정된 상태에서)"가 귀무가설에 추가로 언급된 이유는 기존의 일원배치법과 다르게 모형에 공변량(covariate)을 첨가했기 때문이다. 따라서 이에 대한 부분 F 검정은 그림 14.4와 같다.

여기서, Drug 에 대한 Type III SS 를 참조하면 p 값이 $0.1384 > 0.05$ 가 되므로 **'실험 전의 나병 심각도를 고려한 상태에서, 나병 치료약 효과 차이는 유의하지 않은 것으로 판단된다'**.

14.5.2 ANCOVA 에서 공변량효과에 대한 검정

공분산분석에서 공변량이 존재할 경우에 그 공변량의 효과를 보정한 상태에서 처리효과를 조사하는 것도 의미가 있지만, 처리효과를 보정한 상태에서 공변량의

```
GLM(Y ~ Drug + X, leprosy)$'Type III'
```

```
     Df Sum Sq Mean Sq F value    Pr(>F)
Drug  2  68.55   34.28  2.1361    0.1384
X     1 577.90  577.90 36.0145 2.454e-06 ***
---
Signif. codes:  0 '***' 0.001 '**' 0.01 '*' 0.05 '.' 0.1 ' ' 1
```

그림 14.4: 나병 치료약과 전후 심각도 자료(`leprosy`)에 대한 ANCOVA 의 부분 F 검정

효과를 조사하는 것도 의미가 있다. 예를 들어 나병 치료약의 경우 "나병 치료약 효과를 고려한 상태에서 과연 실험 전의 병의 심각도가 실험 후의 심각도에 영향을 미칠 것인가?"라는 질문은 추후 우리가 실험 전 나병의 심각도(x)를 공변량으로 고려할지 여부를 결정하는데 도움을 줄 수 있으며 공변량에 의한 증가/감소비율을 추정함으로써 나병 치료약에 대한 보다 자세한 정보를 제공하게 된다. 이에 대한 귀무가설은 다음과 같다.

$$H_0 : \beta = 0, \quad \text{(처리의 수준을 고려한 상태에서)} \tag{14.8}$$

이에 대한 R코드는 그림 14.4의 출력을 다시 참고한다. 여기에서 `X`에 대한 Type III SS 의 p값이 $< .0001$ 이 되어, **'치료약의 효과 차이를 고려한 상태에서, 실험 전 나병의 심각도가 실험 후 나병의 심각도에 영향을 준다'**는 것을 알 수 있다.

다음의 R코드(그림 14.5)는 공변량 `X`의 기울기를 추정해 준다.

```
GLM(Y ~ Drug + X, leprosy, BETA = T)$Parameter
```

```
            Estimate Estimable Std. Error Df t value  Pr(>|t|)
(Intercept)  -0.4347         0     2.4714 26 -0.1759   0.86175
DrugA        -3.4461         0     1.8868 26 -1.8265   0.07928 .
DrugD        -3.3372         0     1.8539 26 -1.8001   0.08346 .
DrugF         0.0000         0     0.0000 26
X             0.9872         1     0.1645 26  6.0012 2.454e-06 ***
---
Signif. codes:  0 '***' 0.001 '**' 0.01 '*' 0.05 '.' 0.1 ' ' 1
```

그림 14.5: 나병 치료약과 전후 심각도 자료(`leprosy`)에서 나병 치료약별 '실험 전 나병의 심각도(`X`)에 대한 실험 후 나병의 심각도(`Y`)의 회귀선'

R출력(그림 14.5)을 이용해서 서로 평행인 세 회귀선을 구하면 아래와 같다.

$$\begin{aligned}\hat{y}_A &= -0.4347 - 3.4461 + 0.9872\,x \\ &= -3.9008 + 0.9872\,x \qquad (14.9)\end{aligned}$$

$$\begin{aligned}\hat{y}_D &= -0.4347 - 3.3372 + 0.9872\,x \\ &= -3.7719 + 0.9872\,x \qquad (14.10)\end{aligned}$$

$$\begin{aligned}\hat{y}_F &= -0.4347 + 0 + 0.9872\,x \\ &= -0.4347 + 0.9872\,x \qquad (14.11)\end{aligned}$$

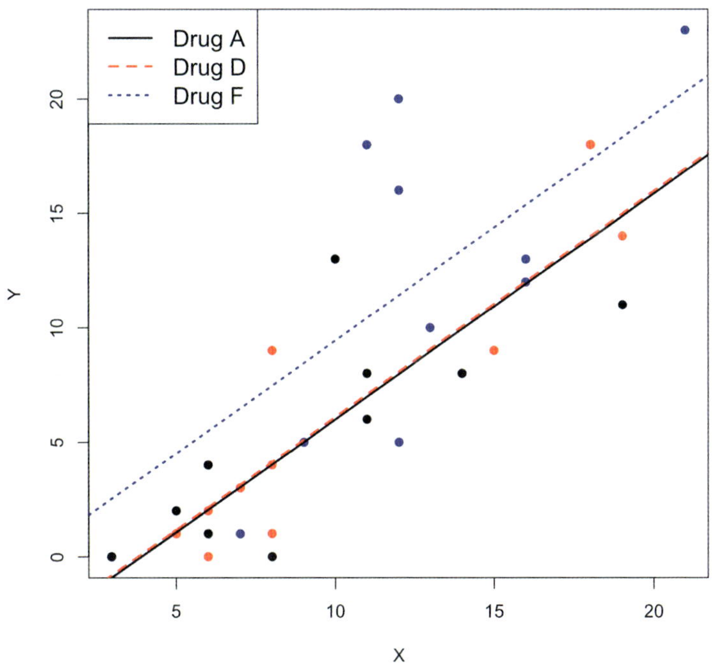

그림 14.6: 나병 치료약(A, D, F)별 추정된 기울기가 동일한 ANCOVA 의 회귀선

여기에서 우리는 실험 전 나병의 심각도가 '1'만큼 증가한다면 실험 후 나병의 심각도는 치료약 종류와 관계없이 0.9872 증가한다고 말할 수 있다. 그림 14.6은 나병 치료약별로 기울기가 동일한 세 개의 회귀선을 보여주고 있다.

14.5.3 기울기가 서로 다른 회귀선

공분산분석의 적합성을 조사하면서 처리 간 기울기가 다르게 나왔다면, 다시 말해서 공변량과 처리 간 상호작용이 존재한다면 우리는 처리수준마다 다른 기울기를 가진 회귀선을 추정해야 한다. 다음 R코드를 이용해 이를 추정할 수 있다.

```
GLM(Y ~ Drug*X, leprosy, BETA = T)$Parameter
```

```
            Estimate Estimable Std. Error Df t value Pr(>|t|)
(Intercept) -3.10859         0     4.6066 24 -0.6748 0.506242
DrugA        1.47801         0     5.4678 24  0.2703 0.789230
DrugD       -1.47690         0     5.4366 24 -0.2717 0.788207
DrugF        0.00000         0     0.0000 24
X            1.19446         0     0.3429 24  3.4836 0.001918 **
DrugA:X     -0.44924         0     0.4458 24 -1.0077 0.323628
DrugD:X     -0.12592         0     0.4294 24 -0.2933 0.771847
DrugF:X      0.00000         0     0.0000 24
---
Signif. codes:  0 '***' 0.001 '**' 0.01 '*' 0.05 '.' 0.1 ' ' 1
```

그림 14.7: 나병 치료약과 전후 심각도 자료(leprosy)에서 나병 치료약(A, D, F)별 서로 다른 기울기의 회귀선 추정

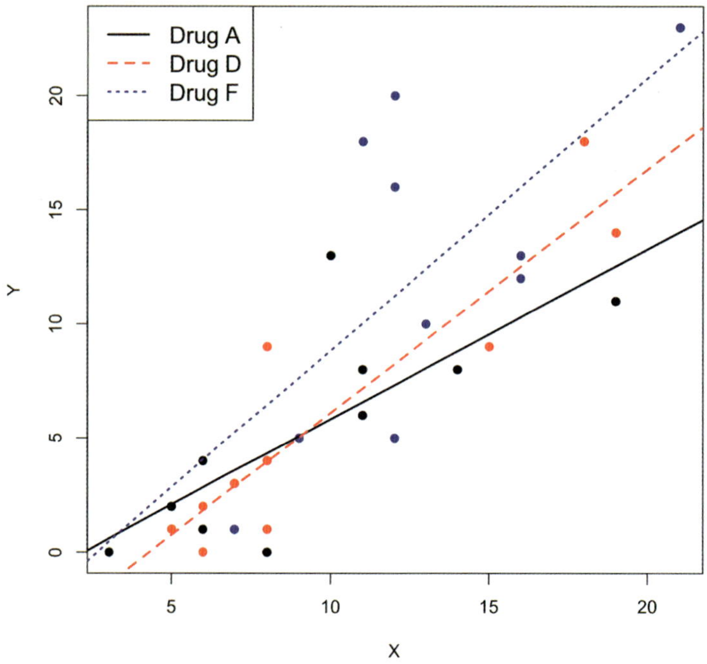

그림 14.8: 나병 치료약(A, D, F)별 서로 다른 기울기의 회귀선 그래프

세 가지 나병 치료약별 실험 전 나병의 심각도(X)가 실험 후 나병의 심각도(Y)에

끼치는 영향을 나타내는 회귀선은 아래와 같고 회귀선 그래프는 그림 14.8이다.

$$\hat{y}_A = -3.1086 + 1.4780 + (1.1945 - 0.4492)\,x$$
$$= -1.6306 + 0.7453\,x \tag{14.12}$$
$$\hat{y}_D = -3.1086 - 1.4769 + (1.1945 - 0.1259)\,x$$
$$= -4.5855 + 1.0686\,x \tag{14.13}$$
$$\hat{y}_F = -3.1086 + 0 + (1.1945 - 0)\,x$$
$$= -3.1086 + 1.1945\,x \tag{14.14}$$

14.6 이원배치 ANCOVA

한 개의 요인이 있는 공분산분석(ANCOVA)과 마찬가지로 두 개의 요인이 존재할 경우도 공분산분석이 존재한다. 이를 ‘이원배치 ANCOVA’ 혹은 ‘Two-Way ANCOVA’라고 한다. 다음 예를 들어 설명해 보자.

어느 중고차 판매업자가 고객에게 제시하는 현금가격(Offer)이 상담직원의 나이(Age), 성별(Gender), 지난달 판매실적(Sales)에 따라 달라지는지 알아보려고 조사하였다.

Offer	Age	Gender	Id	Sales
21.0	1	1	1	3.0
23.0	1	1	2	5.1
⋮	⋮	⋮	⋮	⋮
29.0	2	1	2	4.2
⋮	⋮	⋮	⋮	⋮
20.0	3	2	5	2.2
20.0	3	2	6	1.9

표 14.2: 자동차 판매원의 현금가격 자료(ALSM: `CashOffers`)

이 자료는 R 패키지인 `ALSM`에 `CashOffers`라는 데이터로 저장되었으며(Appendix 2 참조), 데이터 구성은 표 14.2의 36개 관측치로 이루어졌다.

여기서 Age가 1이면 'Young', 2이면 'Middle', 3이면 'Elderly'이고, Gender가 1이면 'Male', 2이면 'Female'을 나타낸다.

여기서 Age와 Gender가 `class` 변수이므로 3×2인 요인배치법에 해당되며, 공변량인 Sales가 있으므로, '이원배치 ANCOVA'에 해당된다. 물론 Age*Gender 상호작용도 포함시켜야 한다.

먼저, 공분산분석을 위해 그룹 별 기울기가 동일한지 여부를 조사해야하고, 만일 기울기가 그룹에 따라 다르다고 판단되면 '기울기가 다른 회귀선'을 통해 분석을 하게 된다. 이를 위해 다음과 같은 R코드를 실행할 수 있다.

```
require(ALSM)
data(CashOffers, package="ALSM")
colnames(CashOffers) = c("Offer","Age","Gender","Id","Sales")
cashf = af(CashOffers, c("Age", "Gender"))
GLM(Offer ~ Age*Gender + Sales + Age:Gender:Sales, cashf)$'Type III'
```

그 결과, `Age:Gender:Sales`가 유의하지 않다면 이원배치 ANCOVA가 가능하며, 아래의 R코드를 실행할 수 있다.

```
GLM(Offer ~ Age*Gender + Sales, cashf)$'Type III'
```

14.7 연습문제

【14.1】 3개의 처리수준이 있는 일원배치법에 공변량(x)이 1개 있는 공분산분석을 하려고 한다. 공분산분석을 수행하기에 앞서 공변량의 기울기가 동일한지 검정하려고 한다. 다음에 알맞은 R코드를 완성하라(반응변수는 y이고, 처리변수는 `treat`이다).

```
GLM(                                        , df)$
```

【14.2】 양(sheep)의 체중을 증가시키기 위하여 2가지 요인을 사료에 사용하려고

한다.

- A요인 : A1, A2
- B요인 : B1, B2

이를 이용해 4종류의 사료를 양에게 먹이는 실험을 하였다. 각 사료당 2마리의 양이 배정되었으며 실험 전에 양의 체중(X)을 기록하고 일정 기간 후 체중증가량(Y)을 측정하였다.

A	B	X	Y	X	Y
A1	B1	209.3	11.2	286.9	27.2
A2	B1	252.4	26.1	302.1	30.6
A1	B2	241.5	13.2	236.8	15.4
A1	B1	259.1	24.4	273.2	24.0
A2	B2	201.1	18.8	274.6	20.1
A2	B1	287.5	31.0	276.3	24.4
A1	B2	86.6	27.9	270.7	29.9
A2	B2	255.7	20.8	253.0	20.8

표 14.3: 사료에 따른 양의 체중증가량 자료(feedsheep)

1) R을 이용해서 실험 전의 체중과 체중증가량의 상관관계가 존재하는지 조사하되, 산점도와 상관계수를 계산해서 답하라.

2) 공분산분석을 행할 수 있는지 답하라.

3) 공분산분석을 행하여 실험 전 체중을 고려할 때, 사료의 종류에 따라 체중증가량이 다른지 조사하여라.

4) 공분산분석을 행하여 사료의 종류를 고려할 때, 실험 전의 체중이 증가하면 체중증가량이 증가하는지 답하라.

5) 사료별로 실험 전 체중이 끼치는 영향이 다르다고 가정하고 기울기가 다른 4개의 회귀선을 구하시오.

【14.3】자동차 딜러가 제시하는 현금가격 자료(ALSM: `CashOffers`)는 중고자동차를 딜러에 판매할 때 발생한 자료, 즉 상담직원의 나이(Age), 성별(Gender), 지난달 그의 판매실적(Sales)과 그가 고객에게 제시했던 자동차에 대한 현금가격(Offer)을 담고 있다. 아래 질문에 답하시오.

1) Age*Gender*Sales 상호작용이 유의하지 않음을 R을 이용해서 밝히시오(유의수준 0.05).

2) Age*Gender*Sales 상호작용이 유의하지 않다고 가정할 때, 공변량 Sales 효과를 고려하면서, Age*Gender 상호작용이 유의한지를 검정하라(유의수준 0.05).

3) 이원배치 ANCOVA를 이용하여 아래 R코드를 실행하고 그 결과를 분석하라. 그리고 당신이 중고차를 판매하려면 중고차 가게에서 어떤 직원과 상담하는 것이 유리한가?

```
formlr = Offer ~ Age*Gender + Sales
LSM(formlr, cashf, "Age", adj = "Tukey", PLOT = T)
```

```
LSM(formlr, cashf, "Gender", adj = "Tukey", PLOT = T)
```

Chapter 15

연습문제 해답(홀수)

15.1 실험계획과 분산분석

【1.1】

1)

```
boxplot(Return ~ Bond, bondreturn)
```

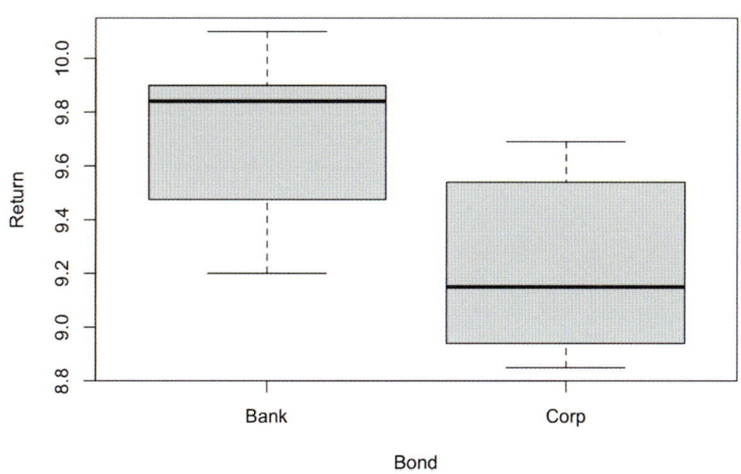

2) 모형식이 $y_{ij} = \mu_i + \epsilon_{ij}$ 이므로, 귀무가설과 대립가설이

$$H_0 : \mu_1 = \mu_2$$

$$H_1 : \mu_1 \neq \mu_2$$

에 대하여,

$$F_0 = \frac{\text{MStreat}}{\text{MSE}} = 5.179 > F_{0.05,\,1,\,10}$$

이므로, 귀무가설 $H_0 : \mu_1 = \mu_2$ 을 기각한다.

3) 귀무가설, 대립가설이 아래와 같다.

$$H_0 : \mu_1 = \mu_2$$

$$H_1 : \mu_1 \neq \mu_2$$

$t_0 = \frac{\bar{y}_{1\cdot} - \bar{y}_{2\cdot}}{S_p\sqrt{\frac{1}{6}+\frac{1}{6}}} = 2.2758$ 이므로 $t_0^2 = (2.2758)^2 = 5.179 = F_0$

```
formlr = Return ~ Bond
t.test(formlr, bondreturn, alternative = "two.sided", var.equal = TRUE)
```

```

    Two Sample t-test

data:  Return by Bond
t = 2.2758, df = 10, p-value = 0.04611
alternative hypothesis: true difference in means between group Bank and g
roup Corp is not equal to 0
95 percent confidence interval:
 0.009730551 0.919412307
sample estimates:
mean in group Bank mean in group Corp
          9.698571           9.234000
```

4) 귀무가설, 대립가설이 아래와 같다.

$$H_0 : \mu_1 = \mu_2$$

$$H_1 : \mu_1 > \mu_2$$

그러므로, 은행채 수익률이 회사채보다 높다(유의확률 0.023).

```
formlr = Return ~ Bond
t.test(formlr, bondreturn, alternative = "greater", var.equal = TRUE)
```

```

    Two Sample t-test

data:  Return by Bond
t = 2.2758, df = 10, p-value = 0.02306
alternative hypothesis: true difference in means between group Bank and g
roup Corp is greater than 0
95 percent confidence interval:
 0.09458488        Inf
sample estimates:
mean in group Bank mean in group Corp
          9.698571           9.234000
```

5) $t_0^2 = (2.2758)^2 = 5.179 = F_0$

【1.3】 $y_{ij} = \mu + \tau_i + \epsilon_{ij}$ 에서, $y_{ij}^* = d\, y_{ij}$ 라고 하면,

$$\begin{aligned} SStreat^* &= \sum_{i=1}^{a}\sum_{j=1}^{n_i}(\bar{y}_{i\cdot}^* - \bar{y}_{\cdot\cdot}^*)^2 = d^2 \sum_{i=1}^{a}\sum_{j=1}^{n_i}(\bar{y}_{i\cdot} - \bar{y}_{\cdot\cdot})^2 \\ &= d^2\, SStreat \\ SSE^* &= \sum_{i=1}^{a}\sum_{j=1}^{n_i}(y_{ij}^* - \bar{y}_{i\cdot}^*)^2 = d^2 \sum_{i=1}^{a}(y_{ij} - \bar{y}_{i\cdot})^2 \\ &= d^2\, SSE \end{aligned}$$

그러므로,

$$F_0^* = \frac{SStreat^*/(a-1)}{SSE^*/\sum_{i=1}^{a}(n_i-1)} = \frac{SStreat/(a-1)}{SSE/\sum_{i=1}^{a}(n_i-1)} = F_0$$

【1.5】

반응변수 = 전구의 수명/`Duration` (단위: 100시간),

설명변수 = 제품의 종류/`Product` (A, B)

$$\text{SST} = \sum_{i=1}^{2}\sum_{j=1}^{5}(y_{ij} - \bar{y}_{\cdot\cdot})^2 = 7.549$$

$$\text{SStreat} = \sum_{i=1}^{2}\sum_{j=1}^{5}(\bar{y}_{i\cdot} - \bar{y}_{\cdot\cdot})^2 = 1.687$$

Source	df	SS	MS	F_0
Treatment	1	1.687	1.687	2.878
Error	10	5.862	0.586	
Total	11	7.549		

$$\mathrm{SSE} = \mathrm{SST} - \mathrm{SStreat} = 5.862$$

여기서, $F_0 = 2.878 < F_{0.05,1,10} = 4.965$ 이므로 전구수명의 제품 간 차이는 유의하지 않다.

15.2 회귀분석의 요약

【2.1】

1)

$$0 = a + b(2)$$
$$5 = a + b(5)$$

연립방정식을 풀면 $b = \frac{5}{3}$, $a = -\frac{10}{3}$ 이 되어, $y = -\frac{10}{3} + \frac{5}{3}x$ 가 된다.

2)

$$1 = a + b(-2)$$
$$6 = a + b(6)$$

연립방정식을 풀면 $b = \frac{5}{8}$, $a = \frac{9}{4}$ 가 되어 $y = \frac{9}{4} + \frac{5}{8}x$ 가 된다.

【2.3】

1) 그림 15.1 참조

2) 눈으로 보면 $y = -1 + 3x$ 가 3개의 점을 잘 설명하는 듯하게 보인다.

3)-4) 각 직선의 잔차의 합과 제곱합(SSE)은 표 15.1-15.2이다.
그러므로 $\hat{y} = -1 + 3x$ 가 더 작은 SSE를 가진다.

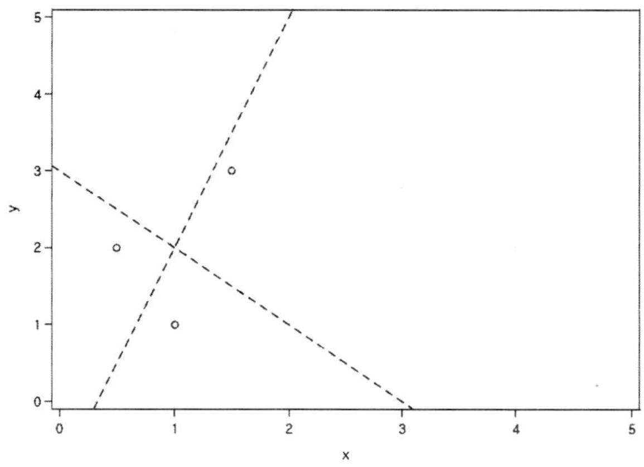

그림 15.1: 산점도와 두 직선

$(x_i,\, y_i)$	(0.5, 2.0)	(1.0, 1.0)	(1.5, 3.0)	합
$y_i - \hat{y}_i$	−0.5	−1.0	1.5	0.0
$(y_i - \hat{y}_i)^2$	0.25	1.0	2.25	3.50

표 15.1: $\hat{y} = 3 - x$ 의 잔차

$(x_i,\, y_i)$	(0.5, 2.0)	(1.0, 1.0)	(1.5, 3.0)	합
$y_i - \hat{y}_i$	1.5	−1.0	−0.5	0.0
$(y_i - \hat{y}_i)^2$	2.25	1.0	0.25	2.50

표 15.2: $\hat{y} = -1 + 3\,x$ 의 잔차

5) 최소제곱법으로 회귀선을 구하면 공식에 의하여

$$\hat{b} = \frac{\sum_{i=1}^{n}(x_i - \bar{x})(y_i - \bar{y})}{\sum_{i=1}^{n}(x_i - \bar{x})^2} = 1.0$$

$$\hat{a} = \bar{y} - \hat{b}\,\bar{x} = 1.0$$

이 되므로, 최소제곱추정법에 의한 회귀선은 $\hat{y} = 1 + x$ 이다. 이를 그림에 도시하면 그림 15.2이다.

【2.5】

증명은 다음 성질을 이용한다.

$$\bar{y} = \frac{\sum_{i=1}^{n} y_i}{n} = \frac{1}{n}\mathbf{1}_n^T\boldsymbol{y} \qquad \longrightarrow \qquad (\bar{y})^2 = \frac{1}{n^2}\left(\boldsymbol{y}^T\mathbf{1}_n\mathbf{1}_n^T\boldsymbol{y}\right) = \frac{1}{n^2}\left(\boldsymbol{y}^T J_n\boldsymbol{y}\right)$$

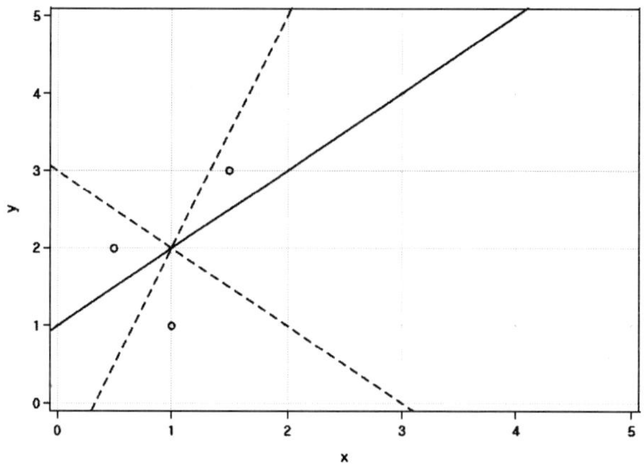

그림 15.2: 산점도와 최소제곱법에 의한 회귀선

$$\hat{\boldsymbol{\beta}}^T X^T \boldsymbol{y} = \boldsymbol{y}^T X(X^T X)^{-1} X^T \boldsymbol{y} = \boldsymbol{y}^T P_X \boldsymbol{y}$$

15.3 회귀분석과 실험계획의 비교

【3.1】

$$\begin{aligned} F_0 &= \frac{\text{MSR}}{\text{MSE}} = \frac{\text{SSR/df(SSR)}}{\text{SSE/df(SSE)}} = \frac{\text{df(SSE)}}{\text{df(SSR)}} \cdot \frac{\text{SSR}}{\text{SSE}} \\ &= \frac{\text{df(SSE)}}{\text{df(SSR)}} \cdot \frac{\text{SSR}}{\text{SST} - \text{SSR}} \\ &= \frac{\text{df(SSE)}}{\text{df(SSR)}} \cdot \left(\frac{R^2}{1 - R^2} \right) \end{aligned}$$

【3.3】

$$\underbrace{\begin{pmatrix} y_{11} \\ y_{12} \\ y_{13} \\ y_{21} \\ y_{22} \\ y_{23} \\ y_{31} \\ y_{32} \\ y_{33} \\ y_{41} \\ y_{42} \\ y_{43} \end{pmatrix}}_{\boldsymbol{y}} = \underbrace{\begin{pmatrix} 1 & 0 & 0 & 0 \\ 1 & 0 & 0 & 0 \\ 1 & 0 & 0 & 0 \\ 0 & 1 & 0 & 0 \\ 0 & 1 & 0 & 0 \\ 0 & 1 & 0 & 0 \\ 0 & 0 & 1 & 0 \\ 0 & 0 & 1 & 0 \\ 0 & 0 & 1 & 0 \\ 0 & 0 & 0 & 1 \\ 0 & 0 & 0 & 1 \\ 0 & 0 & 0 & 1 \end{pmatrix}}_{X} \underbrace{\begin{pmatrix} \mu_1 \\ \mu_2 \\ \mu_3 \\ \mu_4 \end{pmatrix}}_{\boldsymbol{\beta}} + \underbrace{\begin{pmatrix} \epsilon_{11} \\ \epsilon_{12} \\ \epsilon_{13} \\ \epsilon_{21} \\ \epsilon_{22} \\ \epsilon_{23} \\ \epsilon_{31} \\ \epsilon_{32} \\ \epsilon_{33} \\ \epsilon_{41} \\ \epsilon_{42} \\ \epsilon_{43} \end{pmatrix}}_{\boldsymbol{\epsilon}}$$

15.4 완전임의화설계와 일원배치법

【4.1】

$$\begin{aligned} \sum_{i=1}^{4}(y_i - \bar{y}) &= \sum_{i=1}^{4} y_i - 4\,\bar{y} \\ &= (5\,\bar{y} - y_5) - 4\,\bar{y} = -10 \end{aligned}$$

이므로, $(y_5 - \bar{y}) = 10$ 이 된다.

【4.3】

$$\begin{aligned} \text{SStreat} &= \sum_{i=1}^{a} n_i(\bar{y}_{i\cdot} - \bar{y}_{\cdot\cdot})^2 \\ &= \sum_{i=1}^{a} n_i(\bar{y}_{i\cdot}^2 + \bar{y}_{\cdot\cdot}^2 - 2\,\bar{y}_{i\cdot}\bar{y}_{\cdot\cdot}) = \sum_{i=1}^{a} \frac{y_{i\cdot}^2}{n_i} + N\bar{y}_{\cdot\cdot}^2 - 2\,\bar{y}_{\cdot\cdot}\sum_{i=1}^{a} n_i(\bar{y}_{i\cdot}) \\ &= \sum_{i=1}^{a} \frac{y_{i\cdot}^2}{n_i} - N\bar{y}_{\cdot\cdot}^2 = \sum_{i=1}^{a} \frac{y_{i\cdot}^2}{n_i} - \frac{y_{\cdot\cdot}^2}{N} \end{aligned}$$

【4.5】

1) 담배 브랜드에 따른 타르함량을 `boxplot()` 를 통해 그리면 그림 15.3이다.

```
par(mfrow = c(1, 2))
plot(Tar ~ as.numeric(Brand), brandtar, pch=16, lab=c(3, 7, 7),
     xlim=c(0.5, 3.5), ylim=c(0.1, 0.3), xaxt = 'n', xlab = "Brand")
abline(0.2, 0, col = "red")
axis(1, at = c(1, 2, 3), labels = c("Carl", "Now", "Camb"))
boxplot(Tar ~ Brand, brandtar, xlim=c(0.5, 3.5), ylim=c(0.1, 0.3),
    pars=list(boxwex=0.5), xaxt = 'n')
abline(0.2, 0, col = "red")
axis(1, at = c(1, 2, 3), labels = c("Carl", "Now", "Camb"))
points(1:3, tsum(Tar ~ Brand, brandtar, e="Mean")[1:3], pch=5)
```

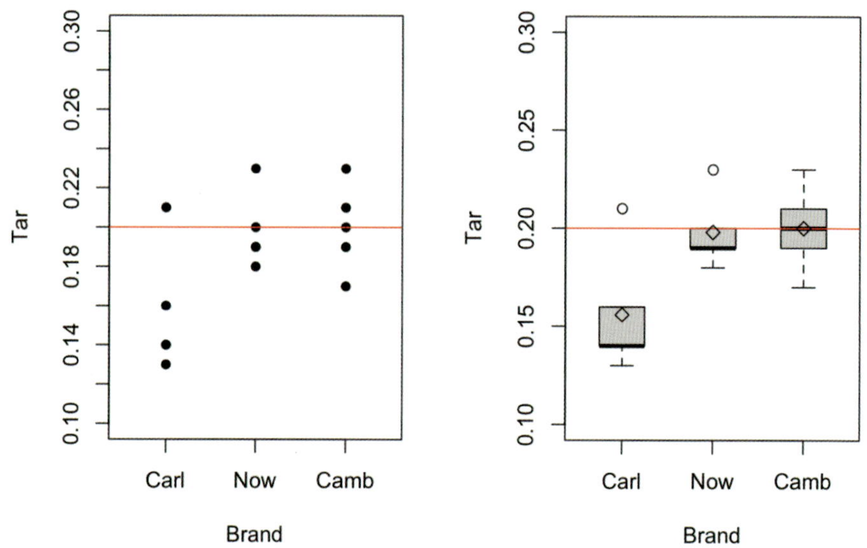

그림 15.3: 담배 브랜드 Carlton-Now-Cambridge 별 타르함량

2), 3) 담배 브랜드에 대한 타르함량이 0.2 보다 적은지에 대한 유의성검정

$$H_0 : \mu_{Carlton} \geq 0.2$$
$$H_1 : \mu_{Carlton} < 0.2$$

그림 15.4에서 $t_0 = -3.0656$ 이므로 귀무가설을 기각한다. 따라서, Carlton 의 평균 타르함량은 0.2 미만이다. 이제 Now 에 대해서 같은 검정을 실시하면

$$H_0 : \mu_{Now} \geq 0.2$$
$$H_1 : \mu_{Now} < 0.2$$

```
carl = subset(brandtar, Brand == "Carlton")
now = subset(brandtar, Brand == "Now")
camb = subset(brandtar, Brand == "Cambridge")
t.test(carl$Tar, alternative = "less", mu=0.2)
```

```

	One Sample t-test

data:  carl$Tar
t = -3.0656, df = 4, p-value = 0.01873
alternative hypothesis: true mean is less than 0.2
95 percent confidence interval:
      -Inf 0.1865978
sample estimates:
mean of x
    0.156
```

그림 15.4: Carlton 타르함량이 0.2 보다 적은가?

에서 같은 방법으로 그림 15.5에서 $t_0 = -0.2325$ 이므로 귀무가설을 기각하지 못 한다. 따라서, Now 의 평균 타르함량은 0.2 이상이다.

```
t.test(now$Tar, alternative = "less", mu=0.2)
```

```

	One Sample t-test

data:  now$Tar
t = -0.2325, df = 4, p-value = 0.4138
alternative hypothesis: true mean is less than 0.2
95 percent confidence interval:
      -Inf 0.2163388
sample estimates:
mean of x
    0.198
```

그림 15.5: Now 타르함량이 0.2 보다 적은가?

마지막으로 Cambridge 에 대한 가설검정은

$$H_0 : \mu_{Cam} \geq 0.2$$
$$H_1 : \mu_{Cam} < 0.2$$

에서 그림 15.6으로 $t_0 - 0.00$ 이므로 귀무가설을 기각하지 못 한다. Cambridge 의 평균 타르함량은 0.2 이상이다.

```r
t.test(camb$Tar, alternative = "less", mu=0.2)
```

```

    One Sample t-test

data:  camb$Tar
t = 0, df = 4, p-value = 0.5
alternative hypothesis: true mean is less than 0.2
95 percent confidence interval:
      -Inf 0.2213185
sample estimates:
mean of x
      0.2
```

그림 15.6: Cambridge 타르함량이 0.2 보다 적은가?

4) 다음 가설에 대해

$$H_0 : \tau_1 = \tau_2 = \tau_3 = 0$$
$$H_1 : \exists\, \tau_i \quad \text{s.t.} \quad \tau_i \neq 0\,, \quad (i = 1,\, 2,\, 3)$$

분산분석표를 구하면 표 15.3이다. 여기서 $F_0 = 4.87 > 3.739 = F_{0.05,2,14}$ 이므로 귀무가설을 기각하여 담배 브랜드에 따라 타르함량은 다르다고 할 수 있다.

Source	df	SS	MS	F_0
담배 브랜드	2	0.0061	0.0030	4.87
오차	12	0.0076	0.0006	
전체	14	0.0137		

표 15.3: 담배 브랜드에 따른 타르함량 분산분석표

5) 관련 R코드와 출력은 그림 15.7 같다.

6) Carlton 과 Now 간 평균 타르함량에 대한 95% 신뢰구간은 공식을 이용하여

$$(\bar{y}_{i\cdot} - \bar{y}_{j\cdot}) \pm t_{\frac{\alpha}{2},\sum_{i=1}^{a}(n_i-1)} \sqrt{\text{MSE}\left(\frac{1}{n_i} + \frac{1}{n_j}\right)}$$

으로 구할 수 있다. 그 결과 (0.0073, 0.0767) 을 얻게된다. 따라서 타르함량 차이는 존재한다.

7) 관련 R코드와 출력은 그림 15.8 같다.

```
aov3(Tar ~ Brand, brandtar)
```

```
Response : Tar
                 Df     Sum Sq     Mean Sq F value   Pr(>F)
MODEL             2 0.0061733 0.00308667   4.8737 0.02823 *
 Brand            2 0.0061733 0.00308667   4.8737 0.02823 *
RESIDUALS        12 0.0076000 0.00063333
CORRECTED TOTAL  14 0.0137733
---
Signif. codes:  0 '***' 0.001 '**' 0.01 '*' 0.05 '.' 0.1 ' ' 1
```

그림 15.7: 분산분석표를 위한 aov3() 출력

```
ESTM(t(c(0,-1,1,0)), Tar ~ Brand, brandtar)
```

```
     Estimate    Lower CL   Upper CL Std. Error t value Df   Pr(>|t|)
[1,]    0.042 0.007321038 0.07667896 0.01591645 2.63878 12 0.02162241
attr(,"Estimability")
[1] TRUE
```

그림 15.8: Now-Carlton 신뢰구간

15.5 다중비교

[5.1**]**

1)

$$\underbrace{\begin{pmatrix} 27.4 \\ 33.6 \\ 17.7 \\ 25.8 \\ 17.0 \\ 20.4 \\ 21.7 \\ 23.0 \\ 12.3 \\ 13.4 \\ 17.3 \\ 20.8 \end{pmatrix}}_{y} = \underbrace{\begin{pmatrix} 1 & 1 & 0 & 0 & 0 & 0 & 0 \\ 1 & 1 & 0 & 0 & 0 & 0 & 0 \\ 1 & 0 & 1 & 0 & 0 & 0 & 0 \\ 1 & 0 & 1 & 0 & 0 & 0 & 0 \\ 1 & 0 & 0 & 1 & 0 & 0 & 0 \\ 1 & 0 & 0 & 1 & 0 & 0 & 0 \\ 1 & 0 & 0 & 0 & 1 & 0 & 0 \\ 1 & 0 & 0 & 0 & 1 & 0 & 0 \\ 1 & 0 & 0 & 0 & 0 & 1 & 0 \\ 1 & 0 & 0 & 0 & 0 & 1 & 0 \\ 1 & 0 & 0 & 0 & 0 & 0 & 1 \\ 1 & 0 & 0 & 0 & 0 & 0 & 1 \end{pmatrix}}_{X} \underbrace{\begin{pmatrix} \mu \\ \tau_1 \\ \tau_2 \\ \tau_3 \\ \tau_4 \\ \tau_5 \\ \tau_6 \end{pmatrix}}_{\beta} + \underbrace{\begin{pmatrix} \epsilon_{11} \\ \epsilon_{12} \\ \epsilon_{21} \\ \epsilon_{22} \\ \epsilon_{31} \\ \epsilon_{32} \\ \epsilon_{41} \\ \epsilon_{42} \\ \epsilon_{51} \\ \epsilon_{52} \\ \epsilon_{61} \\ \epsilon_{62} \end{pmatrix}}_{\epsilon}$$

2)-3)

```
GLM(Gain ~ Feed, pigfeed)$'Type III'
```

```
     Df Sum Sq Mean Sq F value  Pr(>F)
Feed  5 336.09  67.217  6.1686 0.02332 *
---
Signif. codes:  0 '***' 0.001 '**' 0.01 '*' 0.05 '.' 0.1 ' ' 1
```

그림 15.9: 돼지사료 Feed 에 의한 체중증가 GLM() 결과

```
L1 = c(0, 1, 0, 0, 0, 0, -1)
L2 = c(0, 1, 0, 0, 0, -1, 0)
L3 = c(0, 1, 0, 0, -1, 0, 0)
L4 = c(0, 1, 0, -1, 0, 0, 0)
L5 = c(0, 1, -1, 0, 0, 0, 0)
CONTR(rbind(L1, L2, L3, L4, L5), Gain ~ Feed, pigfeed)
```

```
  Df   Sum Sq  Mean Sq  F value      Pr(>F)
1  5 336.0867 67.21733 6.168614 0.02332399
```

그림 15.10: 돼지사료 Feed 에 의한 체중증가 CONTR() 결과

그림 15.9의 GLM() 출력을 보면, 유의확률 0.0233 으로 Feed 효과가 유의하다는 것을 알 수 있다. 또한 그림 15.10에서 보듯이, Type III SS 의 값과 CONTR() 에 의한 SS 값은 336.09 로 일치하고, 같은 $F_0 = 6.1686$ 을 얻게 된다.

4) 최소유의차검정: 그림 15.11

```
LSM(Gain ~ Feed, pigfeed, "Feed")
```

```
  Group LSmean LowerCL UpperCL       SE Df
1    A   30.50 24.7885 36.2115 2.334167  6
4    B   22.35 16.6385 28.0615 2.334167  6
2    B   21.75 16.0385 27.4615 2.334167  6
6   BC   19.05 13.3385 24.7615 2.334167  6
3   BC   18.70 12.9885 24.4115 2.334167  6
5    C   12.85  7.1385 18.5615 2.334167  6
```

그림 15.11: LSD 에 의한 다중비교

5) 튜키의 검정 : 그림 15.12

```
LSM(Gain ~ Feed, pigfeed, "Feed", adj = "Tukey")
```

```
  Group LSmean LowerCL UpperCL       SE Df
1     A  30.50 24.7885 36.2115 2.334167  6
4    AB  22.35 16.6385 28.0615 2.334167  6
2    AB  21.75 16.0385 27.4615 2.334167  6
6    AB  19.05 13.3385 24.7615 2.334167  6
3    AB  18.70 12.9885 24.4115 2.334167  6
5     B  12.85  7.1385 18.5615 2.334167  6
```

그림 15.12: Tukey 에 의한 다중비교

6) 쉐페의 검정: 그림 15.13

```
LSM(Gain ~ Feed, pigfeed, "Feed", adj = "Scheffe")
```

```
  Group LSmean LowerCL UpperCL       SE Df
1     A  30.50 24.7885 36.2115 2.334167  6
4    AB  22.35 16.6385 28.0615 2.334167  6
2    AB  21.75 16.0385 27.4615 2.334167  6
6    AB  19.05 13.3385 24.7615 2.334167  6
3    AB  18.70 12.9885 24.4115 2.334167  6
5     B  12.85  7.1385 18.5615 2.334167  6
```

그림 15.13: Scheffe 에 의한 다중비교

7) 듀넷의 검정: 그림 15.14

【5.3】

1) 모형식은

$$y_{ij} = \mu + \tau_i + \epsilon_{ij},$$
$$i = 1,\ 2,\ 3,$$
$$j = 1,\ 2,\ \cdots,\ 5$$
$$\sum_{i=1}^{5} \tau_i = 0$$
$$\epsilon_{ij} \overset{i.i.d.}{\sim} N(0,\ \sigma^2)$$

2) df(SStreat)= 3-1=2 이고 df(SSE)= 3(5-1)=12 이므로 SSE=12(MSE)= 12(8.73)=104.76

```
PDIFF(Gain ~ Feed, pigfeed, "Feed", adj = "Dunnett", ref = "1", PLOT = T)
```

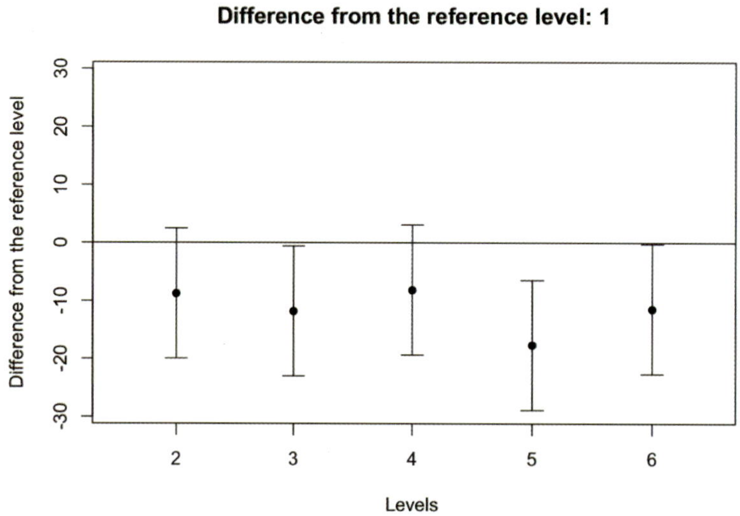


```
      Estimate Lower CL Upper CL Std. Error t value Df Pr(>|t|)
2 - 1    -8.75  -19.953    2.453      3.301 -2.6507  6 0.122610
3 - 1   -11.80  -23.003   -0.597      3.301 -3.5747  6 0.040047 *
4 - 1    -8.15  -19.353    3.053      3.301 -2.4689  6 0.153650
5 - 1   -17.65  -28.853   -6.447      3.301 -5.3468  6 0.006246 **
6 - 1   -11.45  -22.653   -0.247      3.301 -3.4686  6 0.045362 *
---
Signif. codes:  0 '***' 0.001 '**' 0.01 '*' 0.05 '.' 0.1 ' ' 1
```

그림 15.14: Dunnett 에 의한 다중비교

이 된다. 이제 SStreat 를 구해보면 $\bar{y} = 7.733$ 이므로,

$$\begin{aligned}\sum_{i=1}^{3} 5\,(\bar{y}_{i\cdot} - \bar{y}_{\cdot\cdot})^2 &= 5\,\left[(11.8-7.733)^2 + (3.8-7.733)^2 + (7.6-7.733)^2\right] \\ &= 160.133\end{aligned}$$

이 되어, 분산분석표는 표 15.4이다.

3) 귀무가설과 대립가설은 다음과 같다.

$$H_0 : \tau_1 = \tau_2 = \tau_3 = 0$$

$$H_1 : \exists\, \tau_i \quad \text{s.t.} \quad \tau_i \neq 0\,, \quad (i = 1,\, 2,\, 3)$$

Source	df	SS	MS	F_0
요법	2	160.133	80.066	9.171
오차	12	104.760	8.73	
전체	14	264.893		

표 15.4: 고혈압 치료요법에 따른 혈압감소량 분산분석표

4) Exercise와 Diet 간 효과 차이 검정을 위한 t 검정통계량은

$$t_0 = \frac{\bar{y}_{2\cdot} - \bar{y}_{3\cdot}}{\sqrt{MSE(\frac{1}{5}+\frac{1}{5})}} = \frac{3.8-7.6}{\sqrt{8.73(\frac{1}{5}+\frac{1}{5})}}$$
$$= -2.033$$

이고, 기각역은 $|t_0| > t_{0.025,\,\nu}$, $\nu = 3(5-1) = 12$ 이다.

5) LSD = 4.07 이므로,

$$|\bar{y}_{1\cdot} - \bar{y}_{2\cdot}| = |11.8 - 3.8| = 8.0 > 4.07$$
$$|\bar{y}_{1\cdot} - \bar{y}_{3\cdot}| = |11.8 - 7.6| = 4.2 > 4.07$$
$$|\bar{y}_{2\cdot} - \bar{y}_{3\cdot}| = |3.8 - 7.6| = 3.8 < 4.07$$

이를 이용해 밑줄로 연결하면 다음과 같다.

$\bar{y}_{2\cdot}$	$\bar{y}_{3\cdot}$	$\bar{y}_{1\cdot}$
3.8	7.6	11.8

15.6 모형의 진단

【6.1】

잔차의 자기상관계수가 0이면, $\sum_{t=1}^{N}\hat{e}_t = 0$, $\mathrm{Cov}(\hat{e}_t, \hat{e}_{t-1}) = 0$을 이용하면,

$$D = \frac{\sum_{t=2}^{N}(\hat{e}_t - \hat{e}_{t-1})^2}{\sum_{t=1}^{N}\hat{e}_t^2} = \frac{\sum_{t=2}^{N}\hat{e}_t^2 - 2\sum_{t=2}^{N}\hat{e}_t\hat{e}_{t-1} + \sum_{t=2}^{N}\hat{e}_{t-1}^2}{\sum_{t=1}^{N}\hat{e}_t^2}$$
$$= \frac{1}{\sum_{t=1}^{N}\hat{e}_t^2}\left[2\sum_{t=2}^{N}\hat{e}_t^2 - (N-1)\left(\frac{1}{N-1}\sum_{t=2}^{N}\hat{e}_t\hat{e}_{t-1} - \frac{1}{N}\sum_{i=1}^{N}\hat{e}_t\frac{1}{N}\sum_{i=2}^{N+1}\hat{e}_{t-1}\right)\right]$$
$$\simeq \frac{1}{\sum_{t=1}^{N}\hat{e}_t^2}\left[2\sum_{t=2}^{N}\hat{e}_t^2 - \mathrm{Cov}(\hat{e}_t, \hat{e}_{t-1})\right]$$

$= 2$

【6.3】 잔차들의 합이 0 임을 밝혀보자.

$$\sum_{i=1}^{a}\sum_{j=1}^{n}\hat{e}_{ij} = \sum_{i=1}^{a}\sum_{j=1}^{n}(y_{ij} - \hat{y}_{ij}) = \sum_{i=1}^{a}\sum_{j=1}^{n}(y_{ij} - \bar{y}_{i\cdot}) = \sum_{i=1}^{a}\left(\sum_{j=1}^{n}y_{ij} - n\,\bar{y}_{i\cdot}\right) = 0.$$

【6.5】

1) Box 와 Cox 는 모두 통계학자 이름이다. (T)

2) SSE 를 최대화시키는 λ 를 사용하는 방법이다. (F)

3) 로그-가능도함수를 최대화시키는 λ 를 사용하는 방법이다. (T)

4) 오차의 독립성은 해결할 수 없다. (F)

5) 흔히 멱변환(power transformation)이라고도 한다. (T)

6) 독립성, 정규성, 등분산성 중 적어도 하나는 만족시킨다. (F)

【6.7】 먼저 AR(1) 을 따르는 잔차 $\hat{e}_t$ 의 기댓값이 0 임을 증명하자.

$$\begin{aligned}\hat{e}_t &= \rho\hat{e}_{t-1} + \delta_t \\ &= \rho(\rho\hat{e}_{t-2} + \delta_{t-1}) + \delta_t \\ &= \rho^2\hat{e}_{t-2} + \rho\delta_{t-1} + \delta_t \\ &= \cdots \\ &= \sum_{j=0}^{\infty}\rho^j\delta_{t-j}\end{aligned}$$

그러므로, 기댓값을 취하면,

$$\mathrm{E}(\hat{e}_t) = \sum_{j=0}^{\infty}\rho^j\,\mathrm{E}(\delta_{t-j}) = 0$$

따라서, 분산은 다음과 같다.

$$\mathrm{V}(\hat{e}_t) = \mathrm{V}(\sum_{j=0}^{\infty}\rho^j\delta_{t-j}) = \sum_{j=0}^{\infty}(\rho^2)^j\ \mathrm{V}(\delta_{t-j}) = \frac{\sigma^2}{1-\rho^2}$$

15.7 상호작용과 이원배치법

【7.1】

상호작용이 없는 이원배치법에서 SST 분할은 다음과 같다.

$$\begin{aligned}\text{SST} &= \sum_{i=1}^{a}\sum_{j=1}^{b}\sum_{k=1}^{n}(y_{ijk}-\bar{y}_{...})^2 \\ &= \sum_{i=1}^{a}\sum_{j=1}^{b}\sum_{k=1}^{n}(\bar{y}_{i..}-\bar{y}_{...}+\bar{y}_{.j.}-\bar{y}_{...}+y_{ijk}-\bar{y}_{i..}-\bar{y}_{.j.}+\bar{y}_{...})^2 \\ &= \underbrace{\sum_{i=1}^{a}\sum_{j=1}^{b}\sum_{k=1}^{n}(\bar{y}_{i..}-\bar{y}_{...})^2}_{\text{SSA}}+\underbrace{\sum_{i=1}^{a}\sum_{j=1}^{b}\sum_{k=1}^{n}(\bar{y}_{.j.}-\bar{y}_{...})^2}_{\text{SSB}} \\ &\quad+\underbrace{\sum_{i=1}^{a}\sum_{j=1}^{b}\sum_{k=1}^{n}(y_{ijk}-\bar{y}_{i..}-\bar{y}_{.j.}+\bar{y}_{...})^2}_{\text{SSE}} \\ &\quad+\underbrace{2\sum_{i=1}^{a}\sum_{j=1}^{b}\sum_{k=1}^{n}(\bar{y}_{i..}-\bar{y}_{...})(\bar{y}_{.j.}-\bar{y}_{...})}_{=0} \\ &\quad+\underbrace{2\sum_{i=1}^{a}\sum_{j=1}^{b}\sum_{k=1}^{n}(\bar{y}_{i..}-\bar{y}_{...})(y_{ijk}-\bar{y}_{i..}-\bar{y}_{.j.}+\bar{y}_{...})}_{=0} \\ &\quad+\underbrace{2\sum_{i=1}^{a}\sum_{j=1}^{b}\sum_{k=1}^{n}(\bar{y}_{.j.}-\bar{y}_{...})(y_{ijk}-\bar{y}_{i..}-\bar{y}_{.j.}+\bar{y}_{...})}_{=0}\end{aligned}$$

왜냐하면

$$\begin{aligned}&\sum_{j=1}^{b}(\bar{y}_{.j.}-\bar{y}_{...})=0 \\ &\sum_{j=1}^{b}\sum_{k=1}^{n}(y_{.jk}-\bar{y}_{i..})=0 \\ &\sum_{i=1}^{a}\sum_{k=1}^{n}(y_{i\cdot k}-\bar{y}_{.j.})=0 \\ &\sum_{i=1}^{a}(\bar{y}_{i..}-\bar{y}_{...})=0\end{aligned}$$

이기 때문이다.

【7.3】

상호작용이 있는 이원배치법에서 반복수가 n 으로 동일한 경우, 자유도를 계산하면

$$\text{SST} = \sum_{i=1}^{a}\sum_{j=1}^{b}\sum_{k=1}^{n}(y_{ijk} - \bar{y}_{...})^2 \longrightarrow \text{df(SST)} = abn - 1$$

$$\text{SSA} = bn\sum_{i=1}^{a}(\bar{y}_{i..} - \bar{y}_{...})^2 \longrightarrow \text{df(SSA)} = a - 1$$

$$\text{SSB} = an\sum_{j=1}^{b}(\bar{y}_{.j.} - \bar{y}_{...})^2 \longrightarrow \text{df(SSB)} = b - 1$$

$$\text{SSE} =, \sum_{i=1}^{a}\sum_{j=1}^{b}\sum_{k=1}^{n}(y_{ijk} - \bar{y}_{ij.})^2$$

$$\longrightarrow \text{df(SSE)} = (ab - 1) - (a - 1) - (b - 1) = (a - 1)(b - 1)$$

【7.5】

고정효과로 이루어진 상호작용이 있는 이원배치법에서 기대평균제곱을 구하면 다음의 식을 사용한다.

$$y_{...}^2 = a^2b^2n^2\mu^2 + \epsilon_{...}^2 + 2abn\mu\epsilon_{...}$$

$$\text{E}(y_{...}^2) = a^2b^2n^2\mu^2 + abn\sigma^2$$

$$y_{.j.}^2 = a^2n^2\mu^2 + a^2n^2\beta_j^2 + \epsilon_{.j.}^2 + 2a^2n^2\mu\beta_j + 2an\mu\epsilon_{.j.} + 2an\beta_j\epsilon_{.j.}$$

$$\text{E}(y_{.j.}^2) = a^2n^2\mu^2 + a^2n^2\beta_j^2 + an\sigma^2 + 2a^2n^2\mu\beta_j$$

그러므로,

$$\text{E(SSB)} = \text{E}\left(\sum_{j=1}^{b}\frac{y_{.j.}^2}{an} - \frac{y_{...}^2}{abn}\right)$$

$$= abn\mu^2 + an\sum_{j=1}^{b}\beta_j^2 + b\sigma^2 - abn\mu^2 - \sigma^2$$

$$\text{E(MSB)} = \text{E}\left(\frac{SSB}{b-1}\right) = an\frac{\sum_{j=1}^{b}\beta_j^2}{b-1} + \sigma^2$$

가 된다. 나머지도 같은 방법으로 증명이 가능하다.

【7.7】

R출력은 그림 15.15과 같고, 분산분석표는 표 15.5이다. 불량률 개수에 대한 Machine 과 Employee 의 주효과는 유의하지 않으나(p-value: 0.2753, 0.3836), Mach*Empl 상호작용효과는 유의하다(p-value: 0.0042). 이 결과는 혼합모형의 경우와 일치하고 있다(표 7.9).

```
formlr = Defects ~ Machine*Employee
aov3(formlr, defect1)
```

```
Response : Defects
                  Df Sum Sq Mean Sq F value    Pr(>F)
MODEL              5 369.83  73.967 15.1295 8.010e-05 ***
 Machine           2 229.33 114.667 23.4545 7.145e-05 ***
 Employee          1  53.39  53.389 10.9205  0.006287 **
 Machine:Employee  2  87.11  43.556  8.9091  0.004248 **
RESIDUALS         12  58.67   4.889
CORRECTED TOTAL   17 428.50
---
Signif. codes:  0 '***' 0.001 '**' 0.01 '*' 0.05 '.' 0.1 ' ' 1
```

```
RanTest(formlr, defect1, Random = c("Machine", "Employee"))
```

```
$Machine
Error: 1*Machine:Employee + 0*MSE
        Df  Sum Sq Mean Sq F value Pr(>F)
Machine  2 229.333 114.667  2.6327 0.2753
Error    2  87.111  43.556

$Employee
Error: 1*Machine:Employee + 0*MSE
         Df Sum Sq Mean Sq F value Pr(>F)
Employee  1 53.389  53.389  1.2258 0.3836
Error     2 87.111  43.556

$`The Rest Terms`
                 Df Sum Sq Mean Sq F value    Pr(>F)
Machine:Employee  2 87.111  43.556  8.9091 0.004248 **
RESIDUALS        12 58.667   4.889
---
Signif. codes:  0 '***' 0.001 '**' 0.01 '*' 0.05 '.' 0.1 ' ' 1

$EMS
                 Machine Employee Machine:Employee eps
Machine                6                        3   1
Employee                        9               3   1
Machine:Employee                                3   1
```

그림 15.15: defect1 자료에서 임의효과모형의 R출력

15.8 내포요인이 있는 이원배치법

【8.1】

1) 염도에 대한 모형식의 모습은

$$y_{ijk} = \mu + \alpha_i + \beta_{j(i)} + \epsilon_{k(ij)},$$

Source	df	SS	MS	F_0	p-value
Machine	2	229.333	114.667	$\frac{114.667}{43.556} = 2.6327$	0.2753
Employee	1	53.389	53.389	$\frac{53.389}{43.556} = 1.2258$	0.3836
Mach*Empl	2	87.111	43.556	$\frac{43.556}{4.889} = 8.9091$	0.0042
Error	12	58.666	4.888		
Total	17	428.500			

표 15.5: 불량품 개수 자료의 임의효과모형의 분산분석표

$$\begin{aligned}
& i = 1,\, 2, \quad j = 1,\, 2, \quad k = 1,\, 2, \\
& \alpha_i \overset{i.i.d.}{\sim} N(0,\, \sigma_\alpha^2) \\
& \beta_{j(i)} \overset{i.i.d.}{\sim} N(0,\, \sigma_\beta^2) \\
& \epsilon_{k(ij)} \overset{i.i.d.}{\sim} N(0,\, \sigma^2) \\
& \alpha_i,\, \beta_{j(i)},\, \epsilon_{k(ij)} \text{ 는 서로 독립이다.}
\end{aligned}$$

이고, 분산분석표는 표 15.6 이다.

Source	df	SS	MS	F_0
Truck	1	0.18	0.18	4.62
Shovel(Truck)	2	0.077	0.038	173.0
Error	4	0.0009	0.0002	
Total	7	0.258		

표 15.6: 공장에서 생산되는 염도의 분산분석표

트럭(Truck) 간 염도차이에 대한 귀무가설은 $H_0 : \sigma_\alpha^2 = 0$ 이고

$$F_0 = 4.62 < 18.513 = F_{0.05,1,2}$$

이므로, 트럭 간 염도의 차이는 유의하지 않다.

삽(Shovel) 간 염도차이에 대한 귀무가설은 $H_0 : \sigma_\beta^2 = 0$ 이고

$$F_0 = 173 > 6.944 = F_{0.05,2,4}$$

이므로, 삽 간 염도의 차이는 유의하다.

2) 트럭과 삽이 모두 고정효과라고 가정하면 그림 15.16, 표 15.7이 된다. 따라서 모두 고정효과로 간주한다면 Truck에 대한 $F_0 = 800$이 되어, Truck과 Shovel 모두 유의한 효과가 된다.

```
formlr = Y ~ Truck + Shovel %in% Truck
aov3(formlr, sodium)
```

```
Response : Y
                Df  Sum Sq  Mean Sq F value    Pr(>F)
MODEL            3 0.25785 0.085950     382 2.266e-05 ***
 Truck           1 0.18000 0.180000     800 9.297e-06 ***
 Truck:Shovel    2 0.07785 0.038925     173 0.0001306 ***
RESIDUALS        4 0.00090 0.000225
CORRECTED TOTAL  7 0.25875
---
Signif. codes:  0 '***' 0.001 '**' 0.01 '*' 0.05 '.' 0.1 ' ' 1
```

그림 15.16: 공업용 염의 염도 자료(sodium)에 대한 aov3() 출력

Source	df	SS	MS	F_0
Truck	1	0.1800	0.1800	800
Shovel(Truck)	2	0.0778	0.0389	173
Error	4	0.0009	0.0002	
Total	7	0.2587		

표 15.7: 공업용 염의 염도 자료(sodium)에 대한 고정효과 분산분석표

【8.3】

섬박이응애 자료에 대한 모든 요인을 임의효과(random effect)로 간주하면 그림 15.17의 기대평균제곱(EMS)을 제공한다.

여기서 분산성분추정치는 다음과 같이 얻게 된다.

$$\hat{\sigma}^2 = \text{MSE} = 14.611$$

$$\hat{\sigma}^2_{\gamma} = \frac{1}{2}(\text{MSleaf(treat*pos)} - \text{MSE}) = 18.0$$

$$\hat{\sigma}^2_{\alpha\beta} = \frac{1}{4}(\text{MStreat*pos} - \text{MSE} - 2 \times 18) = 0.322$$

$$\hat{\sigma}^2_{\beta} = \frac{1}{12}(\text{MSpos} - 14.611 - 2 \times 18 - 4 \times 0.322) = 10.080$$

```
formlr = Mite ~ Tree*Pos + Leaf %in% Tree:Pos
aov3(formlr, rosemite)
```

```
Response : Mite
                Df  Sum Sq Mean Sq F value    Pr(>F)
MODEL           17 1010.56  59.444  4.0684 0.0024906 **
 Tree            2    1.72   0.861  0.0589 0.9429489
 Pos             2  345.72 172.861 11.8308 0.0005246 ***
 Tree:Pos        4  207.61  51.903  3.5523 0.0264260 *
 Tree:Pos:Leaf   9  455.50  50.611  3.4639 0.0119345 *
RESIDUALS       18  263.00  14.611
CORRECTED TOTAL 35 1273.56
---
Signif. codes:  0 '***' 0.001 '**' 0.01 '*' 0.05 '.' 0.1 ' ' 1
```

```
RanTest(formlr, rosemite, Random = c("Tree", "Pos", "Leaf"))$EMS
```

```
              Tree Pos Tree:Pos Tree:Pos:Leaf eps
Tree            12            4             2   1
Pos                 12        4             2   1
Tree:Pos                      4             2   1
Tree:Pos:Leaf                               2   1
```

그림 15.17: 임의효과모형에서 점박이응애 자료의 기대평균제곱(EMS)

$$\hat{\sigma}_{\alpha}^2 = \frac{1}{12}\left(\text{MStree} - 14.611 - 2\times 18 - 4\times 0.322\right) = -4.253 \overset{let}{=} 0$$

이를 이용해서 각 분산성분추정치가 전체의 몇 %를 차지하는지 계산하면 다음과 같다.

$$\frac{\hat{\sigma}_{\alpha}^2}{\hat{\sigma}_{\alpha}^2+\hat{\sigma}_{\beta}^2+\hat{\sigma}_{\alpha\beta}^2+\hat{\sigma}_{\gamma}^2+\hat{\sigma}^2} = \frac{0}{0+10.080+0.322+18.0+14.611} = 0\%$$

$$\frac{\hat{\sigma}_{\beta}^2}{\hat{\sigma}_{\alpha}^2+\hat{\sigma}_{\beta}^2+\hat{\sigma}_{\alpha\beta}^2+\hat{\sigma}_{\gamma}^2+\hat{\sigma}^2} = \frac{10.080}{0+10.080+0.322+18.0+14.611} = 23.4\%$$

$$\frac{\hat{\sigma}_{\alpha\beta}^2}{\hat{\sigma}_{\alpha}^2+\hat{\sigma}_{\beta}^2+\hat{\sigma}_{\alpha\beta}^2+\hat{\sigma}_{\gamma}^2+\hat{\sigma}^2} = \frac{0.322}{0+10.080+0.322+18.0+14.611} = 0.7\%$$

$$\frac{\hat{\sigma}_{\gamma}^2}{\hat{\sigma}_{\alpha}^2+\hat{\sigma}_{\beta}^2+\hat{\sigma}_{\alpha\beta}^2+\hat{\sigma}_{\gamma}^2+\hat{\sigma}^2} = \frac{18.0}{0+10.080+0.322+18.0+14.611} = 41.8\%$$

$$\frac{\hat{\sigma}^2}{\hat{\sigma}_{\alpha}^2+\hat{\sigma}_{\beta}^2+\hat{\sigma}_{\alpha\beta}^2+\hat{\sigma}_{\gamma}^2+\hat{\sigma}^2} = \frac{14.611}{0+10.080+0.322+18.0+14.611} = 33.9\%$$

따라서, 전체분산성분 중 가장 큰 추정치는 $\hat{\sigma}_{\gamma}^2 = 18.0$ 이고(5장소엽의 분산), 전체의 41.8%를 차지한다.

15.9 제곱합과 자유도

【9.1】

1) B 요인 효과를 검정하는

$$H_0 : \sigma_\beta^2 = 0$$

을 위해 다음과 같은 것을 고려한다.

$$\mathrm{MS1} = \mathrm{MS_B} + \mathrm{MS_{ABC}}$$
$$\mathrm{MS2} = \mathrm{MS_{AB}} + \mathrm{MS_{BC}}$$

그 결과

$$\mathrm{E(MS1)} - \mathrm{E(MS2)} = acn\, \sigma_\beta^2$$

이 된다. 따라서 $H_0 : \sigma_\beta^2 = 0$ 가 참이면

$$F_0 = \frac{\mathrm{MS_B} + \mathrm{MS_{ABC}}}{\mathrm{MS_{AB}} + \mathrm{MS_{BC}}} \quad \dot{\sim} \quad F_{\nu 1, \nu 2}$$

가 되고

$$\nu 1 = \frac{(\mathrm{MS}_B + \mathrm{MS}_{ABC})^2}{\frac{\mathrm{MS}_B^2}{f_B} + \frac{\mathrm{MS}_{ABC}^2}{f_{ABC}}}$$
$$\nu 2 = \frac{(\mathrm{MS}_{AB} + \mathrm{MS}_{BC})^2}{\frac{\mathrm{MS}_{AB}^2}{f_{AB}} + \frac{\mathrm{MS}_{BC}^2}{f_{BC}}}$$

이 된다.

2) C 요인 효과를 검정하는

$$H_0 : \sigma_\gamma^2 = 0$$

을 위해 다음과 같은 것을 고려한다.

$$\mathrm{MS1} = \mathrm{MS_C} + \mathrm{MS_{ABC}}$$
$$\mathrm{MS2} = \mathrm{MS_{AC}} + \mathrm{MS_{BC}}$$

그 결과

$$\mathrm{E(MS1)} - \mathrm{E(MS2)} = abn\, \sigma_\gamma^2$$

이 된다. 따라서 $H_0 : \sigma_\gamma^2 = 0$가 참이면

$$F_0 = \frac{\mathrm{MS_C} + \mathrm{MS_{ABC}}}{\mathrm{MS_{AC}} + \mathrm{MS_{BC}}} \quad \dot{\sim} \quad F_{\nu 1, \nu 2}$$

가 되고

$$\nu 1 = \frac{(\mathrm{MS}_C + \mathrm{MS}_{ABC})^2}{\frac{\mathrm{MS}_C^2}{f_C} + \frac{\mathrm{MS}_{ABC}^2}{f_{ABC}}}$$
$$\nu 2 = \frac{(\mathrm{MS}_{AC} + \mathrm{MS}_{BC})^2}{\frac{\mathrm{MS}_{AC}^2}{f_{AC}} + \frac{\mathrm{MS}_{BC}^2}{f_{BC}}}$$

이 된다.

【9.3】

$$\begin{aligned}
&\mathrm{Cov}(y_{111},\, y_{121}) \\
&= \mathrm{Cov}(\mu + \alpha_1 + \beta_1 + (\alpha\beta)_{11} + \epsilon_{111},\, \mu + \alpha_1 + \beta_2 + (\alpha\beta)_{12} + \epsilon_{121}) \\
&= \mathrm{Cov}(\alpha_1,\, \alpha_1) + \mathrm{Cov}(\alpha_1,\, (\alpha\beta)_{12}) + \mathrm{Cov}(\alpha_1,\, \epsilon_{121}) \\
&\quad + \mathrm{Cov}((\alpha\beta)_{11},\, \alpha_1) + \mathrm{Cov}((\alpha\beta)_{11},\, (\alpha\beta)_{12}) + \mathrm{Cov}((\alpha\beta)_{11},\, \epsilon_{121}) \\
&\quad + \mathrm{Cov}(\epsilon_{111},\, \alpha_1) + \mathrm{Cov}(\epsilon_{111},\, (\alpha\beta)_{12}) + \mathrm{Cov}(\epsilon_{111},\, \epsilon_{121}) \\
&= \mathrm{V}(\alpha_1) = \sigma_\alpha^2 \neq 0
\end{aligned}$$

15.10 임의화완전블록설계(RCBD)

【10.1】

RCBD ,의 전체제곱합을 전개하면 아래와 같다.

$$\begin{aligned}
&\sum_{i=1}^{a}\sum_{j=1}^{b}(y_{ij} - \bar{y}_{..})^2 = \sum_{i=1}^{a}\sum_{j=1}^{b}(y_{ij} - \bar{y}_{i.} + \bar{y}_{i.} - \bar{y}_{..} + \bar{y}_{..} + \bar{y}_{.j} - \bar{y}_{.j} - \bar{y}_{..})^2 \\
&= \sum_{i=1}^{a}\sum_{j=1}^{b}\left[(\bar{y}_{i.} - \bar{y}_{..}) + (\bar{y}_{.j} - \bar{y}_{..}) + (y_{ij} - \bar{y}_{i.} - \bar{y}_{.j} + \bar{y}_{..})\right]^2 \\
&= b\sum_{i=1}^{a}(\bar{y}_{i.} - \bar{y}_{..})^2 + a\sum_{j=1}^{b}(\bar{y}_{.j} - \bar{y}_{..})^2 + \sum_{i=1}^{a}\sum_{j=1}^{b}(y_{ij} - \bar{y}_{i.} - \bar{y}_{.j} + \bar{y}_{..})^2 \\
&\quad + 2\sum_{i=1}^{a}\sum_{j=1}^{b}(\bar{y}_{i.} - \bar{y}_{..})(\bar{y}_{.j} - \bar{y}_{..}) + 2\sum_{i=1}^{a}\sum_{j=1}^{b}(\bar{y}_{i.} - \bar{y}_{..})(y_{ij} - \bar{y}_{i.} - \bar{y}_{.j} + \bar{y}_{..}) \\
&\quad + 2\sum_{i=1}^{a}\sum_{j=1}^{b}(\bar{y}_{.j} - \bar{y}_{..})(y_{ij} - \bar{y}_{i.} - \bar{y}_{.j} + \bar{y}_{..})
\end{aligned}$$

$$= b\sum_{i=1}^{a}(\bar{y}_{i\cdot} - \bar{y}_{\cdot\cdot})^2 + a\sum_{j=1}^{b}(\bar{y}_{\cdot j} - \bar{y}_{\cdot\cdot})^2 + \sum_{i=1}^{a}\sum_{j=1}^{b}(y_{ij} - \bar{y}_{i\cdot} - \bar{y}_{\cdot j} + \bar{y}_{\cdot\cdot})^2$$

[10.3] 상자그림은 그림 15.18 코드로 작성 가능하다.

```
par(mfrow=c(1, 2))
boxplot(Wear ~ Brand, tirewear3, xlim=c(0.5, 2.5), pars=list(boxwex=0.5),
        ylim=c(7, 15), names=c("Domestic", "Foreign"),
        xlab="Brand", ylab="Wear")
boxplot(Wear ~ Type, tirewear3, xlim=c(0.5, 2.5), pars=list(boxwex=0.5),
        ylim=c(7, 15), names=c("All", "Winter"),
        xlab="Type", ylab="Wear")
```

그림 15.18: 타이어 브랜드와 타입에 따른 마모도(`tirewear3`) 상자그림 R코드

[10.5]

브랜드(foreign-domestic), 타이어 종류(all-winter)에 따른 마모도 자료에서 모두 임의효과라고 가정한다.

1) 분산분석표는 표 15.8 같다. 그 결과 브랜드, 타이어 종류의 효과가 모두 유의하다고 판단된다.

Source	d.f.	SS	MS	F_0	p-value
Car	3	0.2718	0.0906	2.81	0.1005
Brand	1	3.5156	3.5156	625.00	0.025
Type	1	10.4006	10.4006	1849.00	0.014
Brand*Type	1	0.0056	0.0056	0.17	0.6862
Error	9	0.2906	0.0322		
Total	15	14.484			

표 15.8: 타이어 마모도(모두 임의효과)에 대한 분산분석표

2) 각 분산성분의 추정치를 구하면 다음과 같다.

$$\hat{\sigma}_\rho^2 = 0.0145$$

$$\hat{\sigma}_\alpha^2 = 0.4387$$

$$\hat{\sigma}_\beta^2 = 1.2993$$

$$\hat{\sigma}^2_{\alpha\beta} = 0.0$$
$$\hat{\sigma}^2 = 0.0322$$

그러므로 전체 분산에서 차지하는 비율은 다음과 같다.

$$\frac{\hat{\sigma}^2_\rho}{\hat{\sigma}^2_\rho + \hat{\sigma}^2_\alpha + \hat{\sigma}^2_\beta + \hat{\sigma}^2_{\alpha\beta} + \hat{\sigma}^2} = 0.8\%$$
$$\frac{\hat{\sigma}^2_\alpha}{\hat{\sigma}^2_\rho + \hat{\sigma}^2_\alpha + \hat{\sigma}^2_\beta + \hat{\sigma}^2_{\alpha\beta} + \hat{\sigma}^2} = 24.6\%$$
$$\frac{\hat{\sigma}^2_\beta}{\hat{\sigma}^2_\rho + \hat{\sigma}^2_\alpha + \hat{\sigma}^2_\beta + \hat{\sigma}^2_{\alpha\beta} + \hat{\sigma}^2} = 72.8\%$$
$$\frac{\hat{\sigma}^2_{\alpha\beta}}{\hat{\sigma}^2_\rho + \hat{\sigma}^2_\alpha + \hat{\sigma}^2_\beta + \hat{\sigma}^2_{\alpha\beta} + \hat{\sigma}^2} = 0\%$$
$$\frac{\hat{\sigma}^2}{\hat{\sigma}^2_\rho + \hat{\sigma}^2_\alpha + \hat{\sigma}^2_\beta + \hat{\sigma}^2_{\alpha\beta} + \hat{\sigma}^2} = 1.8\%$$

15.11 라틴방격법(Latin Square Design)

【11.1】

모형식이 $y_{ijk} = \mu + \alpha_i + \beta_j + \gamma_k + \epsilon_{ijk}$ 인 라틴방격법에서 기대평균제곱의 계산은 다음의 성질을 이용한다.

$$y_{\cdots} = p^2\mu + \epsilon_{\cdots}$$
$$\mathrm{E}(y^2_{\cdots}) = p^4\mu^2 + \mathrm{V}(\epsilon_{\cdots}) = p^4\mu^2 + p^2\sigma^2$$
$$y_{\cdot\cdot k} = p\mu + p\gamma_k + \epsilon_{\cdot\cdot k}$$
$$\begin{aligned}\mathrm{E}(y^2_{\cdot\cdot k}) &= p^2\mu^2 + p^2\gamma_k^2 + \mathrm{V}(\epsilon_{\cdot\cdot k}) + 2p^2\mu\gamma_k \\ &= p^2\mu^2 + p^2\gamma_k^2 + p\sigma^2 + 2p^2\mu\gamma_k\end{aligned}$$

그러므로 E(MStreat)는 다음과 같이 계산된다.

$$\begin{aligned}\mathrm{E(MStreat)} &= \frac{1}{p-1}\mathrm{E(SStreat)} = \frac{1}{p-1}\left[\mathrm{E}\left(\sum_{i=1}^{p}\frac{y^2_{\cdot\cdot k}}{p}\right) - \mathrm{E}\left(\frac{y^2_{\cdots}}{p^2}\right)\right] \\ &= \frac{1}{p-1}\left[(p-1)\sigma^2 + p\sum_{k=1}^{p}\gamma_k^2\right] \\ &= \sigma^2 + \frac{p}{p-1}\sum_{k=1}^{p}\gamma_k^2\end{aligned}$$

같은 방법으로 E(MSE) $= \sigma^2$ 임도 보일 수 있다.

【11.3】

라틴방격법의 제곱합 자유도는 다음과 같이 계산된다.

$$\text{SST} = \sum_{i=1}^{p}\sum_{j=1}^{p}\sum_{k=1}^{p}(y_{ijk} - \bar{y}_{...})^2 \longrightarrow (p^2 - 1)$$

$$\text{SSrow} = p\sum_{i=1}^{p}(\bar{y}_{i..} - \bar{y}_{...})^2 \longrightarrow (p - 1)$$

$$\text{SScolumn} = p\sum_{j=1}^{p}(\bar{y}_{.j.} - \bar{y}_{...})^2 \longrightarrow (p - 1)$$

$$\text{SStreat} = p\sum_{k=1}^{p}(\bar{y}_{..k} - \bar{y}_{...})^2 \longrightarrow (p - 1)$$

$$\text{SSE} = \sum_{i=1}^{p}\sum_{j=1}^{p}\sum_{k=1}^{p}(y_{ijk} - \bar{y}_{i..} - \bar{y}_{.j.} - \bar{y}_{..k} + 2\bar{y}_{...})^2 \longrightarrow p^2 - 3(p-1) - 1 = p^2 - 3p + 2$$

【11.5】

라틴방격법으로 분석한 내용은 15.9 같다. 그 결과 유의수준 0.05 로 사료(Diet) 종류는 생쥐 체중증가에 영향을 미치지 못한다.

Source	df	SS	MS	F_0	p-value
Birth	3	6.187	2.062		
Mom	3	38.687	12.895		
Diet	3	3.687	1.229	0.23	0.8739
Error	6	32.375	5.395		
Total	15	80.937			

표 15.9: 생쥐 체중증가량에 미치는 사료의 영향(라틴방격법)에 대한 분산분석표

15.12 반응표면분석

【12.1】

1) `rsm()` 을 실행하면 오차의 자유도가 0 이 되어 표준오차를 구할 수 없게 된다.

3) 만일 $x_1 = 25$, $x_2 = 1000$ 이면 그림 15.19에 의해 $\hat{y} = 182.5669$ 가 된다.

```
ypred = data.frame(X1 = 25, X2 = 1000)
predict(rsout2, newdata = ypred)
```

```
       1
182.5669
```

그림 15.19: 상호작용없는 이차 반응표면에서 X1=25, X2=1000 의 예측값

15.13 분할구설계(Split-Plot Design)

【13.1】 펄프와 온도를 모두 임의효과로 가정한다면 그림 15.20 의 EMS출력을 얻는다. 이를 이용하여 검정한 결과는 그림 15.21이 된다.

```
formlr = Y ~ Day*Pulp + Temp + Pulp:Temp
rfactor = c("Day", "Pulp", "Temp")
RanTest(formlr, ptensile, Random = rfactor)$EMS
```

```
          Day Pulp Temp Day:Pulp Pulp:Temp eps
Day        12               4            1
Pulp            12          4         3  1
Temp                  9               3  1
Day:Pulp                    4            1
Pulp:Temp                             3  1
```

그림 15.20: Pulp 와 Temp 가 모두 임의효과일 때 기대평균제곱

15.14 공분산분석(ANCOVA)

【14.1】 공분산분석이 적합한지 알아보는 R코드는 그림 15.22이다.

【14.3】

1) Age:Gender:Sales 상호작용에 대한 출력을 살펴보면 그림 15.23 같다. 따라서 p-value 가 0.1863 으로 유의수준 0.05 에서 유의하지 않다.

2) 공분산분석에서 Age:Gender 상호작용이 유의한지 살펴보면 그림 15.24 같다. 그러므로 Age:Gender 상호작용은 유의하지 않다(p-value: 0.7142).

3) R코드를 실행하면 그림 15.25같이 나온다. 전체적으로 나이가 많을수록 현금가격(Cash Offer)이 높고, 여성보단 남성이 현금가격이 높다. 또한 지난 달의 판매실

```
RanTest(formlr, ptensile, Random = rfactor)$Pulp
```

```
Error: 1*Day:Pulp + 1*Pulp:Temp - 1*MSE
          Df Sum Sq Mean Sq F value  Pr(>F)
Pulp  2.0000 128.39  64.194  3.6422 0.08663 .
Error 6.5264 115.03  17.625
---
Signif. codes:  0 '***' 0.001 '**' 0.01 '*' 0.05 '.' 0.1 ' ' 1
```

```
RanTest(formlr, ptensile, Random = rfactor)$Temp
```

```
Error: 1*Pulp:Temp + 0*MSE
      Df Sum Sq Mean Sq F value   Pr(>F)
Temp   3 434.08 144.694   11.55 0.006633 **
Error  6  75.17  12.528
---
Signif. codes:  0 '***' 0.001 '**' 0.01 '*' 0.05 '.' 0.1 ' ' 1
```

```
RanTest(formlr, ptensile, Random = rfactor)$'The Rest Terms'
```

```
          Df Sum Sq Mean Sq F value  Pr(>F)
Day:Pulp   4 36.278  9.0694  2.2832 0.10028
Pulp:Temp  6 75.167 12.5278  3.1538 0.02711 *
RESIDUALS 18 71.500  3.9722
---
Signif. codes:  0 '***' 0.001 '**' 0.01 '*' 0.05 '.' 0.1 ' ' 1
```

그림 15.21: 분할구설계에서 모두 임의효과일 때 검정결과

```
GLM(y ~ treat*x, df)$'Type III'
```

그림 15.22: 공분산분석의 적합도 검정

적이 높을 수록 제공하는 현금가격도 높게 나타난다.

```
formlr = Offer ~ Age*Gender + Sales + Age:Gender:Sales
aov3(formlr, cashf)
```

```
Response : Offer
                   Df Sum Sq Mean Sq  F value    Pr(>F)
MODEL              11 392.71  35.701 138.7228 < 2.2e-16 ***
 Age                2  30.49  15.246  59.2403 5.218e-10 ***
 Gender             1   0.03   0.026   0.0993    0.7554
 Sales              1  54.83  54.832 213.0594 1.963e-13 ***
 Age:Gender         2   0.68   0.341   1.3246    0.2847
 Age:Gender:Sales   5   2.12   0.424   1.6456    0.1863
RESIDUALS          24   6.18   0.257
CORRECTED TOTAL    35 398.89
---
Signif. codes:  0 '***' 0.001 '**' 0.01 '*' 0.05 '.' 0.1 ' ' 1
```

그림 15.23: 중고차 현금 제공가격에 대한 ANCOVA 적합성 여부

```
formlr = Offer ~ Age*Gender + Sales
aov3(formlr, cashf)
```

```
Response : Offer
                Df Sum Sq Mean Sq  F value    Pr(>F)
MODEL            6 390.59  65.099 227.6168 < 2.2e-16 ***
 Age             2 232.49 116.245 406.4455 < 2.2e-16 ***
 Gender          1   1.55   1.545   5.4027   0.02731 *
 Sales           1  63.37  63.373 221.5799 4.108e-15 ***
 Age:Gender      2   0.19   0.097   0.3405   0.71422
RESIDUALS       29   8.29   0.286
CORRECTED TOTAL 35 398.89
---
Signif. codes:  0 '***' 0.001 '**' 0.01 '*' 0.05 '.' 0.1 ' ' 1
```

그림 15.24: 중고차 현금가에 대한 ANCOVA 결과

```
formlr = Offer ~ Age*Gender + Sales
par(mfrow=c(1, 2))
LSM(formlr, cashf, "Age", adj = "Tukey", PLOT = T)
```

```
  Group    LSmean  LowerCL  UpperCL        SE Df
2   A    27.23708 26.91356 27.56059 0.1581801 29
3    B   22.02687 21.70018 22.35356 0.1597311 29
1     C  21.40272 21.08669 21.71875 0.1545196 29
```

```
LSM(formlr, cashf, "Gender", adj = "Tukey", PLOT = T)
```

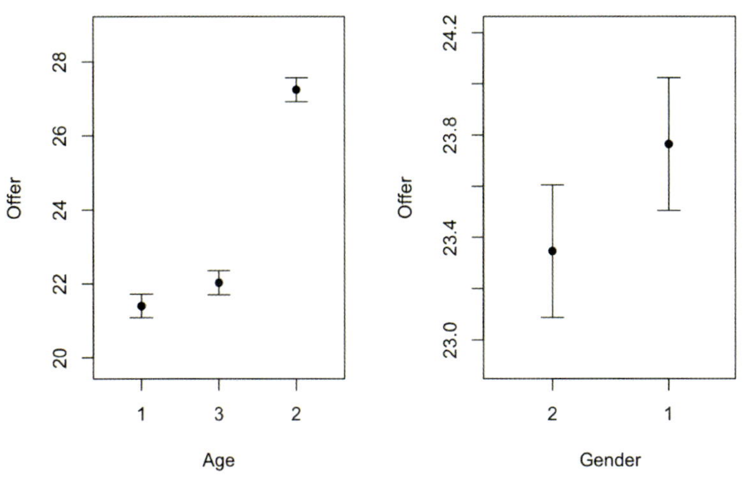


```
  Group    LSmean  LowerCL  UpperCL        SE Df
1    A   23.76463 23.50564 24.02361 0.1266294 29
2     B  23.34648 23.08750 23.60547 0.1266294 29
```

그림 15.25: 중고차 현금가에 대한 나이/성별 다중비교(튜키의 검정)

Chapter 16

Appendix 1 : Tables & Data

99601	51471	65762	95234	77402	20188	18849	13919	33596	87007
25257	33617	00655	11574	47550	38116	23244	51005	16264	72273
66280	56404	91348	85343	30667	46904	42425	45099	58463	48695
21444	16607	59016	26219	60428	48467	26833	35153	64738	45914
47718	78264	26855	17858	38396	68330	91469	96411	66433	79718
61302	14994	30389	78942	46196	28117	19894	58106	76366	29838
70816	66830	89859	04680	11549	34163	99851	64754	30226	09532
43320	41106	28176	94665	31622	88452	69750	77548	66310	23590
31113	64441	77616	78977	97764	21658	42293	16096	70724	55063
22696	10093	91060	10747	16264	73623	34329	93638	33602	48534
31233	53364	67098	85674	63744	50411	19826	23572	02841	92565
39168	73348	79469	73044	71407	74514	79768	32901	39000	22677
56241	03598	66677	22159	80929	69312	29143	87230	30877	23850
48690	40746	13957	95733	84913	08361	53559	67588	50666	41385
89633	97516	54609	73318	12957	89932	21938	34869	00691	77241
93877	62102	66636	55867	92419	03881	95413	40654	38506	78246
73949	69166	77245	89795	04384	53923	31444	41555	75766	13597
70860	44944	46881	30390	56910	74263	97360	70507	24079	69642
13601	50427	42059	91206	03480	31180	84892	16022	95166	74423
19044	41385	78385	83251	99352	39493	62516	56078	39129	28776
20260	84785	27316	08705	67860	06892	08835	23570	98996	68629
45442	95461	32214	51281	54593	91758	42151	19638	29640	28228
91025	31825	46374	85062	53154	13729	51277	22360	35946	69535
71551	73305	71533	82520	58649	66882	62731	88648	03547	11896
99093	75072	39307	78334	50001	13849	99488	38293	01443	80620
80149	54187	32644	00232	81067	57848	79389	82826	06426	84746
35199	16009	69814	60275	10908	52193	16002	12014	27608	57613
06888	77507	14802	29621	32274	40015	56728	12687	48951	59662
56493	51337	99588	22502	72306	37880	99346	77619	63034	09342
83581	99353	94901	06872	32339	95240	11542	51796	25861	77485

그림 16.1: 난수표

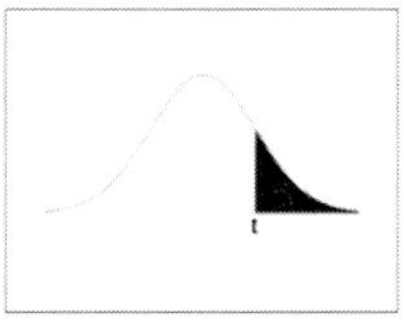

The shaded area is equal to α for $t = t_\alpha$

df	$t_{.100}$	$t_{.050}$	$t_{.025}$	$t_{.010}$	$t_{.005}$
1	3.078	6.314	12.706	31.821	63.657
2	1.886	2.920	4.303	6.965	9.925
3	1.638	2.353	3.182	4.541	5.841
4	1.533	2.132	2.776	3.747	4.604
5	1.476	2.015	2.571	3.365	4.032
6	1.440	1.943	2.447	3.143	3.707
7	1.415	1.895	2.365	2.998	3.499
8	1.397	1.860	2.306	2.896	3.355
9	1.383	1.833	2.262	2.821	3.250
10	1.372	1.812	2.228	2.764	3.169
11	1.363	1.796	2.201	2.718	3.106
12	1.356	1.782	2.179	2.681	3.055
13	1.350	1.771	2.160	2.650	3.012
14	1.345	1.761	2.145	2.624	2.977
15	1.341	1.753	2.131	2.602	2.947
16	1.337	1.746	2.120	2.583	2.921
17	1.333	1.740	2.110	2.567	2.898
18	1.330	1.734	2.101	2.552	2.878
19	1.328	1.729	2.093	2.539	2.861
20	1.325	1.725	2.086	2.528	2.845
21	1.323	1.721	2.080	2.518	2.831
22	1.321	1.717	2.074	2.508	2.819
23	1.319	1.714	2.069	2.500	2.807
24	1.318	1.711	2.064	2.492	2.797
25	1.316	1.708	2.060	2.485	2.787
26	1.315	1.706	2.056	2.479	2.779
27	1.314	1.703	2.052	2.473	2.771
28	1.313	1.701	2.048	2.467	2.763
29	1.311	1.699	2.045	2.462	2.756
∞	1.282	1.645	1.960	2.326	2.576

그림 16.2: 스튜던트의 t 분포표

Critical Values of the F-Distribution: $\alpha = 0.05$

Denom. d.f.	1	2	3	4	5	6	7	8	9	10
	Numerator Degrees of Freedom									
1	161.448	199.500	215.707	224.583	230.162	233.986	236.768	238.883	240.543	241.882
2	18.513	19.000	19.164	19.247	19.296	19.330	19.353	19.371	19.385	19.396
3	10.128	9.552	9.277	9.117	9.013	8.941	8.887	8.845	8.812	8.786
4	7.709	6.944	6.591	6.388	6.256	6.163	6.094	6.041	5.999	5.964
5	6.608	5.786	5.409	5.192	5.050	4.950	4.876	4.818	4.772	4.735
6	5.987	5.143	4.757	4.534	4.387	4.284	4.207	4.147	4.099	4.060
7	5.591	4.737	4.347	4.120	3.972	3.866	3.787	3.726	3.677	3.637
8	5.318	4.459	4.066	3.838	3.687	3.581	3.500	3.438	3.388	3.347
9	5.117	4.256	3.863	3.633	3.482	3.374	3.293	3.230	3.179	3.137
10	4.965	4.103	3.708	3.478	3.326	3.217	3.135	3.072	3.020	2.978
11	4.844	3.982	3.587	3.357	3.204	3.095	3.012	2.948	2.896	2.854
12	4.747	3.885	3.490	3.259	3.106	2.996	2.913	2.849	2.796	2.753
13	4.667	3.806	3.411	3.179	3.025	2.915	2.832	2.767	2.714	2.671
14	4.600	3.739	3.344	3.112	2.958	2.848	2.764	2.699	2.646	2.602
15	4.543	3.682	3.287	3.056	2.901	2.790	2.707	2.641	2.588	2.544
16	4.494	3.634	3.239	3.007	2.852	2.741	2.657	2.591	2.538	2.494
17	4.451	3.592	3.197	2.965	2.810	2.699	2.614	2.548	2.494	2.450
18	4.414	3.555	3.160	2.928	2.773	2.661	2.577	2.510	2.456	2.412
19	4.381	3.522	3.127	2.895	2.740	2.628	2.544	2.477	2.423	2.378
20	4.351	3.493	3.098	2.866	2.711	2.599	2.514	2.447	2.393	2.348
21	4.325	3.467	3.072	2.840	2.685	2.573	2.488	2.420	2.366	2.321
22	4.301	3.443	3.049	2.817	2.661	2.549	2.464	2.397	2.342	2.297
23	4.279	3.422	3.028	2.796	2.640	2.528	2.442	2.375	2.320	2.275
24	4.260	3.403	3.009	2.776	2.621	2.508	2.423	2.355	2.300	2.255
25	4.242	3.385	2.991	2.759	2.603	2.490	2.405	2.337	2.282	2.236
46	4.052	3.200	2.807	2.574	2.417	2.304	2.216	2.147	2.091	2.044
47	4.047	3.195	2.802	2.570	2.413	2.299	2.212	2.143	2.086	2.039
48	4.043	3.191	2.798	2.565	2.409	2.295	2.207	2.138	2.082	2.035
49	4.038	3.187	2.794	2.561	2.404	2.290	2.203	2.134	2.077	2.030
50	4.034	3.183	2.790	2.557	2.400	2.286	2.199	2.130	2.073	2.026
60	4.001	3.150	2.758	2.525	2.368	2.254	2.167	2.097	2.040	1.993
70	3.978	3.128	2.736	2.503	2.346	2.231	2.143	2.074	2.017	1.969
80	3.960	3.111	2.719	2.486	2.329	2.214	2.126	2.056	1.999	1.951
90	3.947	3.098	2.706	2.473	2.316	2.201	2.113	2.043	1.986	1.938
100	3.936	3.087	2.696	2.463	2.305	2.191	2.103	2.032	1.975	1.927

그림 16.3: F 분포표(오른쪽 꼬리 확률: 0.05)

	k = Number of Treatment Means (excluding control)								
df(MSE)	1	2	3	4	5	6	7	8	9
5	2.57	3.03	3.29	3.48	3.62	3.73	3.82	3.90	3.97
6	2.45	2.86	3.10	3.26	3.39	3.49	3.57	3.64	3.71
7	2.36	2.75	2.97	3.12	3.24	3.33	3.41	3.47	3.53
8	2.31	2.67	2.88	3.02	3.13	3.22	3.29	3.35	3.41
9	2.26	2.61	2.81	2.95	3.05	3.14	3.20	3.26	3.32
10	2.23	2.57	2.76	2.89	2.99	3.07	3.14	3.19	3.24
11	2.20	2.53	2.72	2.84	2.94	3.02	3.08	3.14	3.19
12	2.18	2.50	2.68	2.81	2.90	2.98	3.04	3.09	3.14
13	2.16	2.48	2.65	2.78	2.87	2.94	3.00	3.06	3.10
14	2.14	2.46	2.63	2.75	2.84	2.91	2.97	3.02	3.07
15	2.13	2.44	2.61	2.73	2.82	2.89	2.95	3.00	3.04
16	2.12	2.42	2.59	2.71	2.80	2.87	2.92	2.97	3.02
17	2.11	2.41	2.58	2.69	2.78	2.85	2.90	2.95	3.00
18	2.10	2.40	2.56	2.68	2.76	2.83	2.89	2.94	2.98
19	2.09	2.39	2.55	2.66	2.75	2.81	2.87	2.92	2.96
20	2.09	2.38	2.54	2.65	2.73	2.80	2.86	2.90	2.95
24	2.06	2.35	2.51	2.61	2.70	2.76	2.81	2.86	2.90
30	2.04	2.32	2.47	2.58	2.66	2.72	2.77	2.82	2.86
40	2.02	2.29	2.44	2.54	2.62	2.68	2.73	2.77	2.81
60	2.00	2.27	2.41	2.51	2.58	2.64	2.69	2.73	2.77
120	1.98	2.24	2.38	2.47	2.55	2.60	2.65	2.69	2.73
∞	1.96	2.21	2.35	2.44	2.51	2.57	2.61	2.65	2.69

그림 16.4: 듀넷(Dunnett)의 임계값(유의수준 0.05)

N	K = 1		K = 2		K = 3		K = 4		K = 5	
	d_L	d_U	d_L	d_U	d_L	d_U	d_L	d_U	d_L	d_U
15	0.95	1.23	0.83	1.40	0.71	1.61	0.59	1.84	0.48	2.09
16	0.98	1.24	0.86	1.40	0.75	1.59	0.64	1.80	0.53	2.03
17	1.01	1.25	0.90	1.40	0.79	1.58	0.68	1.77	0.57	1.98
18	1.03	1.26	0.93	1.40	0.82	1.56	0.72	1.74	0.62	1.93
19	1.06	1.28	0.96	1.41	0.86	1.55	0.76	1.72	0.66	1.90
20	1.08	1.28	0.99	1.41	0.89	1.55	0.79	1.70	0.70	1.87
21	1.10	1.30	1.01	1.41	0.92	1.54	0.83	1.69	0.73	1.84
22	1.12	1.31	1.04	1.42	0.95	1.54	0.86	1.68	0.77	1.82
23	1.14	1.32	1.06	1.42	0.97	1.54	0.89	1.67	0.80	1.80
24	1.16	1.33	1.08	1.43	1.00	1.54	0.91	1.66	0.83	1.79
25	1.18	1.34	1.10	1.43	1.02	1.54	0.94	1.65	0.86	1.77
26	1.19	1.35	1.12	1.44	1.04	1.54	0.96	1.65	0.88	1.76
27	1.21	1.36	1.13	1.44	1.06	1.54	0.99	1.64	0.91	1.75
28	1.22	1.37	1.15	1.45	1.08	1.54	1.01	1.64	0.93	1.74
29	1.24	1.38	1.17	1.45	1.10	1.54	1.03	1.63	0.96	1.73
30	1.25	1.38	1.18	1.46	1.12	1.54	1.05	1.63	0.98	1.73
31	1.26	1.39	1.20	1.47	1.13	1.55	1.07	1.63	1.00	1.72
32	1.27	1.40	1.21	1.47	1.15	1.55	1.08	1.63	1.02	1.71
33	1.28	1.41	1.22	1.48	1.16	1.55	1.10	1.63	1.04	1.71
34	1.29	1.41	1.24	1.48	1.17	1.55	1.12	1.63	1.06	1.70
35	1.30	1.42	1.25	1.48	1.19	1.55	1.13	1.63	1.07	1.70
36	1.31	1.43	1.26	1.49	1.20	1.56	1.15	1.63	1.09	1.70
37	1.32	1.43	1.27	1.49	1.21	1.56	1.16	1.62	1.10	1.70
38	1.33	1.44	1.28	1.50	1.23	1.56	1.17	1.62	1.12	1.70
39	1.34	1.44	1.29	1.50	1.24	1.56	1.19	1.63	1.13	1.69
40	1.35	1.45	1.30	1.51	1.25	1.57	1.20	1.63	1.15	1.69
45	1.39	1.48	1.34	1.53	1.30	1.58	1.25	1.63	1.21	1.69
50	1.42	1.50	1.38	1.54	1.34	1.59	1.30	1.64	1.26	1.69
55	1.45	1.52	1.41	1.56	1.37	1.60	1.33	1.64	1.30	1.69
60	1.47	1.54	1.44	1.57	1.40	1.61	1.37	1.65	1.33	1.69
65	1.49	1.55	1.46	1.59	1.43	1.62	1.40	1.66	1.36	1.69
70	1.51	1.57	1.48	1.60	1.45	1.63	1.42	1.66	1.39	1.70
75	1.53	1.58	1.50	1.61	1.47	1.64	1.45	1.67	1.42	1.70
80	1.54	1.59	1.52	1.62	1.49	1.65	1.47	1.67	1.44	1.70
85	1.56	1.60	1.53	1.63	1.51	1.65	1.49	1.68	1.46	1.71
90	1.57	1.61	1.55	1.64	1.53	1.66	1.50	1.69	1.48	1.71
95	1.58	1.62	1.56	1.65	1.54	1.67	1.52	1.69	1.50	1.71
100	1.59	1.63	1.57	1.65	1.55	1.67	1.53	1.70	1.51	1.72

그림 16.5: 더빈-왓슨 통계량의 임계값(유의수준 0.025, K는 절편을 제외한 독립변수의 개수)

N	K = 1		K = 2		K = 3		K = 4		K = 5		K = 6		K = 7	
	d_L	d_U	d_L	d_U	d_L	d_U	d_L	d_U	d_L	d_U	d_L	d_U	d_L	d_U
15	1.08	1.36	0.95	1.54	0.81	1.75	0.69	1.97	0.56	2.21	0.45	2.47	0.34	2.73
16	1.11	1.37	0.98	1.54	0.86	1.73	0.73	1.93	0.62	2.15	0.50	2.39	0.40	2.62
17	1.13	1.38	1.02	1.54	0.90	1.71	0.78	1.90	0.66	2.10	0.55	2.32	0.45	2.54
18	1.16	1.39	1.05	1.53	0.93	1.69	0.82	1.87	0.71	2.06	0.60	2.26	0.50	2.46
19	1.18	1.40	1.07	1.53	0.97	1.68	0.86	1.85	0.75	2.02	0.65	2.21	0.55	2.40
20	1.20	1.41	1.10	1.54	1.00	1.68	0.89	1.83	0.79	1.99	0.69	2.16	0.60	2.34
21	1.22	1.42	1.13	1.54	1.03	1.67	0.93	1.81	0.83	1.96	0.73	2.12	0.64	2.29
22	1.24	1.43	1.15	1.54	1.05	1.66	0.96	1.80	0.86	1.94	0.77	2.09	0.68	2.25
23	1.26	1.44	1.17	1.54	1.08	1.66	0.99	1.79	0.90	1.92	0.80	2.06	0.72	2.21
24	1.27	1.45	1.19	1.55	1.10	1.66	1.01	1.78	0.93	1.90	0.84	2.04	0.75	2.17
25	1.29	1.45	1.21	1.55	1.12	1.66	1.04	1.77	0.95	1.89	0.87	2.01	0.78	2.14
26	1.30	1.46	1.22	1.55	1.14	1.65	1.06	1.76	0.98	1.88	0.90	1.99	0.82	2.12
27	1.32	1.47	1.24	1.56	1.16	1.65	1.08	1.76	1.00	1.86	0.93	1.97	0.85	2.09
28	1.33	1.48	1.26	1.56	1.18	1.65	1.10	1.75	1.03	1.85	0.95	1.96	0.87	2.07
29	1.34	1.48	1.27	1.56	1.20	1.65	1.12	1.74	1.05	1.84	0.98	1.94	0.90	2.05
30	1.35	1.49	1.28	1.57	1.21	1.65	1.14	1.74	1.07	1.83	1.00	1.93	0.93	2.03
31	1.36	1.50	1.30	1.57	1.23	1.65	1.16	1.74	1.09	1.83	1.02	1.92	0.95	2.02
32	1.37	1.50	1.31	1.57	1.24	1.65	1.18	1.73	1.11	1.82	1.04	1.91	0.97	2.00
33	1.38	1.51	1.32	1.58	1.26	1.65	1.19	1.73	1.13	1.81	1.06	1.90	0.99	1.99
34	1.39	1.51	1.33	1.58	1.27	1.65	1.21	1.73	1.14	1.81	1.08	1.89	1.02	1.98
35	1.40	1.52	1.34	1.58	1.28	1.65	1.22	1.73	1.16	1.80	1.10	1.88	1.03	1.97
36	1.41	1.52	1.35	1.59	1.30	1.65	1.24	1.73	1.18	1.80	1.11	1.88	1.05	1.96
37	1.42	1.53	1.36	1.59	1.31	1.66	1.25	1.72	1.19	1.80	1.13	1.87	1.07	1.95
38	1.43	1.54	1.37	1.59	1.32	1.66	1.26	1.72	1.20	1.79	1.15	1.86	1.09	1.94
39	1.43	1.54	1.38	1.60	1.33	1.66	1.27	1.72	1.22	1.79	1.16	1.86	1.10	1.93
40	1.44	1.54	1.39	1.60	1.34	1.66	1.29	1.72	1.23	1.79	1.18	1.85	1.12	1.93
45	1.48	1.57	1.43	1.62	1.38	1.67	1.34	1.72	1.29	1.78	1.24	1.84	1.19	1.90
50	1.50	1.59	1.46	1.63	1.42	1.67	1.38	1.72	1.34	1.77	1.29	1.82	1.25	1.88
55	1.53	1.60	1.49	1.64	1.45	1.68	1.41	1.72	1.37	1.77	1.33	1.81	1.29	1.86
60	1.55	1.62	1.51	1.65	1.48	1.69	1.44	1.73	1.41	1.77	1.37	1.81	1.34	1.85
65	1.57	1.63	1.54	1.66	1.50	1.70	1.47	1.73	1.44	1.77	1.40	1.81	1.37	1.84
70	1.58	1.64	1.55	1.67	1.53	1.70	1.49	1.74	1.46	1.77	1.43	1.80	1.40	1.84
75	1.60	1.65	1.57	1.68	1.54	1.71	1.52	1.74	1.49	1.77	1.46	1.80	1.43	1.83
80	1.61	1.66	1.59	1.69	1.56	1.72	1.53	1.74	1.51	1.77	1.48	1.80	1.45	1.83
85	1.62	1.67	1.60	1.70	1.58	1.72	1.55	1.75	1.53	1.77	1.50	1.80	1.47	1.83
90	1.63	1.68	1.61	1.70	1.59	1.73	1.57	1.75	1.54	1.78	1.52	1.80	1.49	1.83
95	1.64	1.69	1.62	1.71	1.60	1.73	1.58	1.75	1.56	1.78	1.54	1.80	1.51	1.83
100	1.65	1.69	1.63	1.72	1.61	1.74	1.59	1.76	1.57	1.78	1.55	1.80	1.53	1.83

그림 16.6: 더빈-왓슨 통계량의 임계값(유의수준 0.05, K 는 절편을 제외한 독립변수의 개수)

OBS	offer	age_x	gen_x	id	sales	age	gender
1	21	1	1	1	3.0	Young	Male
2	23	1	1	2	5.1	Young	Male
3	19	1	1	3	1.0	Young	Male
4	22	1	1	4	4.4	Young	Male
5	22	1	1	5	2.7	Young	Male
6	23	1	1	6	4.9	Young	Male
7	21	1	2	1	3.5	Young	Female
8	22	1	2	2	4.2	Young	Female
9	20	1	2	3	2.2	Young	Female
10	21	1	2	4	3.1	Young	Female
11	19	1	2	5	1.3	Young	Female
12	25	1	2	6	6.6	Young	Female
13	30	2	1	1	6.5	Middle	Male
14	29	2	1	2	4.1	Middle	Male
15	26	2	1	3	2.2	Middle	Male
16	28	2	1	4	3.7	Middle	Male
17	27	2	1	5	3.4	Middle	Male
18	27	2	1	6	3.0	Middle	Male
19	26	2	2	1	2.2	Middle	Female
20	29	2	2	2	5.4	Middle	Female
21	27	2	2	3	3.1	Middle	Female
22	28	2	2	4	4.5	Middle	Female
23	27	2	2	5	3.6	Middle	Female
24	29	2	2	6	5.0	Middle	Female
25	25	3	1	1	5.0	Elderly	Male
26	22	3	1	2	3.1	Elderly	Male
27	23	3	1	3	3.2	Elderly	Male
28	21	3	1	4	3.2	Elderly	Male
29	22	3	1	5	3.0	Elderly	Male
30	21	3	1	6	2.9	Elderly	Male
31	23	3	2	1	4.0	Elderly	Female
32	19	3	2	2	0.8	Elderly	Female
33	20	3	2	3	1.9	Elderly	Female
34	21	3	2	4	2.8	Elderly	Female
35	20	3	2	5	2.2	Elderly	Female
36	20	3	2	6	1.9	Elderly	Female

그림 16.7: 중고차 현금가격(offer)에 대한 자료(출처: R 패키지인 `ALSM`에 `CashOffers`라는 데이터)

Index

1차 반응표면, 244, 245, 249

2차 반응표면, 245, 246, 249

acf(), 129

Additive Model, 140

adj, 94

af(), 74, 136

ALSM, 285, 288

alternative, 21, 87

Analysis of Covariance, 273, 274

Analysis of Variance, 8, 9, 14, 17, 169

ANCOVA, 98, 273, 274, 276–278, 281, 282

Anderson-Darling test, 125

ANOVA, 11

ANOVA table, 11, 12, 107

aov3(), 54, 76, 85, 87, 110, 113, 153, 154, 171, 178, 190, 214, 217, 235, 267, 299, 309

as.factor(), 17

autocorrelation coefficient, 125, 126

Autoregressive Model, 126

average out, 5, 65

bacteria, 98, 100

balanced design, 69, 106, 195, 227

Bartlett's Test, 120, 121

batch, 152

beanyield 자료, 271

bearing, 253–255

BETA 옵션, 84, 188, 189, 282, 284

bimodal, 123

Blocking, 5, 207, 213

bondreturn 자료, 21

Bonferroni Correction, 91, 93

Bonferroni's Inequality, 93

Boole's Inequality, 93

box plot, 122

Box, G. E. P., 17

Box-Cox transformation, 119, 130, 131

boxcox(), 132, 135

boxplot(), 21, 113

BP, 115

brandtar 자료, 87, 135

bulblife 자료, 22

car, 134

CashOffers, 285, 288

causality, 2, 3

CCD, 246, 247, 249, 256

ccdyield 자료, 250–253

central composite design, 246, 247

class, 16, 286
clustering, 91
Cochran's Theorem, 12
coefficient of determination, 35
Completely Randomized Design, 62
constraint, 78
contour plot, 244
contour(), 252, 257
CONTR(), 104, 105, 107–109, 113, 188, 189
contrast, 102, 103, 108, 188
control group, 10, 95, 110
Correction Term, 62, 197
correlated data, 218
correlation, 28
correlation coefficient, 28
covariance, 28
covariate, 98, 274–276, 281
Cramer-von Mises test, 124
CRD, 61–67, 69–71, 156, 212, 213, 227, 262
crossed factor, 175

dampoll1 자료, 190
dampoll2 자료, 191
Darwin, 27
defect1, 152–154, 163, 164, 166–168, 170
defect2, 220, 222
degrees of freedom, 11, 14, 35, 72, 195
dietwt 자료, 110
Diffogram, 100–102, 168, 180, 182, 224, 226, 237
double blind, 2
dstrength 자료, 203
Duncan's multiple range test, 91
Dunnett's test, 91, 95, 98, 324
Durbin-Watson test, 127, 128
dynamite, 234–237

edupgm 자료, 72–76, 82, 84, 85, 121, 122, 133
eigenvalue, 249, 250
EMS, 68, 70, 150, 165, 180, 184, 186, 195, 199–201, 210, 241, 268
equal slopes test, 275
Error Sum of Squares, 10, 31
estimable function, 80, 81
estimate, 108
ESTM(), 85–87, 108, 109, 114
Expected Mean Square, 68
experimental error, 4, 184, 260
experimental unit, 183, 259, 260
experimenter bias, 2
explanatory variable, 2
extraneous variable, 2

factorial design, 156, 175
feedmice1 자료, 242
feedmice2 자료, 242
feedsheep 자료, 287
fertpest1 자료, 142
fertpest2 자료, 144, 145
Fisher, R. A., 11, 17, 91
fixed effect, 157, 158, 195
FO(), 249
full model, 279
FWER, 93, 106

Galton, Francis, 27

Gauss, 27
GEE, 219
general linear model, 74, 119
generalized estimating equation, 219
generalized inverse matrix, 38, 79
generalized linear model, 119
GLM(), 75, 84, 85, 110, 111, 113, 119, 123, 135, 136, 164, 188, 220, 224, 225
glm(), 119
goftest, 133
goodness of fit, 34, 35
GPA, 58

hard-to-change factor, 266
Heart-Lung, 113, 129, 130, 132–134
heteroscedasticity, 117
Hicks' Rule, 195
hist(), 134
histogram, 122
hlpump 자료, 114, 129, 130, 132–134
homoscedasticity, 117

i.i.d., 63, 64
independence, 117
independent and identically distributed, 64
interaction effect, 142, 143
interaction model, 141, 145, 146
interaction.plot(), 153, 154, 174
Intercept, 30
interval scale, 16

keyspeed 자료, 223
Kolmogorov-Smirnov test, 124

L.S.E., 32
lack of fit test, 249, 250
Laplas, P. S., 27
Latin Square Design, 227, 228
Least Significant Difference, 91, 92, 116
least squares estimation, 27, 30, 31, 77
least squares estimator, 31
least squares means, 98, 276
Legendre, 27
leprosy, 280–282, 284
linear mixed model, 220
linear trend, 105, 106
lmer(), 188
log-likelihood function, 133
longitudinal data analysis, 218
LSD, 91–94, 98, 113
LSM(), 93, 95, 100, 109, 111, 112, 167, 172, 174, 180, 181, 215, 236
LSMEANS, 98–102, 172, 268, 270, 276

main effect, 142–144
main effect plot, 109, 111
MANOVA, 275
MASS, 132
Mean Square, 11
Mean Square due to Regression, 35
Mean Square Error, 11
Mean Square for Treatment, 11, 14
method of moments, 159
missing data, 100
mixed model, 162
MSE, 11, 47, 53
MSR, 35

MStreat, 11, 12, 14, 63, 65, 159, 210, 232, 233
multi-stage sampling, 177
Multi-Way Classification, 72
multiple comparison, 91, 101, 106
multivariate analysis, 275
Multivariate Analysis of Variance, 275

nested design, 176
nested factor, 175, 239
nested model, 176
nominal scale, 16
nonestimable function, 78
nonsingular matrix, 79
normal equation, 31
normal probability plot, 122
normality, 117

One-Tailed Test, 13
One-Way ANOVA, 71, 91, 273
One-Way Classification, 71
oneway, 49–51, 54, 55
optimal point, 243, 249
ordinal scale, 16
orthogonal contrasts, 105
overall mean, 277

p-value, 20, 37, 76, 155, 165, 166, 187, 188, 217, 220, 225, 250, 268, 308
p값, 20
paired difference test, 207
panel data, 218
Parameter, 189, 282, 284
Partial *F* test, 279
pB(), 33
PDIFF(), 94–97, 101, 168, 174, 180, 182
Pepsi Challenge, 23
persp(), 252, 253, 257
pigfeed 자료, 112
placebo, 21
points(), 153, 154, 174
pooling, 167
post hoc analysis, 103, 105
power transformation, 130, 136
predict(), 252, 254
proc genmod, 119
profile, 220
ptensile 자료, 268–270

Q-Q plot, 124, 133
qcpass 자료, 40
qqline(), 124
qqnorm(), 124, 125
quadratic trend, 105, 107
quantile, 122, 124

random, 4, 67
random effect, 157, 180, 195
random number table, 88
Random 옵션, 164, 165, 199, 221
Randomization, 5
Randomized Complete Block Design, 207
RanTest(), 164, 165, 178, 180, 186, 187, 195, 199, 204, 269
ratio scale, 16
RCBD, 156, 205, 207–223, 227, 228,

230, 261, 263, 264, 266, 273
reduced model, 279
REG(), 34, 37, 38, 40, 42, 44, 55
Regression Sum of Squares, 34
repeated measurement data analysis, 218
Replication, 5
Resid 옵션, 123
residual, 40, 118
response surface, 244, 245
response surface analysis, 243, 244
response surface function, 243
response variable, 2
return, 20
risk, 20
RMSE, 111
rosemite 자료, 185–187, 191
rsdata0 자료, 255
rsm, 249, 257
rsm(), 249–251, 256

saddle point, 246, 249
sasLM, 33, 93, 94, 96, 104, 164
Satterthwaite, 200
scale, 16
Scheffe, 98, 169
Scheffe's test, 91
score1, 7, 8, 13, 14, 20, 45–47, 49, 53, 56, 120, 123–125, 133
score2, 179, 180, 188, 189
set.seed(), 136
Shapiro-Wilk test, 124
significant, 11, 33, 35
simple linear regression model, 30
simple regression model, 30
simxy1, 32–34, 38
simxy2, 39
single blind, 2
singular matrix, 77
SLICE(), 155
slope, 30
SO(), 249
sodium 자료, 190
Split-Plot Design, 219, 228, 259, 262, 263, 265, 266
SSblock, 209–211, 213
SScolumn, 232–234, 241
SSE, 10
SSR, 34, 48, 49, 51
SSrow, 232–234, 241
SST, 9, 61, 86
SStreat, 10, 49, 51, 61, 65, 68, 72, 76, 210, 213, 232, 234, 241
subplot, 262–264, 266
subplot error, 262–267
subplot treatment, 262, 263, 266
subsample, 183, 230
subsampling error, 184

t.test(), 21, 87
T3test(), 267
temptrend 자료, 106–109
Three-Way Classification, 72
tirewear1 자료, 205
tirewear2 자료, 211, 212, 214, 215
tirewear3 자료, 216–218
toollife 자료, 171
Total Sum of Squares, 9

total variance, 159
transfat 자료, 86, 92–97, 101–105
treatment group, 10, 95
treatment level, 61, 139, 140
Treatment Sum of Squares, 10
treatment variance, 159
tsum(), 100
Tukey 옵션, 101
Tukey's test, 91, 98, 174, 214
Two-Tailed Test, 13
Two-Way ANCOVA, 285
Two-Way ANOVA, 71, 72, 99, 139, 247, 262
Two-Way Classification, 71
twoway 자료, 199
Type I SS, 75, 76
Type II SS, 75
Type III SS, 75, 76, 280–282

unbalanced data, 100
unbalanced design, 69, 228, 229, 231
unit free, 28

variance component, 158, 182
variance component estimation, 159
variation, 9

whole-plot, 262–264, 266
whole-plot error, 262, 263, 265–267
whole-plot treatment, 262, 263

Yates, F., 17

가법모형, 140, 141, 145–147, 230
가우스, 27
갈톤, 27
검정력, 97, 98, 125, 167, 207, 213, 266
결정계수, 33, 35, 56
결측값, 100
경시적 자료분석, 218
고유값, 249, 250
고정효과, 156–158, 162, 166, 170, 172, 178, 190, 191, 195, 199, 209, 221, 223
공변량, 98, 274–278, 280–283, 286, 288
공분산, 28, 29, 219
공분산분석, 98, 273–281, 283, 285–287
교차요인, 175, 176, 238
구간척도, 16
군집화, 91
귀무가설, 21
균형설계, 69, 106, 195, 196, 199, 210, 216, 227, 231, 265
그룹 간 차이, 49, 70, 83, 84, 91, 95, 97, 100, 102, 103, 276
그룹평균, 64, 82, 92, 95, 99–101, 114
그룹효과, 64, 71, 99
근사 F 검정, 200, 202, 203
기대평균제곱, 68, 150, 158, 160, 162, 165, 170, 180, 181, 184, 186, 195, 199, 204, 210, 241, 268
기댓값, 63, 68, 69, 143, 146, 232, 243, 244
기업채권, 20

난수표, 88, 321
내포모형, 176–178, 180–183, 188, 189, 196
내포설계, 176
내포요인, 175–178, 184, 192, 193, 196,

204, 239
다단계추출, 177
다변량 분산분석, 275
다변량분석, 120, 275
다원배치법, 72, 200
다윈, 27
다이너마이트 제조방법 자료, 227, 237
다중비교, 91, 92, 95, 97, 98, 100, 102, 105, 106, 116, 165–167, 180–182, 214, 223, 224, 226, 235, 236
단순선형회귀모형, 30
단순회귀모형, 30
단순회귀분석, 37
단일 눈가림, 2
대비, 102–105, 108, 188
대조군, 10, 95, 96, 110
더빈-왓슨 검정, 127–129, 134
더빈-왓슨 통계량, 135
던칸의 다중범위검정, 91
독립성, 117, 125, 127, 129–132, 136
듀넷의 검정, 91, 95, 96, 113
등고선 그림, 244, 245, 252, 254, 256
등분산성, 117–119, 130–132, 135, 136
라틴방격법, 156, 227–241
라플라스, 27
랜덤배치, 4, 5, 22, 65, 89, 110, 207, 208, 213, 237, 238, 240, 260, 262, 263, 266, 273, 274, 280
랜덤화의 원리, 4–6
로그-가능도함수, 132, 133, 136
로그변환, 130, 133, 134
르장드르, 27
멱변환, 130, 136
명목척도, 16, 273
모평균 비교, 6, 47, 51, 61, 205
바틀렛의 검정, 120–122, 133, 135
박스, 17
박스-칵스 변환, 119, 130–132, 134, 135, 137
반복의 원리, 4–6
반복측정자료, 218–222
반응변수, 2–4, 6, 9, 16, 22, 23, 52, 61, 64, 75, 130, 213, 243, 244, 265, 273–275, 277
반응표면, 244
반응표면분석, 243, 244, 246, 247, 249, 254, 256
반응표면설계, 243, 244
반응표면함수, 243
배치, 152
변동, 9, 10, 35, 207, 213, 267
본페로니 수정, 91, 93–95
본페로니의 부등식, 15, 93
부분 F 검정, 279–281
부분 F 검정, 279, 281, 282
부울의 부등식, 93
부표본, 183–185, 192, 193, 230
부표본오차, 184
분산분석, 8
분산분석표, 11, 12, 107, 165, 170, 180, 216
분산성분추정, 159, 182, 191
분산성분추정량, 159, 182
분위수, 27, 122
분위수-분위수 그림, 124, 133, 135, 137

분할구설계, 219, 228, 259, 262–269
불균형설계, 69, 228, 229, 231
불균형자료, 100
불추정함수, 78
블록, 219, 227–231, 236, 261, 263, 265–267, 273
블록킹, 207, 213, 227
블록화의 원리, 5, 6, 207, 208
비율척도, 16
비정칙행렬, 77
비중심 F 분포, 66
비중심 F 분포, 65–67
비중심모수, 66
비타민C, 21

사후분석, 102, 103, 105, 108
산점도, 29, 30, 39, 40, 42, 43, 58, 87, 88, 101, 118, 127, 135, 287
삼원배치법, 72, 156, 201, 202, 231
상관계수, 28
상관관계, 28
상관자료, 218
상쇄, 5, 65
상자그림, 21, 58, 74, 87, 113, 122, 136, 216, 218, 222
상호작용, 230
상호작용모형, 141, 145–147
상호작용효과, 141–146, 151, 153, 154, 161–163, 165–167, 169, 172, 196, 198, 216, 279
상호작용효과 그래프, 143, 153, 154, 174
새터스웨이트, 200, 202, 203
샤피로-윌크 검정, 124, 125, 133, 137
선형추세, 105
선형혼합모형, 220
설명변수, 2–6, 9, 11, 14, 16, 22, 24, 51–53, 61, 75, 134, 243, 244, 249, 273–275
세구, 262–264, 266
세구오차, 262–264, 266–268
세구처리, 262–267, 271
수정항, 62, 197
순서척도, 16, 17, 273
쉐페의 검정, 91, 113
신뢰구간, 77, 82–84, 86, 87, 91, 92, 94, 95, 101–103, 109–111, 114, 223
실험계획의 모형식, 53, 56, 58, 77, 196
실험단위, 2, 5, 6, 62, 64, 156, 183–185, 207, 213, 230, 259, 260, 262, 263
실험오차, 4, 184, 259, 260, 262, 263, 266, 277
실험자편의, 2
안장점, 246, 249
앤더슨-달링 검정, 124, 125, 133, 135, 137
양쪽꼬리검정, 13
역행렬, 38, 77, 79
예이츠, 17
오차, 31, 117
오차의 합동, 167–169
오차제곱합, 10, 11, 14, 31, 34, 38, 65, 68, 167, 227, 267
완전모형, 279
완전임의화, 65, 88
완전임의화설계, 61, 62, 156, 212, 262
외생변수, 2–5, 21, 22, 65, 207, 211, 213,

227, 274
요인배치법, 156, 175, 195, 247, 286
위약, 21
유의하다, 35
유의확률, 37, 76, 106, 109
이봉형 분포, 123
이원배치 ANCOVA, 285, 286, 288
이원배치법, 71, 72, 99, 139–141, 145–150, 152, 156, 158, 160–162, 164–166, 169, 170, 175, 177, 178, 182, 196–199, 204, 209, 213, 215, 217, 246, 260–262, 266
이중 눈가림, 2
이차추세, 105
인과관계, 2, 3
일반선형모형, 74, 119
일반화선형모형, 119
일반화역행렬, 38, 79–81, 84
일반화추정방정식, 219
일원배치법, 61, 71, 72, 74–77, 81, 88, 91, 113, 117, 118, 133–136, 139, 150, 156, 158, 159, 165, 170, 177, 182–184, 212, 227, 273, 277, 281, 286
임계값, 11
임의화, 64
임의화완전블록설계, 205, 207, 208, 263
임의효과, 156–165, 170, 178–180, 182, 188, 191–193, 195, 199–202, 209, 211, 219, 223, 267
임의효과모형, 180
자기상관계수, 125–127, 129, 134, 135
자기회귀모형, 126
자료 2종류타이어마모도, 205, 206
자료 4종류타이어마모도, 207–209, 211, 212, 214, 215
자료 Heart-Lung, 114, 129, 130, 132–134
자료 공업용염, 189, 190
자료 공장라인시간불량률, 220–222
자료 나병전후심각도, 280–284
자료 남녀시험성적, 7, 8, 13, 14, 20, 120, 133
자료 다이너마이트제조방법, 234–237
자료 담배타르, 87, 135
자료 반응표면실험, 255
자료 베어링마모도, 253–255
자료 불량품개수, 152–154, 163–168, 170, 308
자료 생쥐먹이체중1, 242
자료 생쥐먹이체중2, 242
자료 선반도구수명, 171
자료 약의성분함유량, 203
자료 양의체중증가, 286, 287
자료 영업교육판매실적, 72–76, 82, 84, 85, 121, 133
자료 온도시간중심합성, 250
자료 자동차현금가격, 285, 288
자료 점박이응애, 185–187, 191
자료 종이인장력, 268–270
자료 채권수익률, 21
자료 컴퓨터키보드, 223
자료 콩종류간격수확량, 271
자료 타이어 브랜드타입, 218
자료 타이어마이트제조방법, 235

자료 타이어브랜드타입, 216–218, 222, 223
자료 팔당의암수심오염도, 191
자료 팔당의암지역오염도, 190
자료 학교학급모의고사, 179–182, 188, 189
자료 화학공정중심합성, 251–253
자유도, 11, 14, 35, 65, 67, 68, 72, 108, 109, 148, 149, 167, 169, 177, 195–200, 202–204, 207, 210, 213, 216, 217, 232, 236, 239, 241, 264, 265
잔차, 40, 118, 119, 122, 123, 125–127, 129, 132, 134–136
잔차제곱합, 10
적률추정법, 159
적합결여검정, 249, 250
적합도, 34, 35
전체분산, 9, 159, 191, 192, 194, 204, 310
전체제곱합, 9–11, 14, 34, 35, 48, 65, 68, 76, 209, 220, 232, 241
전체평균, 9, 64, 277
정규방정식, 31, 38, 77–80
정규분포, 7, 20, 30, 58, 66, 122, 123, 131, 133, 134
정규성, 117, 122, 124, 130–132, 135–137
정규확률지, 122–124, 137
정칙행렬, 79
제약조건, 78–82, 84
조건부 주효과, 144–146, 153, 154, 165, 166
주구, 262–264, 266
주구오차, 262, 263, 266–268
주구처리, 262–267, 271
주효과, 111, 112, 141–146, 153, 154, 165, 166, 172, 196
주효과 그래프, 109, 111, 142, 174
중심 F 분포, 65, 67
중심합성계획, 246–250, 256, 257
지분설계, 176
직교대비, 105, 106, 114
진단, 117, 118, 127, 135
집단오류율, 93, 106
짝의 차 검정, 205–207
처리군, 10, 95
처리수준, 61, 88, 139, 140, 142, 156, 157, 177, 207–209, 215, 229, 231, 236–238, 259, 260, 275, 276, 278, 283, 286
처리제곱합, 10, 11, 14, 65, 68, 241
처리조합, 139–141, 143, 152, 156, 166, 175, 208, 215, 229–231, 260, 262, 266
처리효과, 10, 64, 70, 141, 159, 208, 227, 277, 281
척도, 16
최대가능도추정량, 131
최댓값, 243, 244, 246–250, 252, 255, 256, 268
최소유의차검정, 91–93, 101, 102, 113
최소제곱추정량, 31, 32, 38, 52, 131
최소제곱추정법, 27, 30, 31, 33, 34, 39, 40, 42, 47, 77
최소제곱평균, 98, 276, 277

최솟값, 243, 244, 246, 248, 249, 268
최적점, 243, 246–249, 256
추정가능함수, 80–83, 103, 109, 118
축소모형, 279
카이제곱분포, 67
코크란의 정리, 12, 65, 66, 68, 70, 71, 149–151, 160, 162, 199, 232
콜모고로프-스미르노프 검정, 124, 125, 133

크래머-폰미제스 검정, 124, 133
타이어 마모도 자료, 212
튜키의 검정, 91, 101, 102, 113, 172, 181, 182, 214, 223, 224, 226, 235, 237
패널자료, 218
펩시 챌린지, 23
평균제곱, 11
평균제곱오차, 11, 35
평균제곱처리, 11, 14, 65, 232
평균제곱회귀, 35
표준오차, 82, 83
풀링, 167
프로파일, 220
프로파일 그림, 222
피셔, 17
한쪽꼬리검정, 13
행렬, 37
행렬방정식, 54, 56
혼합모형, 162, 165, 188
혼합효과, 162, 164
회귀분석, 10, 27
회귀제곱합, 34
히스토그램, 122, 135, 136
힉스의 법칙, 195, 197–199, 203, 204, 210, 216, 231, 232, 265

R을 이용한
실험계획과 분산분석

저　　자　박흥선, 배균섭
발 행 인　김지영
발 행 처　자유아카데미
주　　소　경기도 파주시 회동길 37-42
　　　　　파주출판도시
전　　화　031-955-1321
팩　　스　031-955-1322
홈페이지　www.freeaca.com
전자우편　main@freeaca.com (대표)
　　　　　editor@freeaca.com (편집)
　　　　　crm@freeaca.com (영업)
등　　록　제406-2003-017호, 1980. 7. 12
제1판1쇄　2023년 7월 5일 발행

ISBN 979-11-5808-489-9　93310